家用茶包小偏方，喝出大健康

张明 编著

天津出版传媒集团
天津科学技术出版社

图书在版编目（CIP）数据

家用茶包小偏方，喝出大健康 / 张明编著 . —天津：天津科学技术出版社，2014.12（2023.10 重印）

ISBN 978-7-5308-9400-2

Ⅰ . ①家… Ⅱ . ①张… Ⅲ . ①保健－茶谱 Ⅳ . ① TS272.5

中国版本图书馆 CIP 数据核字（2015）第 259266 号

家用茶包小偏方，喝出大健康

JIAYONG CHABAO XIAO PIANFANG HECHU DA JIANKANG

策划编辑：杨　譞

责任编辑：孟祥刚

责任印制：兰　毅

出　　版：天津出版传媒集团
天津科学技术出版社

地　　址：天津市西康路 35 号

邮　　编：300051

电　　话：（022）23332490

网　　址：www.tjkjcbs.com.cn

发　　行：新华书店经销

印　　刷：三河市万龙印装有限公司

开本 720×1 020　1/16　印张 27.5　字数 580 000

2023 年 10 月第 1 版第 3 次印刷

定价：78.00 元

前言

茶为“万病之药”，关于其强生健体、防病治病的功效，在历代医学、茶学文献中都多有叙述。而养生茶是在吸取古代茶疗理论的基础上，结合现代医学理论所发展起来的一种养生保健方式，具有成本低廉、成效显著、绿色环保、无毒副作用等优点。因为茶叶中含有胶质、粗纤维、叶绿素、维生素、鞣质、黄酮类及生物碱，所以茶除了众所周知的提神、解乏、利尿、明目等功能外，还有增强记忆力，抗菌消炎，止喘祛痰，调节甲状腺功能，预防心血管病、糖尿病和放射性物质损害的作用，有的茶还有抗癌作用。

说到茶饮，人们总想到绿茶、花茶、红茶这些茶叶。其实，传统养生的茶饮，不仅使用普通茶叶，而且还会采用食材，或是药食同源的保健中药来配制，如人参茶、菊花茶、枸杞茶、决明子茶等，小孩、孕妇等不能喝茶的人也可以根据具体情况选择饮用，既得了饮茶之乐，又起到了治病强身的功效。

平时闲来无事，自己动手配制几款养生茶包，放在家里或是随身携带，让自己，让家人随时随地都能喝到健康茶饮。那么在选择茶材时需要注意哪些问题？到底该怎样做才能喝到适合自己的茶饮呢？

小茶包有大功效。我们若要真正实现以茶养生，就要知道如何科学饮用适合自己的茶。要知道，对于茶饮的选择不是随心所欲的，如果选择的茶饮不符合饮茶原则或是自己的身体情况，喝茶养生就成了一句空话，甚至会适得其反。有针对性地选用各种茶材，才是正确的以茶养生方法。如防治感冒可以选“生姜红糖茶”；夏季清热可以选用“苦瓜绿茶”；美容护肤可以选用“玫瑰人参茶”；水土不服可以选用“茯苓导水茶”等。特别是对于那些有慢性疾病的患者来说，以茶治病是最好的辅助疗法。因为多数茶材亦属药食两用，且没有副作用，长期服用调养效果较药物更佳。

茶对我们中国人而言，早已不是解渴之物，而是“以茶治病”。书中详细介绍了700余种茶包偏方，包括日常保健茶包、四季保健茶包、美容减肥茶包、出差旅行应急茶包、上班族保健茶包、不同人群的健康茶包、不同体质的健康茶包等。茶饮配方，所采用的都是家庭中常见的茶材和药材，或是家常的食材，并介绍了它们的养生功效和饮用宜忌。您可以根据病症、季节和个人的体质等，自由选择适合自己的茶包。

工作中，外出时，家庭聚会上……不妨泡上一杯自己亲手配制的小茶包，用一点儿家庭常见的食材，用几味安全有效的中药，给自己带来健康，为家人送上关怀。小小的一杯茶中，浓浓的茶香混合着淡淡的药香，原来，养生保健可以如此简单快乐。

目录

第一章 健康、便捷的茶包

第二章 日常保健茶包

防止腹泻 / 80

缓解胃病 / 92

预防便秘 / 103

第三章 四季保健茶包

秋季防燥 / 142

冬季祛寒 / 154

第四章 美容减肥茶包

纤体减肥 / 183

丰胸排毒 / 198

第六章 上班族保健茶包

商务应酬 / 260

加班熬夜 / 274

女性保健茶包 / 315

男性保健茶包 / 329

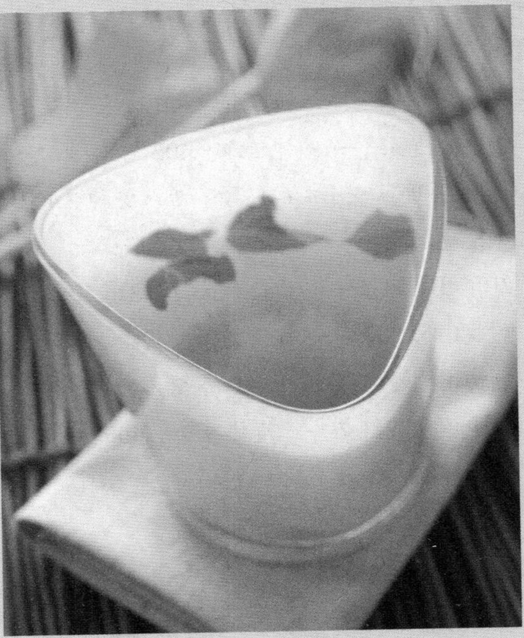

第一章

健康、便捷的茶包

茶与保健养生

中国自古便崇尚茶文化，唐代就有“茶为万病之药”“壶中日月，养生延年”之说。据传，茶的发现是从药用开始的。《神农本草经》记载：“神农尝百草，日遇七十二毒，得茶而解之。”

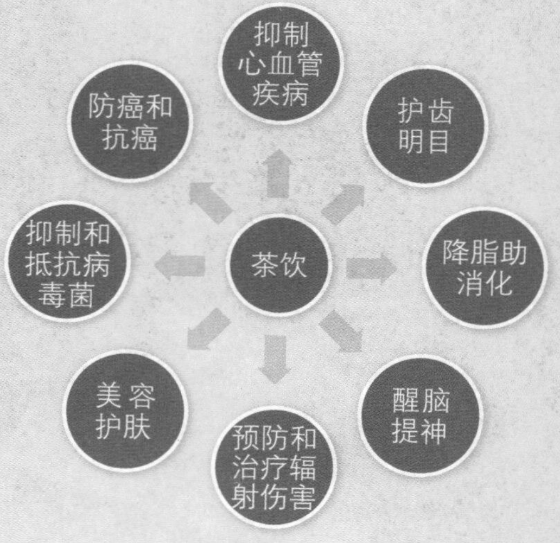

现在，茶水已被公认为是最健康的饮料，又是最天然的良药。在英国，茶被誉为“健康之液，灵魂之饮”。饮茶可以让都市上班族放松身心，茶可以让人们怡神养性。下面就介绍一下茶的一些保健功效：

（1）防癌和抗癌。茶叶中的茶多酚可以阻断亚硝酸铵等多种致癌物质在体内合成，并具有直接杀伤癌细胞和提高免疫力的功效。

（2）抑制心血管疾病。茶叶中含有的茶多酚，尤其是茶多酚中的儿茶素及其氧化产物茶黄素等，有助于使斑状增生受到抑制，并且会使能增强血凝黏度的纤维蛋白原降低，凝血变清，从而抑制动脉粥样硬化。

（3）预防和治疗辐射伤害。茶多酚及其氧化产物具有吸收放射性物质锶和钴毒害的能力，可以减少紫外线、辐射对皮肤的损伤。

（4）抑制和抵抗病毒菌。茶多酚有较强的收敛作用，对病原菌、病毒有明显的抑制和杀灭作用，消炎止泻有明显效果。

（5）美容护肤。茶多酚是一种具有水溶性的物质，用它洗脸能吸收脸部的油腻，收缩毛孔，具有消毒、灭菌、抗皮肤老化的功效。

（6）醒脑提神。茶叶中含有大量的咖啡因，饮用茶水后能促使人体中枢神经兴奋，提高大脑皮层的兴奋程度，起到提神醒脑、清心除烦的效果。

（7）利尿解乏。茶叶中的咖啡因可刺激肾脏，促使尿液迅速排出体外，提高肾脏的滤出率，缩短有害物质在肾脏中的滞留时间。此外，咖啡因还有利于排出尿液中的过量乳酸，快速改善人体疲劳的状况。

（8）降脂助消化。茶叶中的咖啡因能提高胃液的分泌量，促进消化功能，增强分解脂肪的能力。

（9）护齿明目。茶叶中含氟量较高，且茶叶是碱性饮料，可抑制人体钙质的减少，这对预防龋齿、护齿、固齿，都是有益的。另外，茶叶中含有的维生素C等成分，能降低眼睛晶体混浊度。

茶包的由来和发展

在这个什么都讲究速成的时代，茶包的兴起不是偶然，而是时代发展的必然。当下，由于生活节奏加快，大家在忙碌中常常忽略了自己的身体。虽深知茶是最健康的饮料，但很多人苦于没有时间和耐性去搭配适合自己的茶叶。人们缺什么，什么就会应运而生。茶包便是如此，一包在手，健康无忧。下面我们就来了解一下茶包是怎么产生的。

1908年6月，纽约的一个茶商汤——玛士·苏利文，他时常寄送茶叶的样品给新老顾客群品用。但是送一整袋，成本太过昂贵，不合算。为了降低成本，他想到一个方法，那就是将少许的松散茶叶装在几个丝制小包袋里面，这样一来，既显得体面又降低了成本，一举两得。

当时一些没泡过茶的客户在收到那些丝袋之后，由于不太清楚泡茶的程序，往往直接就把这些丝袋往开水里丢。可渐渐人们发现，这样包装过的茶既方便又好用，便逐渐形成了用小袋包茶的习惯。

最初的茶包使用丝袋，成本颇高。后来波士顿商人威廉·赫曼逊发明了抗热的纸纤维茶包，在材料上更贴近现代的茶包。刚开始这些美国茶包都是单囊造型的，由于形式简单，使用包装的机械较为简陋，将这类茶包放入水中，茶叶会集中在茶包内，冲泡速度很慢。后来有人将茶叶装入中间折成W形的双囊型茶包当中，发现可加快热水中茶叶冲泡的速率。1949年德国的蒂派克公司便以这样的概念生产出世界上第一台全自动双囊茶包袋包装机。

茶包发展到今天，已不仅仅是机器下的产物，而是更加趋于平民化，在手工DIY的潮流下，我们自己也可以自制养生茶包，这样一来，茶材也会更多样、更卫生。

茶包使用前的准备

茶包袋

超市、网上有卖，一包几十个到100个，用来分包泡饮的食材，方便携带和冲泡。有大、中、小号，大号的也叫中药袋（或药膳包），本书介绍泡饮的材料，多数为食物，体积比茶叶大，有些配方需要用到大号或中号的袋子，如果没有茶包袋，可以用纱布包。

滤网

过滤茶渣时用，也可以用纱布代替。滤网是喝茶必备的器材，这样才可以只品茶汁，避免将茶材误喝入口内，影响品茶的兴致。

捣碎器

有些食材捣碎成粗末之后再冲泡效果更好。可以用擀面杖代替捣碎器，也可以使用捣蒜器。捣蒜器在超市有售，20多元一个。另外，网络有卖家用中药粉碎机的，一两百元左右，用于食材磨粉非常方便。很多家用料理机也有干磨的功能。

茶杯

最好选择玻璃杯，因为玻璃杯在烧制的过程中，不含有机的化学物质，当泡茶的时候，不必担心会将化学物质喝到肚子里，而且玻璃表面光滑，容易清洗，细菌和污垢不容易在杯壁滋生。又因为茶包的体积会大些，所以杯子的容量最好不小于300毫升，并且杯口要大一些，便于放入茶包。

茶壶

茶壶同样选择玻璃的，有些茶或药材会挑茶壶的材质，但是玻璃的茶壶，既适宜各种茶材，又便于清洁。选择瓷杯也可以，但是泡一些花茶时，玻璃茶壶看起来会更赏心悦目。

炒锅

有时会用到炒锅，煎炒一些茶材。因为有一些材料必须要经过无油煎炒之后，才会发挥所有的功效，如芝麻、薏米。每家都会有炒锅，所以这个不需要特意购买。

砂锅

如果要煎成汤剂，一般建议用砂锅、瓦罐或者搪瓷的锅，尽量避免用铁铜锅，泡（茶）的话也应该遵循这个原则。有些药材经过煎煮，药效才更好，所以需要用到砂锅。砂锅网上有售，价格不等。

茶包的特点、保健功效

特点

茶包是一种既传统又时尚的饮茶方式，是适合普通人使用的便捷饮茶方法。它既不像熬中药那么费时、费力，喝起来苦不堪言，又不像养生菜谱那样，做起来十分麻烦，还很费钱、费料。

茶包的出现并不是为了减低或提升茶叶质量，而是为了方便携带和冲泡，更多的是顾及便捷性，自然不可避免要损伤茶叶的外形了。但是对于出门在外或是工作忙碌的喝茶爱好者来说，茶包是极其适合的优越选择。

茶包具有外形美观、价格便宜、便于饮用的特点。而且为了冲泡方便，我们还可以一次性做好几天的茶包，普通材料一般预备几天甚至一个星期的，新鲜材料如苦瓜片、冬瓜皮、西瓜皮等容易腐烂的材料只做1~2天的。

普通的无水的茶包，一般放置在干燥、避光的常温环境下即可，如果带有粉末的细纱布袋，则最好放在盒子里。对于如何保存新鲜材料的茶包，首先就是一次不能做得太多，储存的时候，可以先用保鲜膜密封，然后放在冰箱的冷藏室内。

保健功效

茶叶最初作为药物来使用，后来逐步发展成为一种饮料，并在充分认识茶的药用功效后，在单纯茶的基础上发展为保健茶。保健茶，又称药茶，指以茶为主要原料，配伍其他的中草药制成的保健饮品，侧重保健养生。本书中介绍的茶包，就是将中草药和茶叶搭配到一起而成的养生茶包。

保健功效	代表茶材
抗菌作用	金银花、蒲公英对金葡菌等病菌有较强的抑制作用
抗病毒作用	桑叶、生姜对流感病毒有抑制作用
抗炎作用	连翘能抑制炎性渗出，黄芪能对抗有变态反应的炎症
发汗作用	黄芪、生姜均具有发汗作用
解热作用	桂枝、防风等搭配的茶包，可通过发汗、抗炎等作用使体温下降
止咳作用	百合、枇杷、甘草等茶包有止咳的作用，但温和持久
抗炎作用	防风、薄荷对炎症过程都有抑制作用
利尿作用	薏米、冬瓜等组成的茶包，具有利尿消肿的作用
降压作用	芹菜根、苦丁茶等茶包，均有降压作用
安神作用	桂圆、刺五加等茶包，具有安神的作用
利胆作用	茵陈能增加胆汁的排泄
强壮作用	人参能提高大脑机能，减轻疲劳，提高思维能力
降血糖作用	玉米须有明显的降血糖作用
健胃作用	姜的芳香辛辣成分可刺激胃黏膜引起局部血液循环的改善
消化作用	陈皮挥发油能促进胃液的分泌

如何正确利用茶包

茶包，可以长期储存，使用时用沸水冲泡，在市面上买的茶包多为茶叶末子，不清楚具体的茶材，而自己亲手做的茶包，既满足了自己的成就感，又能调配出营养、卫生的养生茶饮。

茶叶与茶包

茶包和茶叶的区别就如速食面和手工面的区别。如果纯粹要享受喝茶的过程，茶叶还是要比茶包略胜半筹的。喜欢品茶的人，通常不会用茶包泡茶，因为里面都是细碎茶叶，没有茶叶在杯中灵动的美感，无法赏心悦目。但从便捷方面讲，茶包要高上一截。如果只是一般的解渴，用茶包泡茶既方便，又易清洗。特别在日常生活中或是在旅途中，有一个茶包就方便了好多。

茶包的利用

茶包可以对付浮肿，可使水肿的眼睛迅速消肿。但因为比较刺激，会使眼周肌肤的弹性变得不好，所以这种方法最好不要每天都用。

可以运用茶包的温度来改善黑眼圈，稍微高一点儿的温度可以促进眼周的血液循环，以改善循环不畅形成的黑眼圈。不过注意温度不能过高，以免形成细纹；而冰茶包一般是早上用；温茶包一般是晚上用，并且在敷完温茶包后涂抹一些滋润的眼霜，效果会加倍。

一般是用绿茶的茶包，绿茶含有抗氧化的成分。不要用红茶，尤其是隔夜的，因为红茶中的成分在空气中久置后极易变质。

同时，茶包还有其他用处，如除鞋臭味。材料：废旧丝袜或纱布、橡皮筋、喝剩下的并晾干了的茶叶；把晾干的茶叶装进废旧的丝袜里，除鞋臭味的小茶包便做好了；在每天脱下鞋子后把小茶包放到鞋子的里面，第二天穿鞋时再拿出来，这样鞋里面的味道就会消失了。

茶叶包在每天用过后都必须拿到通风处进行晾晒，这样茶叶包就可以重复使用了，吸附鞋臭味的效果同样明显。

茶包还可以清洁餐具的油污：先用喝剩的茶包抹一下再清洗，可以减少洗洁精的用量。茶叶有吸油及去油的功效，如果碗盘不太油腻，用茶包抹完后都不必使用洗洁精就很干净，天然又不伤手。

所以说，茶包不仅仅是旅途中的便捷助手，更是生活中的实用帮手。

与茶包相关的泡茶学问

饮茶是大家公认的具有内在修养的一门艺术，但不是每个人都能掌握这门艺术。多数人都是心有余而力不足。但是，自制茶包的出现，给这些饮茶新手们带来了福音。只要了解了与茶包有关的泡茶学问，一切饮茶的难题都会迎刃而解。

不要挤压茶包：尤其是在冲泡和取出茶包时，千万别刻意挤压茶包，这会让茶叶产生涩味，且茶汤的颜色也会变得浑浊。只要水的温度适宜，泡茶时间适当，茶叶的营养成分就能足量被析出。

茶包的摆放：茶包怎么放进杯子里，也是一个大学问。最好是将茶包拴上绳子，挂在杯沿外，然后把茶包伸展成立方体放入杯中，这样更利于茶叶的浮动以使茶味均匀。

冲茶包的水温及用水量：毫无疑问，必然要沸水。但刚烧开100℃的热水不适宜冲泡茶包，可以稍等1~2分钟，等水温降到90℃左右时再加入杯中。另外，一般的茶包重约2克，冲煮时热水最多不得超过200毫升，否则茶饮会过淡，如果饮用时需要加入冰块冷却，热水要再减少，避免放入冰块后稀释了茶味。

茶包的冲泡时间：茶包的浸泡时间因茶而异，一般以5~10分钟为限，时间太长，茶叶的苦涩味会跑出来；有的人心急，没过一会儿就牵着棉线晃动茶包，这样虽然茶的颜色浓了些，但茶叶成分却没有完全析出。如果茶包中含有中药成分，冲泡时间可以加长10~15分钟。

冲茶包时注意：切忌在冲泡好的茶上加盖，这样容易使新鲜的茶水变色。而且茶包不能一直泡在杯中，不然味道会过浓或变得苦涩。一个茶包大多有2克的茶叶，通常可以泡两杯茶，要是用大马克杯（大概350毫升）泡茶，则最好是只泡一次，如果无限制地“续杯”，茶汤就只剩茶色而没有茶味了。

怎样做到合理饮茶

许多人并不知道，怎样饮茶才是最养生的。一年四季气候不同，每个人体质也不同，饮茶的学问更是非同寻常。

一般来说，春季宜喝花茶，花茶可以去除整个寒冬淤积体内的寒邪，促进人体阳气生发；夏季宜喝绿茶，绿茶性味苦寒，能清热、消暑、解毒、促进消化、防止腹泻、防止皮肤过敏等；秋季宜喝乌龙茶，乌龙茶不寒不热，能彻底消除体内的余热，使人神清气爽；冬季宜喝红茶，红茶味甘性温，含丰富的蛋白质，有一定温胃祛寒的功能。此外，饮茶还有一定的禁忌和要求。

头遍茶：由于茶叶在栽培与加工过程中会受到农药等有害物的污染，茶叶表面总有一定的残留，所以，头遍茶是用来洗涤的，应倒掉再次冲泡。

空腹：空腹喝茶可稀释胃液，降低消化功能，致使茶叶中的不良成分大量入血，引起头晕、心慌、手脚无力等症状。

饭后：茶叶中含有大量鞣酸，鞣酸可以与食物中的铁元素发生反应，生成难以溶解的新物质，时间一长会引起人体缺铁，甚至诱发贫血症。所以，应该在餐后一小时再饮茶。同时，茶叶中含有茶碱，有升高体温的作用，发热病人喝茶无异于“火上浇油”。

水温：水的温度在泡茶时起着最明显和最直接的作用。泡芽叶细嫩的名贵绿茶用80℃左右水温，花茶、红茶、低档绿茶用100℃沸水，乌龙茶、普洱茶、紧压茶用100℃的沸滚开水。

用量：绿茶以100毫升水，投茶3~5克为宜；红茶可加至5克或以上，但泡水次数递加，可反复泡水多次；铁观音、乌龙茶的正常投茶量是以干茶占泡茶具容量的1/3~1/2为宜；普洱茶熟茶与铁观音相近，但生茶应减少投茶量。

时间：茶叶浸泡4~6分钟后饮用最佳，因此时已有80%的咖啡因和60%的其他可溶性物质已经浸泡出来。此外。茶泡好之后，要在30~60分钟内喝掉，否则茶里的营养成分会变得不稳定。

养生小贴士

沏茶宜用玻璃或陶瓷壶、杯，不宜用保温杯。因用保温杯泡茶叶，茶水较长时间保持高温，茶叶中的一部分芳香油逸出，会使香味减少；浸出的鞣酸和茶碱过多，有苦涩味，因而也损失了部分营养成分。

慎用茶叶的几种情况

饮茶虽好，但不是所有人都适合，饮茶也是有很大学问的。要选对合适的时机、调配合适的浓度、饮入合适的茶汁量。要做到应时而饮、量力而行、浓淡适宜。下面是慎用茶叶的几种情况。

神经衰弱者尤其不要在临睡前饮茶，茶中的咖啡因能兴奋中枢神经，临睡前饮茶，这种兴奋作用对神经衰弱患者来说无疑是“雪上加霜”，然而在早上或下午适当喝点茶，既可以补充营养，又可以帮助振奋精神，白天精神，对晚上睡眠还有好处，所以神经衰弱者白天可以适当饮茶。

老年人一般体质较弱，并常伴有脾胃虚寒，脾胃虚寒者不要饮浓茶、冷茶，可以喝些性温的茶类，如红茶、黑茶等，并且以热饮或温饮为好。

缺铁性贫血患者不宜饮茶。这是因为茶叶中的茶多酚很容易与食物和补铁剂中的铁发生络合反应，使铁难以被人体吸收，从而加重病情。

活动性胃溃疡、十二指肠溃疡患者不宜饮茶，尤其不要空腹饮茶。茶叶中的生物碱能抑制磷酸二酯酶的活力，使胃壁细胞分泌胃酸增加，胃酸一多就会影响溃疡面的愈合，加重病情，并产生疼痛等症状。

习惯性便秘病人也不宜多饮茶，茶叶中的多酚类物质具收敛性，会影响肠蠕动，加重病情。

处于孕期、产期、经期的女性最好少饮或只饮淡茶，前面已经说过，茶叶中的茶多酚会和铁离子发生络合反应，使铁离子失去活性，处于特殊时期的妇女易引发贫血症。孕妇吸收咖啡因的同时，胎儿也被动吸收，而胎儿对咖啡因的代谢速度要比大人慢得多，这对胎儿的生长发育是不利的。

妇女在哺乳期不能饮浓茶，因为浓茶中的大量茶多酚一旦被孕妇吸收后，会使乳腺分泌减少，浓茶中的咖啡因含量也较高，会通过哺乳而进入婴儿体内，使婴儿兴奋过度，甚至发生肠痉挛。

妇女在经期也不要饮浓茶，因为茶叶中的咖啡因对中枢神经和心血管的刺激作用，会使经期基础代谢增高，引起经血过多、痛经或经期延长等症状。

总之，饮茶虽好，但是要学会适量、适度，正如上文说的，要做到应时而饮、量力而行、浓淡适宜。饮茶之所以称之为艺术，就是因为它的不同寻常，是值得大家细心研究的学问，也是需要用一生去品读的营养宝藏。

常见茶包材料速查表

花草类	
玫瑰花	滋润养颜、护肤美容、活血、保护肝脏
薰衣草	去疤美容、松弛神经
茉莉花	化湿和中、理气解郁
槐花	清肝泻火
菊花	平肝明目、清火解压
金银花	清热解毒、去火防感冒
马齿苋	清热解毒、利水祛湿、散血消肿、消炎止痛
迷迭香	祛痰、抗感染、杀菌，可增强活力、提神
紫罗兰	安神助眠
丁香	温肾助阳、芳香健胃、祛风散寒
食物类	
西瓜皮	利尿、消肿、解热
芹菜	降压、预防动脉硬化
山楂	开胃消食、活血化瘀、收敛止泻
冬瓜皮	治肿胀、消毒热、利小便
生姜	发汗解表、温中止呕、温肺止咳
苦瓜	消暑解热、解毒、健胃
白萝卜	清热生津、下气宽中、凉血止血、消食化滞、开胃健脾
冰糖	润肺、止咳、化痰、去火
红糖	益气补血、健脾暖胃、缓中止痛、活血化瘀
柚子皮	清火润肺、止咳消炎
黑芝麻	补肝肾、益精血、润肠燥
核桃仁	补肾温肺、润肠通便
白芝麻	补血明目、祛风润肠、生津通乳
葱白	发表散寒、通阳宣窍、解毒杀虫
辣椒	温中散寒、健胃消食
胡椒	温中下气、消痰、解毒
中药类	
人参	大补元气、固脱生津、安神
何首乌	养血滋阴、润肠通便
决明子	润肠通便、降脂明目
枸杞子	补肾益精、养肝明目、补血安神、生津止渴、润肺止咳
陈皮	理气健脾、调中、燥湿、化痰
荷叶	清热解毒、凉血、止血
莲心	补脾止泻、益肾固精、养心安神
罗汉果	润肺止咳、生津止渴
五味子	收敛固涩、益气生津、补肾宁心
甘草	补脾益气、清热解毒、祛痰止咳、缓急止痛、调和诸药
桂圆	滋养补益、补气血、益智宁心、安神定志

第二章 日常保健茶包

防治感冒

■发热　■头痛　■身体疲倦

感冒是生活中常见的疾病。由于四季气候不同以及患者体质的不同，每当季节交替的时候，总是有不少人感冒，其症状各异，大体表现为发热、头痛、流鼻涕、咽喉痛、咳嗽、身体疲倦等。感冒有普通感冒、流行性感冒之分。普通感冒，中医称“伤风”，是由很多种病毒导致的一种呼吸道常见疾病。流行性感冒，是由流感病毒导致的急性呼吸道传染病，当患者打喷嚏或咳嗽时会通过飞沫传染给别人。

生姜红糖茶　适用于风寒感冒

[配方组成]

生姜 10克 

红糖 30克 

[制作方法]

1. 生姜洗净切丝或片。
2. 同红糖一起放入茶杯中。
3. 用沸水冲泡，闷5分钟代茶饮。

[饮用方法]

每日1剂，代茶温饮。

养生功效

具有发汗解表、温中和胃的作用。

饮用宜忌

适用于风寒感冒，伴有恶心、呕吐、腹胀等症。此茶虽可暖胃、暖宫，但孕妇不可饮用。

冲泡时间：1 3 **5** 8 10 15 18 20 25 30

养生小贴士

1. 感冒分为多种类型，因此要对症吃药，不可中药、西药混服。
2. 若不小心感冒了，可以多喝水，每日饮用2500~3000毫升，以预防发热，并可协助排汗及排出身体中的毒素。
3. 充足的睡眠能养精蓄神，防止津液亏损，对疾病的康复很有帮助。因此，感冒后不要熬夜，要多休息，多睡觉。
4. 食欲不振时，不要勉强进食，尽量吃有营养、易消化的食物。

菊花绿茶 适用于风热感冒

[配方组成]

菊花 3朵 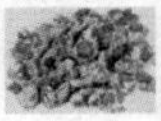
绿茶 1袋 
冰糖 3块 

[制作方法]

❶ 菊花、绿茶冲泡一下，将水倒出。
❷ 再次取菊花、绿茶、冰糖。
❸ 一起放入水杯中冲泡，闷5分钟后饮用。

[饮用方法]

每日1剂，代茶频饮。

饮用宜忌

适用于风热感冒引起的头晕、咽喉痛、干咳。脾胃虚弱、大便溏薄者不宜饮用。

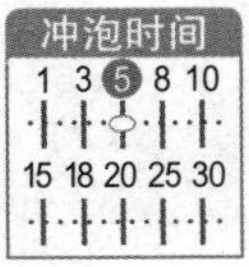

养生功效

具有清凉降火、润喉止痛的功效。

桑菊竹叶茶 适用于感冒发热

[配方组成]

桑叶 10克 
菊花 10克 
竹叶 10克 
红糖 10克 

[制作方法]

❶ 将上述药材捣碎，与红糖混合。
❷ 分成4份，分别放入茶包袋中。
❸ 取1袋，沸水冲泡，闷10分钟后饮用。

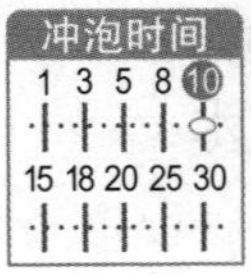

养生功效

具有疏散风热、疏肝润燥的功效。

[饮用方法]

代茶饮用，每日1剂。

饮用宜忌

适用于恶寒发热、头痛身疼，或流涕、舌苔薄白等症。肾精亏虚或清气不升之虚证、耳鸣不宜饮用。

健康饮茶问与答

问 **人每天饮多少茶为宜?**

答 饮茶的多少，取决于每个人的饮茶习惯、年龄、健康状况、生活环境等多种因素。一般健康的成年人，平时又有饮茶的习惯，一次饮茶在6~10克，分2~3次冲泡是适宜的。然而对于体力劳动量大、食油腻食物较多的人来说，一日饮茶20克左右也是适宜的。但孕妇和儿童应少饮茶。

感冒退热茶　适用于感冒发热

[配方组成]

竹茹 20克 
陈皮 20克 
蚕砂 15克 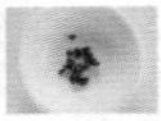

[制作方法]

❶ 陈皮切丝，蚕砂用擀面杖捣成粉末。
❷ 同竹茹混合，分成5份，分别装入茶包袋中。
❸ 取1小袋，用沸水冲泡，闷15分钟后饮用。

[饮用方法]

代茶饮用，每日1剂。

饮用宜忌

适用于感冒引起的发热、头晕、恶心呕吐。
脾胃受寒后呕吐的人不适宜。

冲泡时间
1 3 5 8 10
15 18 20 25 30
（15分钟）

养生功效

本品具有止胃热、呕吐的功效。

香菜生姜散寒饮　适用于风寒感冒

[配方组成]

香菜根 3棵 
去皮生姜 5克 

[制作方法]

❶ 香菜洗净、切细末，生姜切片。
❷ 将材料放入锅中，加入适量水。
❸ 熬煮30分钟后，取汁饮用。

[饮用方法]

每日1剂，代茶饮用。

冲泡时间
1 3 5 8 10
15 18 20 25 30
（30分钟）

养生功效

防治风寒感冒引起的头痛、怕冷、流清鼻涕。

饮用宜忌

患风寒外感者、脱肛及食欲不振者，尤其适合。
患口臭、狐臭、严重龋齿、胃溃疡者应少饮用。

健康饮茶问与答

问　什么是红茶？

答　世界上最早的红茶由中国福建武夷山茶区的茶农发明，名为“正山小种”。属于全发酵茶类，以适宜的茶树新叶为原料，经过萎凋、揉捻、发酵、干燥等典型工艺过程精制而成。红茶在加工过程中，产生了茶黄素、茶红素等新成分，所以红茶具有红茶、红汤、红叶和香甜味醇的特征。

杏仁茴香饮 适用于胃肠感冒

[配方组成]

甜杏仁 20克 
小茴香 15克 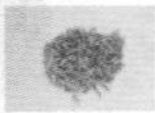
红糖 适量 

[制作方法]

❶ 小茴香、甜杏仁，用无油的铁锅炒香、磨成粉。
❷ 晾凉后，装瓶密封，放入冰箱冷藏。
❸ 取2匙，加少量红糖，沸水冲泡5分钟后饮用。

[饮用方法]

代茶饮用，每日1剂。

饮用宜忌

适用于恶心、呕吐等症的胃肠感冒。
排便困难、孕妇禁止饮用。

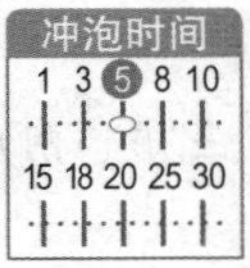

养生功效

本品具有顺畅通便、美容护肤的功效。

姜苏茶饮 适用于胃肠感冒

[配方组成]

生姜 15克 
紫苏叶 10克 

[制作方法]

❶ 生姜洗净、切成片，紫苏叶洗净。
❷ 将2种材料放入茶壶里。
❸ 注入适量水，闷10分钟后饮用。

[饮用方法]

每日1剂，代茶饮用。

饮用宜忌

适用于风寒感冒、肠胃不适型感冒等。
阴虚内热者及热盛之症忌饮。

养生功效

具有开胃止呕、发汗解表的功效。

健康饮茶问与答

问 什么是乌龙茶?

答 乌龙茶又称青茶，属半发酵茶。主要品种有乌龙水仙、铁观音和台湾包种等。其加工流程是晒青、晾青、摇青、杀青、揉捻和干燥。正宗的乌龙茶经冲泡后，叶片会展开，可发现叶中间呈绿色，叶缘呈红色，因此有“绿叶红镶边”的美称。而且乌龙茶既具有绿茶的清香和花香，又具有红茶的醇厚滋味。

紫苏叶糖茶 适用于流感

[配方组成]

红糖 适量 
紫苏叶 15克 

[制作方法]

❶ 将紫苏叶和红糖混匀。
❷ 分成3份，分别装入茶包袋中。
❸ 取1小袋，用沸水冲泡10分钟饮用。

[饮用方法]

代茶饮用，每日1~2次。

冲泡时间：1 3 5 8 **10** 15 18 20 25 30

✲ 养生功效

具有祛风暖身、益气固表的功效。

饮用宜忌

适用于恶寒发热、咳嗽等症。气虚、阴虚体质慎饮。

鱼腥草茶 适用于流感

[配方组成]

鱼腥草 16克 

[制作方法]

❶ 将鱼腥草择去杂质，分成4份。
❷ 将每份用纱布包好。
❸ 取1小袋，用沸水冲泡，闷5分钟饮用。

[饮用方法]

代茶饮用，每日1~2剂。

冲泡时间：1 3 **5** 8 10 15 18 20 25 30

✲ 养生功效

具有清热解毒、排脓消痈、利尿通淋的功效。

饮用宜忌

适宜流行性感冒者饮用。儿童、虚寒症及阴性外疡患者忌饮。

健康饮茶问与答

问 **什么是白茶？**

答 白茶成品茶的外观呈白色，故名白茶。白茶为福建特产，主要产区在福鼎、政和、松溪、建阳等地，是一种采摘后，不经杀青或揉捻，只经过晒或文火干燥后加工的茶。其品质特点是，干茶外表满披白色茸毛，有“绿妆素裹”之美感，芽头肥壮，汤色黄亮，滋味鲜醇，叶底嫩匀。

薄荷黄芪茶 辛凉解表

[配方组成]

薄荷 5克  黄芪 8克 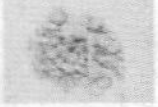

[制作方法]

❶ 将薄荷、黄芪洗净。
❷ 一起放入水杯中，注入沸水。
❸ 闷10分钟后即可饮用。

冲泡时间
1 3 5 8 10
15 18 20 25 30

养生功效

具有辛凉解表、祛风祛湿的功效。

[饮用方法]

代茶温饮，每日1~2剂。

饮用宜忌

适宜头痛、发热的人群饮用。表虚汗多、肝脏虚寒者不宜饮用。

核桃生姜红糖饮 发汗解表

[配方组成]

核桃仁 6克 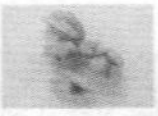 生姜 8片  红糖 适量 

[制作方法]

❶ 将核桃仁捣碎，生姜洗净、切片。
❷ 同红糖一起放入锅中，注入适量水。
❸ 煮20分钟后，取汁饮用。

冲泡时间
1 3 5 8 10
15 18 20 25 30

养生功效

具有温经润肠、发汗解表的功效。

[饮用方法]

代茶饮用，每日2次。

饮用宜忌

适宜外感风寒、虚寒咳嗽者饮用。阴虚内热及热盛者不宜饮用。

健康饮茶问与答

问 **什么是黄茶？**

答 黄茶属轻发酵茶，近似绿茶，制作过程中是将茶叶闷堆沤黄。其品质特征为黄汤黄叶。黄茶按茶叶原料的嫩度和大小可分为黄芽茶、黄小茶和黄大茶三类，其产区在安徽霍山、浙江温州和莫干山、四川名山县等。

紫苏叶羌活红茶 散寒解表

[配方组成]

紫苏叶 8克 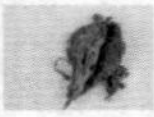
羌活 8克 
红茶 3克 

[制作方法]

❶ 紫苏叶、羌活切碎，连同红茶放入杯中。
❷ 先用沸水冲洗一遍，再注入沸水。
❸ 闷5分钟后即可饮用。

[饮用方法]

代茶温饮，每日1剂。

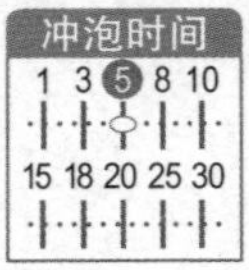

养生功效

具有宣肺止咳、散寒解表的功效。

饮用宜忌

适宜头痛、发热的人群饮用。气虚、阴虚以及温病患者慎饮。

银花竹叶鱼腥草茶 疏风清热

[配方组成]

金银花 5克 
竹叶 5克 
鱼腥草 10克 

[制作方法]

❶ 将以上三种茶材洗净。
❷ 同放入锅中，注入适量水。
❸ 煮30分钟后，取汁饮用。

[饮用方法]

代茶饮用，每日2次。

饮用宜忌

适宜风热感冒人群饮用。
脾、胃、肝虚寒者慎饮。

养生功效

具有疏风清热的功效。

健康饮茶问与答

问 什么是花茶？

答 花茶属于再加工茶类，并以花定名。花茶既有茶味又有花香味，是将茶叶与鲜花混合制作而成。主要产区在福建、江苏、浙江、广西、四川、安徽、湖南、江西、湖北、云南等地。

白萝卜银花茶 适用于风热感冒

[配方组成]

白萝卜 1/3个  金银花 4朵 

[制作方法]

❶ 将白萝卜洗净、切小块，金银花洗净。
❷ 同放入锅中，注入适量水。
❸ 煮20分钟后，取汁饮用。

[饮用方法]

代茶饮用，每日2次。

冲泡时间
1 3 5 8 10
15 18 20 25 30

养生功效

具有清热解表的功效。

饮用宜忌

适宜风热感冒所致的头痛者饮用。脾胃虚寒者不宜饮用。

绿豆红茶 用于夏季感冒

[配方组成]

绿豆 15克  红茶 5克 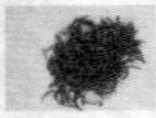 红糖 适量 

[制作方法]

❶ 将绿豆洗净、捣碎。
❷ 与红茶、红糖同放入锅中。
❸ 注入适量水，煮30分钟后，取汁饮用。

[饮用方法]

代茶饮用，每日2次。

冲泡时间
1 3 5 8 10
15 18 20 25 30

养生功效

具有清热解毒的功效。

饮用宜忌

适宜夏季感冒的人群饮用。
脾胃虚寒者以及泄泻者慎饮。

健康饮茶问与答

问 什么是紧压茶？

答 紧压茶属再加工茶，是以黑毛茶、老青茶、做庄茶及其他适合制毛茶为原料，经过渥堆、蒸、压等典型工艺过程加工而成的砖形或其他形状的茶叶。紧压茶的多数品种比较粗老，干茶色泽黑褐，汤色澄黄或澄红；茶味醇厚，具有减肥的功效。

◀紫苏杏仁红茶 发散风寒

[配方组成]

紫苏叶 8克  苦杏仁 5克  红茶 3克 

[制作方法]

❶ 杏仁洗净、捣碎，紫苏叶洗净。
❷ 连同红茶放入杯中，注入沸水。
❸ 闷5分钟后即可饮用。

[饮用方法]

代茶温饮，每日1剂。

✲养生功效

具有行气宽中、散寒解表的功效。

饮用宜忌

适用于感冒引起的头痛、发热等症。气虚、阴虚以及温病患者慎饮。

◀苦杏仁陈皮红茶 行气宽中

[配方组成]

陈皮 10克  苦杏仁 5克  红茶 3克 

[制作方法]

❶ 杏仁洗净、捣碎，陈皮洗净。
❷ 连同红茶放入杯中，注入沸水。
❸ 闷10分钟后即可饮用。

[饮用方法]

代茶温饮，每日1剂。

✲养生功效

具有行气消食、发散风寒的功效。

饮用宜忌

适宜感冒患者饮用。风热或湿热证，发热、尿赤、舌苔黄者慎饮。

健康饮茶问与答

问 **什么是速溶茶？**

答 速溶茶属再加工茶，是一种能迅速溶解于水的固体饮料茶。以成品茶、半成品茶、茶叶副产品或鲜叶为原料，通过提取、过滤、浓缩、干燥等工艺过程，加工成一种易溶入水而无茶渣的颗粒状、粉状或小片状的新型饮料，具有冲饮携带方便、不含农药残留等优点。

金银花葱白绿茶 清热解毒

[配方组成]

金银花 10克 　葱白 1根 　绿茶 3克 

[制作方法]

❶ 葱白洗净、切段，金银花洗净。
❷ 连同绿茶放入杯中，注入沸水。
❸ 闷10分钟后即可饮用。

[饮用方法]

代茶温饮，每日1剂。

✲ 养生功效

具有清热解毒、发汗解表的功效。

饮用宜忌

适宜感冒患者饮用。表虚多汗者忌饮。

桑竹绿茶 用于风热感冒

[配方组成]

桑叶 5克 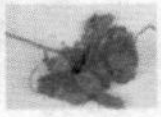　竹叶 10克 　绿茶 3克 

[制作方法]

❶ 桑叶、竹叶撕碎，同绿茶放入杯中。
❷ 先用沸水冲洗一遍，再注入沸水。
❸ 闷5分钟后即可饮用。

[饮用方法]

代茶温饮，每日2剂。

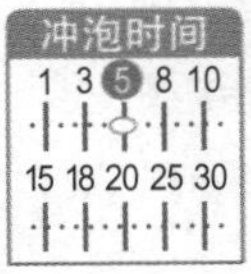

✲ 养生功效

具有除热消火的功效。

饮用宜忌

适宜发热、头痛、咽喉痛者饮用。腹痛、腹泻者不宜过量饮用。

健康饮茶问与答

问 什么是竹筒茶？

答 竹筒茶是紧压茶的一种，加工方法独具风格。将青毛茶放入特制的竹筒内，在火塘中边烤边捣压，直到竹筒内的茶叶装满并烤干，就剖开竹筒取出茶叶用开水冲泡饮用。竹筒茶既有浓郁的茶香，又有清新的竹香。云南西双版纳的傣族同胞喜欢饮这种茶。

◀菊茉冰糖饮　清热解毒

[配方组成]

菊花 2克  茉莉花 2克  冰糖 适量 

[制作方法]

❶ 将菊花、茉莉花，放入杯中。
❷ 先用沸水冲洗一遍，再注入沸水。
❸ 加入冰糖，闷10分钟后饮用。

[饮用方法]

代茶温饮，每日2剂。

饮用宜忌

适宜风热感冒者饮用。怀孕期间的妇女应避免饮用。

养生功效

具有清热解毒的功效。

◀羌活独活茶　散寒祛湿

[配方组成]

独活 8克  羌活 8克  红糖 3克 

[制作方法]

❶ 将独活、羌活捣碎，放入杯中。
❷ 先用沸水冲洗一遍，加入红糖后再注入沸水。
❸ 闷10分钟后即可饮用。

[饮用方法]

代茶温饮，每日1剂。

饮用宜忌

适用于外感风寒引起的恶寒、头痛等症。阴虚血燥者慎饮。

养生功效

具有宣肺止咳、散寒祛湿的功效。

健康饮茶问与答

问　什么是普洱茶?

答　普洱茶属于后发酵茶，是将晒青毛茶泼水堆积发酵而成。外形色泽褐红，内质汤色红浓明亮，香气独特陈香，滋味醇厚回甘，叶底褐红。有生茶和熟茶之分，生茶自然发酵，熟茶人工催熟，主要产于云南省的西双版纳地区。

◀芝麻酱红糖绿茶 适用于风寒感冒初期

[配方组成]

芝麻酱 适量 　红糖 适量 　绿茶 3克 

[制作方法]

❶ 将绿茶放入杯中，用沸水冲洗一遍。

❷ 再注入沸水，加入红糖，调入芝麻酱。

❸ 闷5分钟后即可饮用。

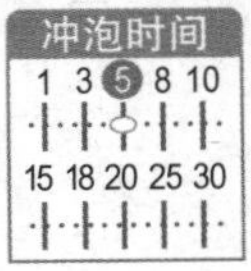

✲ 养生功效

具有辛温解表、暖胃祛寒的功效。

[饮用方法]

代茶温饮，每日1剂。

饮用宜忌

适宜外感风寒初期的患者饮用。经期及贫血女性、低血糖患者慎饮。

◀防风羌活茶 辛温解表

[配方组成]

防风 5克 　羌活 8克 

[制作方法]

❶ 将防风、羌活捣碎，放入杯中。

❷ 先用沸水冲洗一遍，再注入沸水。

❸ 闷10分钟后即可饮用。

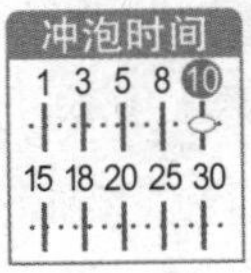

✲ 养生功效

具有辛温解表、祛风止痛的功效。

[饮用方法]

代茶温饮，每日1剂。

饮用宜忌

适用于外感风寒引起的恶寒、头痛等症。血虚者不宜饮用。

健康饮茶问与答

问 什么是保健茶？

答 保健茶是一种药茶，在保健茶中可以有茶叶，也可以没有茶叶，是将茶叶或天然植物和中药配制而成的，对人体有一定的养生和保健作用。保健茶作为饮料，它所面对的是各种不同年龄、性别、工作、体质的人群，其饮用量的多少是无法框定的，有降低血脂、胆固醇的功效，对肥胖病、糖尿病、高血压、冠心病等患者有一定疗效。

增进食欲

■不欲食　■食欲缺乏　■恶食

食欲就是进食的生理需求，食欲不振是指进食的欲望降低或者消失。生理性食欲不振者多面色黄白、体型消瘦、不思饮食、容易腹胀、倦怠懒言；由于精神引起的食欲不振者往往容颜憔悴、气短、神疲力乏、郁闷不舒等。食欲不振是常见病，长期食欲不振容易导致精神疲惫、体重减轻、营养不良、记忆力下降、免疫力降低等。食欲不振属中医学中的“不欲食”“食欲缺乏”“恶食”等范畴，中医认为本病可由肝气郁结犯胃或脾胃损伤所致。

山楂银耳茶　健脾和中

[配方组成]

鲜山楂 5颗 　银耳 10克 

[制作方法]

❶ 山楂洗净、切片，银耳泡发撕小朵，同放入锅中。
❷ 注入适量水，大火煮沸后，小火煮20分钟。
❸ 盛入容器，放入冰箱冷藏待用。

[饮用方法]

每次取2匙，用温水冲服。

✲养生功效

具有开胃消食、健脾和中的功效。

饮用宜忌

长时期大量饮用会导致小儿营养不良、贫血。
山楂只消不补，脾胃虚弱者不宜多饮用，无食物积滞者勿用。

冲泡时间
1 3 5 8 10
15 18 20 25 30

养生小贴士

1. 食欲不振者平时应适当吃一些粗粮，忌食肥腻不易消化的食物，不偏食、挑食。
2. 多食用香蕉、酸奶、全麦面包等，这些食物易于消化吸收，可增加食欲，改善味觉。
3. 多食用含B族维生素的食物，可增加食欲。
4. 正餐前后，可适量增添零食，多次少量地摄入食物可以增加食欲。
5. 戒烟。吸烟是丧失食欲的重要原因。

◀小麦莲子茶 缓解脾胃虚弱

[配方组成]

红枣 10枚 
莲子 20克 
小麦 20克 

[制作方法]

❶ 将红枣去核、洗净，莲子和小麦捣碎。
❷ 混合成5份，分别装入茶包袋中。
❸ 取1小袋，沸水冲泡15分钟后饮用。

[饮用方法]

代茶饮用，每日1袋，可反复冲泡。

冲泡时间：1 3 5 8 10 15 18 20 25 30（15）

✲养生功效

具有健脾和胃、开胃消食的功效。

饮用宜忌

适宜脾胃虚弱引起的食欲不振者饮用。胃寒怕冷者应少量饮用。

◀乌梅茶 健脾和胃

[配方组成]

乌梅 20克 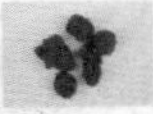
生姜 20克 
红糖 适量 

[制作方法]

❶ 生姜洗净、去皮、切片。
❷ 同乌梅、红糖混合成5份。
❸ 分别装入茶包包好。

[饮用方法]

每次取1小袋，用沸水冲泡，闷20分钟后饮用。

冲泡时间：1 3 5 8 10 15 18 20 25 30（20）

✲养生功效

健脾和胃，对食欲不振能起到很好的调理作用。

饮用宜忌

饮用此茶时，忌食猪肉。表邪未解者禁饮；内有实邪者慎饮。

健康饮茶问与答

问 什么是黑茶?

答 黑茶一般原料较粗老，加之制造过程中往往堆积发酵时间较长，因而叶色油黑或黑褐，故称黑茶。黑茶主要供边区少数民族饮用，所以又称边销茶。黑毛茶是压制各种紧压茶的主要原料，各种黑茶的紧压茶是藏族、蒙古族和维吾尔族等兄弟民族日常生活的必需品。

二椒茶 开胃消食

[配方组成]

辣椒 10克 

绿茶 10克 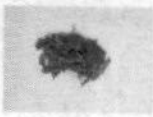

花椒 10克 

食盐 适量 

[制作方法]

❶ 辣椒切碎末，与其他茶材混合。
❷ 分成3份，分别装入茶包袋中。
❸ 取1小袋，沸水冲泡10分钟饮用。

冲泡时间
1 3 5 8 10
15 18 20 25 30

✲养生功效

具有开胃消食、祛风散寒的功效。

[饮用方法]

代茶饮用，每日1次。

饮用宜忌

适宜伤风头痛、头昏，食欲减退者饮用。
肠胃功能不佳，尤其是胃溃疡者应少饮用。

胡椒糖茶 温胃祛寒、增进食欲

[配方组成]

白胡椒 1/4匙 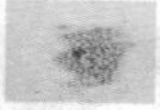

红糖 适量 

[制作方法]

❶ 用匙将白胡椒盛出。
❷ 将白胡椒、红糖均放入水杯中。
❸ 用沸水冲泡，闷5分钟饮用。

[饮用方法]

每日1剂，代茶温饮。

饮用宜忌

适宜胃口差、消化不良者饮用。
消化道溃疡、痔疮、咽喉炎症、眼疾患者慎饮。

冲泡时间
1 3 5 8 10
15 18 20 25 30

✲养生功效

有醒脾开胃、增进食欲的功效。

健康饮茶问与答

问 茶叶中有哪些药用成分?

答 咖啡碱，茶叶中一种含量很高的生物碱，占3%左右，用于药中，具有提神醒脑的作用。茶多酚，茶叶中的可溶性化合物，主要由儿茶素类、黄酮类化合物、花青素和酚酸组成。儿茶素是茶叶药效的主要活性成分，具有防止血管硬化、防止动脉粥样硬化、降血脂、消炎抑菌等功效。

艾叶生姜红糖茶 健脾和胃

[配方组成]

艾叶 6克  姜 6克  红糖 15克 

[制作方法]

❶ 将艾叶、生姜洗净，生姜切丝。
❷ 将3种茶材均放入水杯中。
❸ 用沸水冲泡，闷5分钟后饮用。

[饮用方法]

每日1剂，代茶温饮，可反复冲泡。

冲泡时间
1 3 5 8 10
15 18 20 25 30

✲ 养生功效

具有温胃祛寒、健脾和胃的功效。

饮用宜忌

适用于胃部受寒后冷痛、腹泻等症。阴虚血热者要慎重饮用。

小茴香盐茶 开胃进食

[配方组成]

小茴香 15克 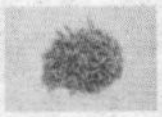 食盐 15克 

[制作方法]

❶ 将小茴香洗净、捣碎，晾干后与盐混合，分成3份，分别装入茶包袋中。
❷ 取1小袋，放入水杯中，注入沸水。
❸ 冲泡5分钟后饮用。

[饮用方法]

代茶饮用，每天1剂。

冲泡时间
1 3 5 8 10
15 18 20 25 30

✲ 养生功效

具有开胃进食、温寒散寒的作用。

饮用宜忌

适宜胃部受寒后冷痛、消化不畅者饮用。肝经湿热或上火的人不宜饮用。

健康饮茶问与答

问 乌龙茶有什么功效？

答 乌龙茶之所以被大家推崇，是因为它能够溶解脂肪，起到减肥的效果。同时乌龙茶还具有消除疲劳、生津利尿、解热防暑、杀菌消炎、解毒防病、消食去腻的保健功能，以及防癌症、降血脂、抗衰老等特殊功效。

番茄洋参茶 用于食欲不振

[配方组成]

西洋参 4克  番茄 半个 

[制作方法]

❶ 将西洋参洗净、切片，番茄洗净、捣碎。
❷ 放入水壶中，注入沸水。
❸ 闷10分钟后饮用。

[饮用方法]

代茶温饮，每日1~2剂。

冲泡时间：1 3 5 8 **10** 15 18 20 25 30

养生功效

具有开胃消食、增进食欲的功效。

饮用宜忌

适宜食欲不振的人群饮用。中阳衰微，胃有寒湿者忌饮。

生姜黄连黄芩茶 用于食欲不振

[配方组成]

黄连 15克  黄芩 15克  生姜 15克 

[制作方法]

❶ 将3种茶材捣碎，混合成2份。
❷ 分别装入茶包袋中，每次可取1小袋。
❸ 用沸水冲泡，20分钟后饮用。

[饮用方法]

代茶饮用，每日1袋，可反复冲泡。

冲泡时间：1 3 5 8 10 15 18 **20** 25 30

养生功效

具有温中祛寒、健脾暖胃的功效。

饮用宜忌

适宜胃寒、胃虚者饮用。体实有火者不宜饮用。

健康饮茶问与答

问 为什么用山泉水泡茶味道好？

答 因为泉水大多出自岩石重叠的山峦，山上植被繁茂，从山岩断层涓涓细流汇集而成的泉水，不但富含人体有益的微量元素，而且经过砂石过滤，水质清澈晶莹，含氯化物极少。所以用泉水沏茶，才能使茶叶的色、香、味、形得到最大的发挥。但是有些泉水是不能泡茶的，如硫黄矿泉水等。

桂枝甘草糖茶 健胃消食

[配方组成]

桂枝 8克  甘草 8克 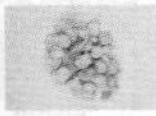 红糖 适量 

[制作方法]

❶ 将桂枝和甘草洗净，放入水杯中。
❷ 注入沸水，加入红糖。
❸ 加盖闷5分钟后饮用。

[饮用方法]

每日1剂，代茶温饮。

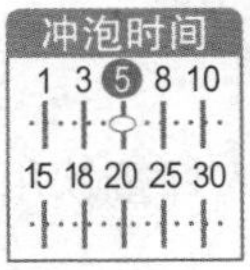

养生功效

有补虚暖胃、止呕止泻的功效。

饮用宜忌

适宜肠功能较弱、易腹泻者饮用。肠燥便秘者不适合饮用。

白术茯茉茶 健脾和胃

[配方组成]

白术 4克  茯苓 3克 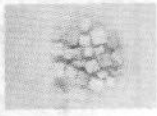 茉莉花 3克 

[制作方法]

❶ 将白术、茯苓洗净，放入锅中。
❷ 注入适量水，煮沸后，加入茉莉花。
❸ 煮20分钟后饮用。

[饮用方法]

代茶饮用，每日1剂。

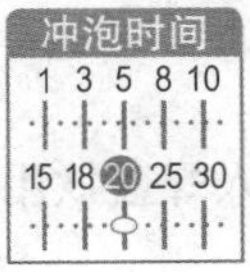

养生功效

具有健脾和胃、消暑提神的功效。

饮用宜忌

适用于脾胃虚弱引起的食欲不振者饮用。阴虚燥渴、气滞胀闷者不可饮用。

健康饮茶问与答

问 为什么用纯净水泡茶比用自来水好？

答 纯净水是将自来水经过几道工序再处理而得来的，去除了水中氯化物等异味，水质清澈甘甜、清洁卫生，适合饮用。用这种水泡茶，能获得一杯色、香、味、形俱佳的好茶。纯净水的取得最好是在家庭安装小型纯水器，买桶装水可能会被二次污染，且一桶水4天饮不完就会出现细菌，导致水质变坏。

陈皮酸梅绿茶 化食消积

[配方组成]

陈皮 5克 
酸梅 1颗 
绿茶 3克 

[制作方法]

❶ 酸梅和陈皮均洗净。
❷ 先将绿茶和酸梅泡5分钟。
❸ 再放入陈皮，闷5分钟后饮用。

[饮用方法]

代茶温饮，每日1~2剂，可调入蜂蜜饮用。

✲ 养生功效

具有化食消积的功效。

饮用宜忌

适宜消化不良、胃口不开的人群饮用。胃酸的人不宜饮用。

茯陈半夏蜜茶 理气健脾

[配方组成]

茯苓 18克 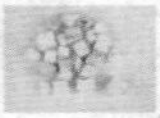
陈皮 15克 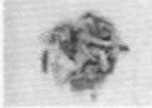
半夏 15克 

[制作方法]

❶ 将3种材料捣碎，混合均匀。
❷ 分成3份，分别装入茶包袋中。
❸ 取1袋，沸水冲泡10分钟后饮用。

[饮用方法]

代茶温饮，每日1~2剂，可调入蜂蜜饮用。

✲ 养生功效

具有化食消积的功效。

饮用宜忌

适宜消化不良、胃口不开的人群饮用。胃酸的人不宜饮用。

健康饮茶问与答

问 茶叶中咖啡因有哪些作用？

答 茶叶中咖啡因的含量为2%~4%，除了咖啡因外，还有少量的茶碱和可可碱，这些物质都能溶于热水。饮茶会使人兴奋就是咖啡因的作用。咖啡因能兴奋中枢神经，增强大脑皮质的兴奋程度，从而振奋精神、增进思维、提高工作效率。此外，咖啡因还有利尿、消浮肿、解除酒精毒害、强心解痉、平喘、扩张血管壁的作用。

甘姜蜜茶 理气顺肠

[配方组成]

甘草 3克 
生姜 1克 
蜂蜜 适量 

[制作方法]

❶ 将甘草洗净，生姜洗净、切片。
❷ 同放入锅中，注入适量水，煮20分钟。
❸ 取汁，待变温后调入蜂蜜后饮用。

[饮用方法]

代茶饮用，每日1剂。

冲泡时间：1 3 5 8 10 15 18 20 25 30（20）

养生功效：具有健脾和胃、理气顺肠的功效。

饮用宜忌

适宜肠胃的消化功能慢者饮用。阴虚燥渴、气滞胀闷者不可饮用。

小米山楂茶 消食中和

[配方组成]

小米 10克 
山楂 10克 
蜂蜜 适量 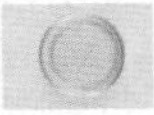

[制作方法]

❶ 将山楂和小米洗净后放入锅中。
❷ 注入4碗水，煮30分钟。
❸ 取汁，待变温后调入蜂蜜饮用。

[饮用方法]

代茶饮用，每日1剂。

冲泡时间：1 3 5 8 10 15 18 20 25 30（30）

养生功效：具有消食和中、健脾开胃的功效。

饮用宜忌

适宜食积不化、脘腹胀痛者饮用。饮此茶需适量，不可过量饮用。

健康饮茶问与答

问 冷水泡茶好吗？

答 所谓冷水泡茶，就是用凉白开水或矿泉水冲泡茶叶。茶叶中含有一种多糖类物质，它既有促进胰岛的作用，又能去除血液中过多的糖分。如果热水泡茶，就会破坏此糖分，而冷水泡茶则避免了这一问题。而且冷水泡茶可以减少咖啡因的浸出，防止失眠。虽然冷水泡茶有诸多好处，并不是每种茶叶都适合拿来泡“冷泡茶”。

马鞭草茉莉薄荷茶 健脾开胃

[配方组成]

马鞭草 1克  薄荷 2克 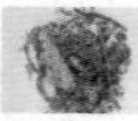 茉莉 2克 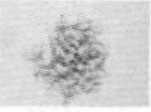

[制作方法]

1. 将3种材料洗净。
2. 放入水杯中，注入沸水冲泡。
3. 闷5分钟后即可饮用。

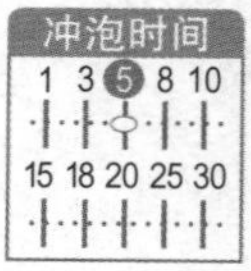

[饮用方法]

代茶温饮，每日1~2剂。

养生功效

具有清热解毒、健脾和胃的功效。

饮用宜忌

适宜消化功能弱的人群饮用。孕妇不宜饮用。

洋甘菊薄荷茶 增强食欲

[配方组成]

洋甘菊 3克  薄荷 5克 

[制作方法]

1. 将2种材料，放入水杯中。
2. 先用沸水冲洗一遍，再注入沸水。
3. 加盖冲泡5分钟后饮用。

[饮用方法]

代茶温饮，每日1~2剂，饭后饮用。

养生功效

具有开胃健脾、增强食欲的功效。

饮用宜忌

适宜常食用油腻食物的人饮用。怀孕妇女不宜饮用。

健康饮茶问与答

问 饮茶的好处与茶叶等级高低有关吗？

答 高档茶肯定比低档茶营养价值高，尤其是饮高档绿茶对人体健康长寿更加有利。因为高档绿茶一般是由一芽二叶、一芽三叶（初展）组成的，而从芽叶组成的有效成分含量看，以一芽二叶、一芽三叶最高，对人体的保健功效也最好。

桑蒲健脾茶 健脾除湿

[配方组成]

桑叶 5克 

蒲公英 8克 

红糖 适量 

食盐 适量 

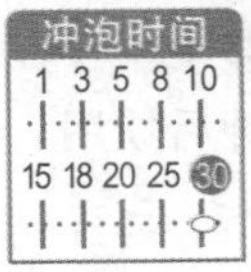

养生功效

具有清热解毒、健脾祛湿的功效。

[制作方法]

1. 将桑叶和蒲公英洗净，放入锅中。
2. 注入适量水，煮30分钟。
3. 取汁，调入红糖和盐饮用。

[饮用方法]

代茶饮用，每日1剂。

饮用宜忌

适宜女性患者饮用。非实热之证不宜饮用。

芍药甘红茶 健脾暖胃

[配方组成]

芍药 8克 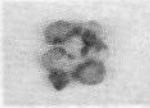

甘草 8克 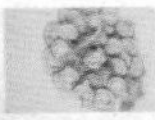

红茶 5克 

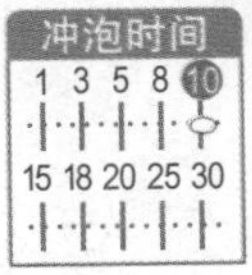

养生功效

具有健脾暖胃、养血柔肝的功效。

[制作方法]

1. 将3种茶材放入水杯中。
2. 先用沸水冲泡一遍，再注入沸水。
3. 闷10分钟后即可饮用。

[饮用方法]

代茶饮用，每日1~2次。

饮用宜忌

适宜不思饮食、肝火旺的人饮用。血虚无瘀之症及痈疽已溃者慎饮。

健康饮茶问与答

问 茶叶中含有的维生素对人体有什么作用？

答 茶叶中含多种维生素，如维生素C对人体具有多种功效，它能参与细胞间质的形成；能防止坏血病，增强机体的抵抗力，促进创口愈合；能起解毒作用及促使脂肪氧化排出胆固醇，还能预防感冒。茶叶中还含有B族维生素及维生素A、维生素K、维生素E，这些物质能维持神经、心脏和消化系统正常运转，并能保护人的视力和延年益寿。

银花莲子红糖茶 益肾健脾

[配方组成]

金银花 10克  莲子 10克  红糖 少许 

[制作方法]

❶ 将金银花和莲子捣碎，同红糖混合。
❷ 均分成2份，分别装入茶包袋中。
❸ 取1小袋，用沸水冲泡15分钟后饮用。

[饮用方法]

每日1剂，代茶饮用。

冲泡时间：1 3 5 8 10 ⑮ 18 20 25 30

养生功效

具有益肾健脾、开胃消食的功效。

饮用宜忌

适宜脾胃不和、食欲不振者饮用。阴虚燥渴者不宜饮用。

白术甘姜茶 益脾消食

[配方组成]

白术 8克  甘草 8克 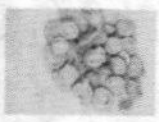 生姜 8克 

[制作方法]

❶ 将3种茶材洗净、切片。
❷ 放入锅中，注入3碗水。
❸ 熬制30分钟后饮用。

[饮用方法]

代茶饮用，每日1剂。

冲泡时间：1 3 5 8 10 15 18 20 25 ㉚

养生功效

具有温中祛寒、益脾气、清肝火的功效。

饮用宜忌

适宜食欲不振者饮用。阴虚燥渴、气滞胀闷者忌饮。

健康饮茶问与答

问 为什么喝茶对治疗细菌性痢疾有辅助作用？

答 因为茶叶中的茶多酚类化合物可抑制细菌繁殖，茶叶中的鞣质对各种痢疾杆菌有抑制作用，如对伤寒杆菌、副伤寒杆菌、溶血性葡萄球菌都有明显的抑制作用。其中绿茶的抑菌能力最强。茶叶中含的硅酸可防止结核杆菌的扩散，还能使白细胞增多，从而增强人体的免疫力。所以，喝茶对治疗急慢性细菌性痢疾具有一定的辅助作用。

缓解头痛

■ 习惯性头痛　■ 药物依赖性

当头痛来袭的时候，整个头像是被千百个钻子钻着刺着，使人没有精力做任何事情，也无法镇定地思考。很多引起头痛的原因都不清楚，但也有一些头痛是由高血压、腰部疾病、眼部疾病引起，要到医院明确病因，不可小视。若是习惯性头痛，千万不要依赖药物，因为头痛药物会产生依赖性，久而久之在身体里会产生各种副作用。不妨在家中准备一些缓解头痛的小茶包，当生活压力过大而产生头痛时，就可以泡上一杯慢慢地品尝，温和健康地帮助自己远离头痛的威胁。

葱白生姜饮　适用于头痛

[配方组成]

葱白连须 2段 
陈皮 10克 
生姜 3片 

[制作方法]

❶ 将葱白连须洗净、切片，陈皮用水泡软、撕碎。
❷ 生姜去皮、切丝，连同葱白、陈皮放入水杯中。
❸ 注入沸水，闷10分钟后饮用。

[饮用方法]

代茶温饮，也可加入红糖饮用，每日1~2剂。

养生功效

具有发表散寒、通阳宣窍的功效。

饮用宜忌

适用于风寒感冒引起的怕冷、头痛、鼻塞等症状。病人表虚易汗者勿食，病已得汗勿饮。

养生小贴士

1. 尽量避免过度劳累，保持心情舒畅，不要过度忧虑，同时要保证良好的睡眠。
2. 眼、耳、鼻及鼻窦、牙齿、颈部等的病变也会引起头痛，因此要及时治疗此类疾病，以防病情加重。
3. 天气因素也是导致头痛的重要因素，因此要避免风、寒、湿、热天气突变的侵袭。
4. 强烈光线的刺激、噪声的刺激、空气污染、刺鼻的香水味，长时间的电磁辐射也会导致头痛的发生，因此要尽量避免此类环境。

羌白黄芩茶 改善头痛身疼

[配方组成]

羌活 16克  白芷 12克  黄芩 12克 

[制作方法]

❶ 将3种茶材混合均匀。
❷ 分成4等份，分别装入茶包袋中。
❸ 取1袋，用沸水冲泡15分钟后饮用。

[饮用方法]

代茶饮用，每日1剂。

✲养生功效

具有强身固体、祛风止痛的功效。

饮用宜忌

适用于外感风寒、头痛身疼、恶寒发热等症。阴亏血虚、阴虚头痛者慎饮。

谷精绿茶 适用于偏头痛

[配方组成]

谷精草 15克  绿茶 15克 

[制作方法]

❶ 将谷精草和绿茶混合，分成3份。
❷ 分别装入茶包袋中。
❸ 取1小袋，沸水冲泡10分钟后饮用。

[饮用方法]

代茶饮用，每日1剂。

✲养生功效

缓解偏头痛以及高血压引起的头痛等症。

饮用宜忌

适宜偏头痛、伤风头痛以及高血压引起的头痛。血虚病患者禁饮。

健康饮茶问与答

问 黄茶有哪些养生功效？

答 黄茶具有黄叶黄汤、香气清锐、滋味醇厚的特点。黄茶在制作过程中会产生大量的消化酶，可治疗消化不良、食欲不振。其所含的维生素、茶多酚、氨基酸等营养物质，对防治食道癌还有明显功效。而且黄茶中的纳米黄能渗透到人的脂肪细胞中，从而促进脂肪的代谢，具有减肥的作用。

川芎白芷茶 改善头痛

[配方组成]

川芎 15克 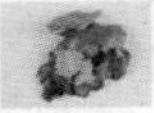
白芷 15克 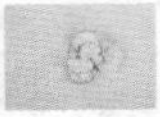

[制作方法]

❶ 将川芎、白芷捣碎。
❷ 装入茶包袋中，可以分成4袋。
❸ 用沸水冲泡，闷15分钟饮用。

[饮用方法]

代茶饮用，每日1剂。

养生功效

具有祛风散寒、通窍止痛的功效。

饮用宜忌

适用于偏头痛者。气虚血热、阴虚阳亢者禁饮。

首乌补脑茶 缓解偏头痛

[配方组成]

桑叶 15克 
何首乌 15克 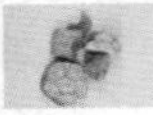
绿茶 15克 

[制作方法]

❶ 将桑叶、何首乌、绿茶混合。
❷ 分成3等份，分别装入茶包袋中。
❸ 取1小袋用沸水冲泡，闷20分钟饮用。

[饮用方法]

代茶饮用，每日1剂。

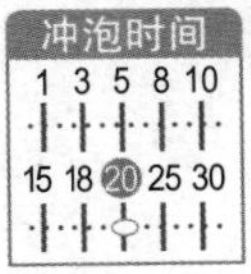

养生功效

具有养血安神、祛风通络之功效。

饮用宜忌

适用于用脑过度引起的偏头痛、头昏等症。大便溏薄者要禁止饮用。

健康饮茶问与答

问 睡前能喝茶吗？

答 众所周知，喝茶能提神醒脑，但是个别饮茶能助眠并不为大众熟知。因为在我国漫长的饮茶历史中，一直以提神醒脑的蒸青绿茶为主，此种茶性寒，不利于安眠。助眠的茶有两类——红茶和黑茶，以存放时间超过两年的较好，这两类茶都有暖胃的作用，从而有利于人体身心的放松，对促进睡眠有很好的作用。

蚕葱茶 适用于偏头痛

[配方组成]

白僵蚕 5克 
葱白 6克 
绿茶 3克 

[制作方法]

❶ 把白僵蚕研磨成粉。
❷ 葱白洗净、切成段，一起装入水杯。
❸ 用沸水冲泡，闷10分钟饮用。

[饮用方法]

代茶饮用，每日1剂。

冲泡时间
1 3 5 8 10
15 18 20 25 30

养生功效

具有散结解毒、祛风止痒的功效。

饮用宜忌

适用于风寒感冒引起的偏头痛。心虚不宁、血虚生风者慎饮。

陈皮荷菊茶 缓解头晕头痛

[配方组成]

陈皮 16克 
干荷叶 1张 
菊花 8克 

[制作方法]

❶ 干荷叶撕成碎片，陈皮切成丝。
❷ 全部茶材分成4份，分别装入茶包袋。
❸ 取1袋，沸水冲泡，闷10分钟后饮用。

[饮用方法]

代茶饮用，每日1剂。

冲泡时间
1 3 5 8 10
15 18 20 25 30

养生功效

具有提神醒脑、散风止痛的功效。

饮用宜忌

适宜脾胃不和、头目眩晕者饮用。气虚体燥、阴虚燥咳、吐血及内有实热者慎饮。

健康饮茶问与答

问 **怎样区别新茶和旧茶？**

答 新茶的特点是色泽、气味、滋味均有新鲜爽口的感觉，新茶含水量较低，茶制干硬而脆，手指捏之能成粉末，茶梗易折断。而存放一年以上的陈茶却是色泽枯黄，香气低沉，滋味平淡，饮时有令人讨厌的陈旧味。陈茶储放日久，含水量较高，茶制柔软，手捏不能成为粉末，茶梗也不易折断。

紫罗兰瑰薰茶 舒缓头痛

[配方组成]

紫罗兰 3克 
玫瑰 3克 
薰衣草 3克 

[制作方法]

❶ 将3种茶材洗净，同放入水杯中。
❷ 先用沸水冲洗一遍，再注入沸水。
❸ 闷10分钟后饮用即可。

冲泡时间
1 3 5 8 10
15 18 20 25 30

[饮用方法]

代茶饮用，每日2剂。

养生功效

具有养神安心、舒缓头痛的功效。

饮用宜忌

适宜气滞血瘀型头痛者饮用。怀孕的女性不适合饮用。

升麻生地茶 适宜偏正头痛

[配方组成]

升麻 10克 
生地 8克 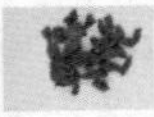
冰糖 适量 

[制作方法]

❶ 将升麻和生地洗净，放入锅中。
❷ 注入适量水，煮30分钟。
❸ 取汁，可调入冰糖饮用。

冲泡时间
1 3 5 8 10
15 18 20 25 30

[饮用方法]

代茶饮用，每日1剂。

养生功效

具有升举阳气、清热凉血的功效。

饮用宜忌

适宜偏正头痛者饮用。上盛下虚、阴虚火旺及麻疹已透者忌饮。

健康饮茶问与答

问 茶叶中含有哪些矿物质元素？

答 茶叶中所含的主要矿物质成分是钾和磷，其次是钙、镁、铁、锰、铝等金属元素，微量元素有铜、锌、钠、镍、硼、铍、钛、矾、硫、氟、硒等。矿物质所组成的盐类是生物体必需的组成部分，它们维持体液的生理平衡，维持一定的渗透压，建立缓冲系统，使机体具有对刺激的反应性。

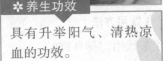

黄连升麻绿茶 清热、止痛

[配方组成]

升麻 8克 
黄连 8克 
绿茶 5克 

[制作方法]

❶ 将升麻和黄连洗净，放入锅中。
❷ 注入适量水，煮25分钟。
❸ 加入绿茶煮5分钟，取汁饮用。

[饮用方法]

代茶饮用，每日1剂。

✲ 养生功效

具有清热解毒、养阴生津的功效。

饮用宜忌

适宜偏正头痛者饮用。凡阴虚烦热、胃虚呕恶、脾虚泄泻者慎饮。

川芎当归饮 缓解头痛

[配方组成]

川芎 20克 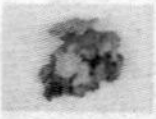
当归 15克 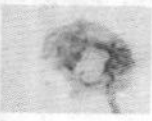

[制作方法]

❶ 将川芎和当归捣碎，混合均匀。
❷ 分成5份，分别装入茶包袋中。
❸ 取1袋，用沸水冲泡，闷15分钟饮用。

[饮用方法]

代茶饮用，每日1剂。

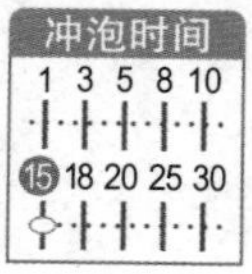

✲ 养生功效

具有祛风散寒、通窍止痛的功效。

饮用宜忌

适宜头眼昏花、偏正头痛者饮用。高血压性头痛、肝火头痛以及阴虚火旺者慎饮。

健康饮茶问与答

问 青少年喝茶的好处？

答 当代青少年大多数处在独生子女的家庭，往往因父母过分溺爱而贪食或偏食，由此引起消化不良及某些营养元素的缺乏。如缺锌可能导致个子矮小，缺锰会影响骨骼的生长而导致畸形。青少年适量饮茶，可以从茶汤中摄取对生长发育和新陈代谢所必需的矿物质。适当饮茶还可以抑制牙齿缝隙内的细菌生长，预防龋齿的发生。

防风紫苏菊花茶 舒缓头痛

[配方组成]

紫苏叶 8克 
防风 5克 
菊花 3克 

[制作方法]

❶ 将3种茶材洗净。
❷ 一起放入杯中，注入沸水。
❸ 闷5分钟后即可饮用。

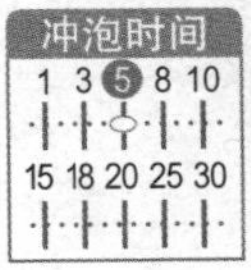

[饮用方法]

代茶温饮，每日1剂。

养生功效

具有舒缓头痛的作用。

饮用宜忌

适宜头痛发作者饮用。气虚、阴虚及温病患者慎饮。

白果白芷茶 用于颈椎引起的头痛

[配方组成]

白果 5克 
白芷 5克 

[制作方法]

❶ 将2种茶材洗净。
❷ 一起放入杯中，注入沸水。
❸ 闷5分钟后即可饮用。

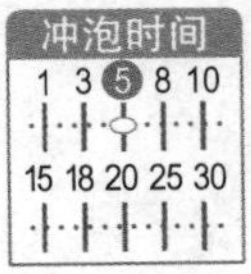

[饮用方法]

代茶温饮，每日1剂。

养生功效

具有疏风、清热、止痛的作用。

饮用宜忌

适宜头痛目眩、恶寒发热者饮用。脾胃虚寒者忌饮。

健康饮茶问与答

问 为什么茶叶中的咖啡因不会引起胎儿畸形？

答 茶叶中的咖啡因，在用热水冲泡后有80%溶于水中。咖啡因具有兴奋、利尿、帮助消化、强心解痉、松弛平滑肌的作用，还有降低血脂、胆固醇、防止动脉硬化等作用。同时，咖啡因及其代谢产物不会在人体内积累，而是以甲酸的形式排出体外，所以茶叶中的咖啡因不会引起胎儿畸形。

◀麦冬黄芪川芎饮 缓解疲劳时的头痛

[配方组成]

麦冬 15克 
川芎 15克 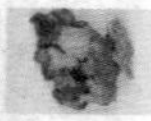
黄芪 15克 

[制作方法]

❶ 将3种茶材捣碎，混合均匀。
❷ 分成5份，分别装入茶包袋中。
❸ 取1袋，用沸水冲泡，闷15分钟即可饮用。

[饮用方法]

代茶饮用，每日1剂。

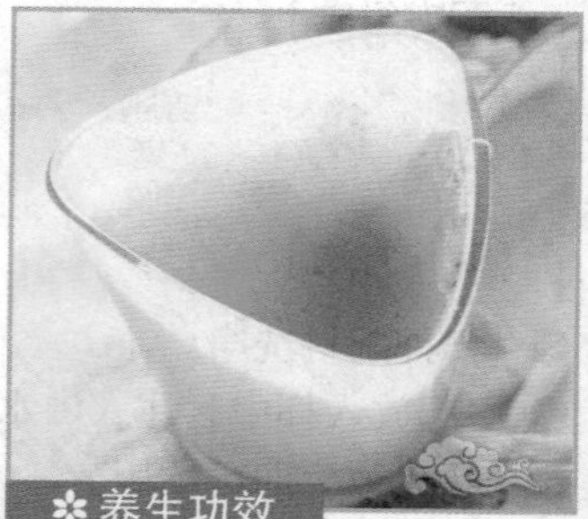

冲泡时间：1 3 5 8 10 ⑮ 18 20 25 30

✲养生功效

具有活血行气、祛风止痛的功效。

饮用宜忌

适用于因用脑过度、疲劳无力而感到头痛者。阴虚火旺，上盛下虚及气弱之人忌饮。

◀天麻玫瑰茶 缓解紧张引起的头痛

[配方组成]

天麻 5克 
玫瑰 3朵 

[制作方法]

❶ 将2种茶材洗净。
❷ 一起放入杯中，注入沸水。
❸ 闷5分钟后即可饮用。

[饮用方法]

代茶温饮，每日1剂。

冲泡时间：1 3 ⑤ 8 10 15 18 20 25 30

✲养生功效

具有清窍止痛的作用。

饮用宜忌

适用于心情郁闷、心烦失眠、紧张而头痛者。阴虚火旺、五心烦热、舌红者忌饮。

健康饮茶问与答

问 为什么茶是最好的健康的饮料？

答 世界上的三大饮料是茶、咖啡、可可。但只有茶对人体起到全方位的保护作用。茶中所含蛋白质、氨基酸、脂肪、碳水化合物、各种维生素和矿物质等基本上都是人体所必需的成分。另外，茶中还含有具备多种功效的药效成分，如咖啡因、脂多糖、茶多酚、维生素等，是理想的美容养颜、祛病防病、延年益寿的健康饮品。

薄荷天麻枸杞茶 适用于头痛

[配方组成]

天麻 5克 
薄荷 5克 
枸杞 8克 

[制作方法]

❶ 将3种茶材洗净。
❷ 一起放入杯中，注入沸水。
❸ 闷5分钟后即可饮用。

[饮用方法]

代茶温饮，每日1剂。

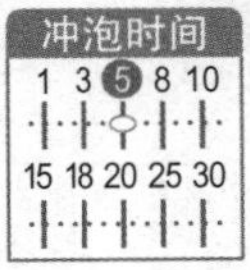

✲ 养生功效

具有清热除烦、舒缓头痛的作用。

饮用宜忌

适用于心情郁闷、心烦失眠、紧张而头痛者。阴虚火旺、五心烦热、舌红者忌饮。

白芷丹参葛根茶 缓解头痛

[配方组成]

白芷 5克 
丹参 3克 
葛根 8克 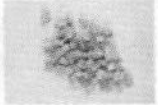

[制作方法]

❶ 将3种茶材洗净、捣碎。
❷ 放入锅中，注入适量水。
❸ 煮30分钟后，取汁饮用。

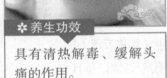

[饮用方法]

代茶温饮，每日1剂。

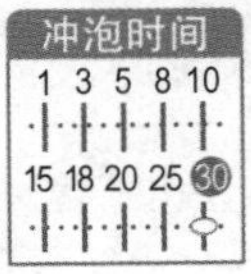

✲ 养生功效

具有清热解毒、缓解头痛的作用。

饮用宜忌

适宜因醉酒而头痛者饮用。阴虚火旺、五心烦热、舌红者忌饮。

健康饮茶问与答

问 为什么古人称“茶为万病之药”？

答 明代顾元庆在所写的《茶谱》中，如此介绍茶的功用：“能止渴，消食除痰，少睡利尿道，明目益思，除烦去腻”。而在日本，人们甚至将茶看成防治疾病、延年益寿的“灵丹圣药”。无论在何时何地茶叶都是解渴润体、防病治病的首选，所以说作为饮料、作为药物，茶都备受人们青睐，因此被誉为“万病之药”。

核桃葱白红茶 缓解风寒引起的头痛

[配方组成]

核桃仁 5克 
葱白 6克 
红茶 5克 

[制作方法]

❶ 核桃仁洗净、捣碎，葱白洗净、切片。
❷ 同红茶放入锅中，注入适量水。
❸ 煮20分钟，取汁饮用。

[饮用方法]

代茶温饮，每日1剂。

冲泡时间
1 3 5 8 10
15 18 20 25 30

✲养生功效

具有祛风散寒、清热止痛的作用。

饮用宜忌

适用于风寒引起的头痛。表虚多汗者忌饮。

白芷甘草绿茶 适用于感冒头痛

[配方组成]

白芷 8克 
甘草 8克 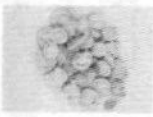
绿茶 5克 

[制作方法]

❶ 将3种茶材放入水杯中。
❷ 先用沸水冲泡一遍，再注入沸水。
❸ 闷10分钟后，取汁饮用。

[饮用方法]

代茶温饮，每日1剂。

冲泡时间
1 3 5 8 10
15 18 20 25 30

✲养生功效

本品具有清热、止痛的功效。

饮用宜忌

适用于感冒引起的头痛。阴虚血热者忌饮。

健康饮茶问与答

问 茶叶中的茶多酚有哪些药理作用？

答 茶多酚是茶叶中酚类物质及其衍生物的总称，它在茶叶中的含量为18%~36%。茶多酚有16项保健功效，如降血压、降血脂、降血糖、抗氧化、促进排铅、清咽喉、抗辐射、减肥、去斑、缓解疲劳、增强免疫力、保护肝脏、调节肠胃菌群、促进消化、通便、提高缺氧耐受力等功能。

川芎天麻茶 纾解头痛

[配方组成]

川芎 8克 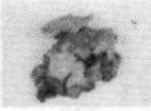 天麻 8克  铁观音 5克 

[制作方法]

❶ 将3种茶材放入水杯中。

❷ 先用沸水冲洗一遍，再注入沸水。

❸ 加盖闷15分钟后饮用。

[饮用方法]

代茶饮用，2日饮用1次。

养生功效

具有活血通经、纾解头痛的功效。

饮用宜忌

适宜头痛、眩晕、神经衰弱者饮用。气虚血热、阴虚阳亢者禁饮。

菖蒲天麻茶 缓解头晕头痛

[配方组成]

石菖蒲 10克 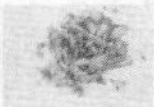 天麻 10克  玉竹 3克 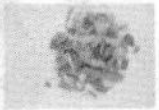

[制作方法]

❶ 将3种茶材放入水杯中。

❷ 先用沸水冲洗一遍，再注入沸水。

❸ 加盖闷15分钟后饮用。

[饮用方法]

代茶饮用，3日饮用1次。

养生功效

具有益智提神、改善头痛的功效。

饮用宜忌

适宜头晕头痛、睡眠障碍者饮用。肺脾气虚或肾虚喘息者忌饮。

健康饮茶问与答

问 怎样区别窨花茶和拌花茶？

答 花茶又称窨花茶，是我国特有的香型茶，属再加工茶之列。而拌花茶是用低级绿茶与窨制花茶干拌而成的，是一种假冒的花茶。区分窨花茶和拌花茶：一是闻花香，凡是既有茶叶清香，又有浓郁花香者为窨花茶，无花香者为拌花茶；二是茶叶冲泡后闻香品尝，如仍无花香气味者必定是拌花茶。

咽喉肿痛

■ 咽喉红肿 ■ 疼痛 ■ 异物感 ■ 嘶哑

咽喉肿痛是口咽和喉咽部病变的主要症状，以咽喉部红肿疼痛、吞咽不适为特征。大多数情况下是急慢性炎症所致，但一部分咽喉部肿瘤病人也常可表现为咽喉肿痛、咽喉异物感、咽喉梗阻感、吞咽困难及声音嘶哑等症状，因此需要引起注意。调理咽喉肿痛比较好的方法就是饮茶，它在缓解症状的同时还可以预防，它的有效成分，可以打通经络淤塞，贯通气、肺、咽经脉，重新建立起强大防御免疫机能，保持咽部微生态环境平衡。

三花茶 适用于咽喉肿痛

[配方组成]

金银花 3克

茉莉花 3克

菊花 1克

[制作方法]

❶ 将3种茶材洗净，同放入壶中。
❷ 先用沸水冲洗一遍，再注入沸水。
❸ 加盖闷10分钟后饮用即可。

[饮用方法]

代茶饮用，每日2剂。

饮用宜忌

适宜身热头痛、咽干口燥者饮用。
虚寒体质的人不适合饮用。

养生功效

具有养阴清热、润喉止痛的功效。

养生小贴士

1. 咽喉肿痛要戒烟酒，并少食煎炒和有刺激性的食物。
2. 室内不要太干燥，可使用加湿器，或者在睡前在暖气上放块湿毛巾，以保持空气湿润。
3. 避免用嗓过度或大声喊叫，注意休息，减少操劳。
4. 时常饮用清凉润喉饮料和进食水果，如甘蔗、梨、荸荠、石榴等，还可生吃萝卜或用萝卜做菜吃。

双果润喉饮 润喉止痛

[配方组成]

雪梨	适量
西瓜	适量
冰糖	适量

[制作方法]

❶ 将梨、西瓜洗净、去皮、切小块。

❷ 将所有材料放入杯中，加入冰糖。

❸ 用沸水冲泡，闷10分钟后饮用。

[饮用方法]

代茶饮用，每日1剂。

冲泡时间：10（1 3 5 8 10 15 18 20 25 30）

养生功效

具有清热利咽、生津润喉的功效。

饮用宜忌

适宜咽喉肿痛者饮用。虚寒体质的人不适合饮用。

丝瓜蜜茶 润喉止痛

[配方组成]

新鲜丝瓜	半个
蜂蜜	适量
绿茶	5克

[制作方法]

❶ 丝瓜洗净，削皮，捣烂挤汁。

❷ 将丝瓜汁和绿茶放入杯中，注入沸水。

❸ 闷10分钟后，添加蜂蜜饮用。

[饮用方法]

代茶饮用，每日2剂。

冲泡时间：10（1 3 5 8 10 15 18 20 25 30）

养生功效

具有清热利咽、润喉止痛的作用。

饮用宜忌

适宜咽干、喉痛者饮用。体弱婴儿或脾胃阳虚，常便溏腹泻者慎饮。

健康饮茶问与答

问 **泡茶的水温多少为宜？**

答 泡饮各种花茶、红茶和中、低档绿茶，则要用100℃的沸水冲泡，如水温低，则渗透性差，茶中有效成分浸出较少，茶味淡薄。泡饮乌龙茶、普洱茶和沱茶，每次用茶量较多，而且因茶叶较粗老，必须用100℃的滚开水冲泡。有时为了保持和提高水温，还要在冲泡前用开水烫热茶具。

薄荷冰糖饮 清热利咽

[配方组成]

鲜薄荷 10克 　冰糖 3块 

[制作方法]

❶ 将薄荷洗净、撕碎。
❷ 将薄荷放入杯中，放入冰糖。
❸ 用沸水冲泡，闷15分钟后即可饮用。

[饮用方法]

每日1剂，代茶温饮。

冲泡时间
1 3 5 8 10
15 18 20 25 30
（15）

✲ 养生功效

具有清热解暑、生津止渴、润喉利咽的功效。

饮用宜忌

适宜咽喉肿痛、津液黏腻者饮用。体虚多汗者，不宜饮用。

牛蒡薄荷茶 防治咽喉肿痛

[配方组成]

牛蒡 20克 　干薄荷叶 20克 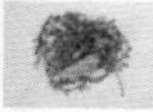　冰糖 10块 

[制作方法]

❶ 将牛蒡炒好，与薄荷、冰糖混合。
❷ 分成5份，分别装入茶包袋中。
❸ 取1小袋，沸水冲泡，10分钟后饮用。

[饮用方法]

代茶饮用，每日1剂。

冲泡时间
1 3 5 8 10
15 18 20 25 30
（10）

✲ 养生功效

具有祛风散热、解毒利咽的功效。

饮用宜忌

适宜咽喉肿痛、风热感冒者饮用。处于经期、孕期的女性及婴儿，不建议饮用。

健康饮茶问与答

问 每次茶叶的用量该多少?

答 泡茶时，每次茶叶用量多少，并无统一的标准，一般根据茶叶种类、茶具大小以及消费者的饮用习惯而定。茶叶种类繁多，茶类不同，用量各异。如冲泡一般的红、绿茶，每杯放3~5克的干茶，加入沸水150~200毫升；如饮用普洱茶，每杯放5~10克茶叶。用茶量最多的是乌龙茶，每次投入量为茶壶的一半。

橄榄龙井茶 适用于声音嘶哑

[配方组成]

橄榄 3粒  龙井茶 3克 

[制作方法]

❶ 将橄榄洗净、掰开，同龙井茶放入杯中。
❷ 用沸水冲洗一遍，再注入沸水。
❸ 闷10分钟后，即可饮用。

养生功效

具有清热解暑、润喉利咽的功效。

[饮用方法]

每日1剂，代茶温饮。

饮用宜忌

适宜口干咽燥、干咳无痰者饮用。患有菌痢、急性肠胃炎、腹泻者慎饮。

百合洋参茶 适用于声音嘶哑

[配方组成]

百合花 10克  西洋参 11克 

[制作方法]

❶ 将百合花、西洋参洗净。
❷ 放入锅中，注入适量水。
❸ 熬煮30分钟后饮用。

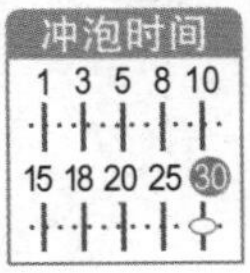

养生功效

具有清热润肺、清咽开嗓的功效。

[饮用方法]

3日1剂，代茶温饮。

饮用宜忌

适用于急性扁桃体炎、咽喉炎等症状。中阳衰微，胃有寒湿者慎饮。

健康饮茶问与答

问 怎样区别高山茶和平地茶？

答 我国历代名茶优茶大多出自高山。高山茶香气特浓、滋味特醇，外形条索紧结、肥硕、白毫显露，且耐冲泡，一般可冲泡五次之多。如新安源有机银毫。比较而言，平地茶新梢短小，叶底硬薄，叶张平展，叶色黄绿少光。由平地茶加工而成的茶叶，香气稍低，滋味较淡，条索细瘦，身骨较轻。

◀蒲公英甘草茶 消肿散结

[配方组成]

蒲公英 9克  甘草 9克 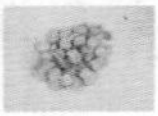

[制作方法]

❶ 将蒲公英和甘草洗净。
❷ 放入水杯中，注入沸水。
❸ 加盖冲泡10分钟后饮用。

[饮用方法]

每日1剂，代茶饮用。

养生功效

具有生津止渴、消肿散结的功效。

饮用宜忌

适宜咽喉疼痛、津液黏腻者饮用。感冒兼脾胃虚弱者用量宜少。

◀甘草人参冰糖茶 清热利咽

[配方组成]

甘草 8克 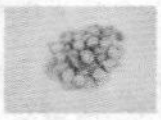 人参 8克  冰糖 适量 

[制作方法]

❶ 将甘草、人参切片，放入杯中。
❷ 用沸水冲洗一遍，再注入沸水。
❸ 加入冰糖，闷10分钟后即可饮用。

[饮用方法]

每日1剂，代茶温饮。

养生功效

具有清热利咽、生津止痛的功效。

饮用宜忌

适宜口干口苦、咽喉肿痛者饮用。风热或湿热证、发热、舌苔黄者慎饮。

健康饮茶问与答

问 饮茶时可以将茶叶一同吃下去吗？

答 一般泡茶都会用滤网把茶渣滤掉才品饮的，如果是整杯饮用，碰到这种情况，可以自主选择，因为茶叶也是可以吃的。其实，吃茶在有些地区、有些国家中也是常见的。我国湖南的一些地区，喝完茶后会连茶渣一起吃下去。因为茶叶中含有多种营养物质，经沸水冲泡难溶于水，如蛋白质、纤维素、部分微量元素等。

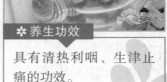

◀橄榄蜂蜜绿茶 利咽化痰

[配方组成]

橄榄 3粒  绿茶 3克  蜂蜜 适量 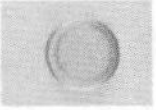

[制作方法]

❶ 将橄榄洗净、掰开，同绿茶放入杯中。
❷ 用沸水冲洗一遍，再注入沸水。
❸ 闷10分钟，待水变温，调入蜂蜜即可饮用。

[饮用方法]

每日1剂，代茶频饮。

养生功效

具有利咽化痰、生津止渴的功效。

饮用宜忌

适宜脾胃虚弱、口干咽燥者饮用。患有菌痢、急性肠胃炎、腹泻者慎饮。

◀金银花麦冬茶 疏利咽喉

[配方组成]

金银花 5克  麦冬 5克 

[制作方法]

❶ 将金银花、麦冬洗净。
❷ 放入水杯中，注入沸水。
❸ 加盖闷10分钟后即可饮用。

[饮用方法]

每日1剂，代茶温饮。

养生功效

具有祛火生津、润喉利咽的功效。

饮用宜忌

适宜声音沙哑、口感黏腻者饮用。凡脾胃虚寒泄泻者不宜饮用。

健康饮茶问与答

问 绿茶有哪些泡饮法？

答 高级绿茶或其他绿茶，一般习惯用透明玻璃杯冲泡，便于观赏茶叶的品质特色（叶形、汤色及茶叶的沉浮）。普通的眉茶、珠茶适宜采用瓷质茶杯冲泡，瓷杯保温性能强于玻璃杯，使茶叶中的有效成分容易浸出，可以得到滋味浓厚的茶汤。低级绿茶及各种绿茶片、末，多采用壶饮法。

胖大海甘草茶 止咳利咽

[配方组成]

胖大海 5克 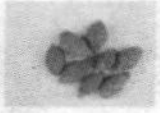
甘草 5克 

[制作方法]

❶ 将胖大海、甘草洗净。
❷ 放入水杯中，注入沸水。
❸ 加盖闷10分钟后即可饮用。

[饮用方法]

每日1剂，代茶温饮。

冲泡时间：1 3 5 8 10 15 18 20 25 30（10）

养生功效

具有清肺化痰、利咽开音的功效。

饮用宜忌

适宜咽炎患者饮用。风热或湿热证、发热、舌苔黄者慎饮。

麦冬乌梅玄参茶 清咽润喉

[配方组成]

麦冬 5克 
乌梅 3颗 
玄参 8克 

[制作方法]

❶ 将3种茶材洗净。
❷ 放入锅中，注入适量水。
❸ 煮30分钟，取汁饮用。

[饮用方法]

代茶温饮，每日1剂。

冲泡时间：1 3 5 8 10 15 18 20 25 30（30）

养生功效

具有滋阴清热、清咽润喉的作用。

饮用宜忌

适宜咽喉肿痛、声音嘶哑者饮用。脾胃有湿及脾虚便溏者忌饮。

健康饮茶问与答

问 **红茶有哪些泡饮法？**

答 红茶的泡饮法按工具分，可分为杯饮法和壶饮法。一般各类工夫红茶、小种红茶、袋泡红茶和速溶红茶等，大多采用杯饮法；各类红碎茶及红茶片、末等，为使冲泡过的茶叶与茶汤分离，便于饮用，习惯采用壶泡法。以茶汤中是否添加其他调味品来分，又可分为“清饮法”和“调饮法”两种。我国绝大多数地方饮红茶采用“清饮法”。

金银花甘草糖茶 清热利咽

[配方组成]

金银花 2朵 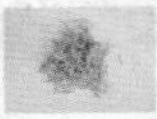
甘草 5克 
冰糖 3块 

[制作方法]

❶ 将金银花和甘草洗净。
❷ 一起放入水杯中，调入冰糖。
❸ 用沸水冲泡，闷10分钟后即可饮用。

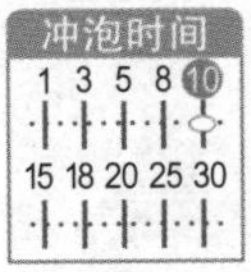

[饮用方法]

每日1剂，代茶温饮。

✲ 养生功效

具有清热利咽、生津止渴的功效。

饮用宜忌

适宜口干口苦者饮用。发热、尿赤、舌苔黄者慎饮。

乌梅竹叶绿茶 清肺润喉

[配方组成]

乌梅 2颗 
竹叶 5克 
绿茶 3克 

[制作方法]

❶ 将乌梅和竹叶洗净，同绿茶放入杯中。
❷ 先用沸水冲洗一遍，再注入沸水。
❸ 加盖闷5分钟后即可饮用。

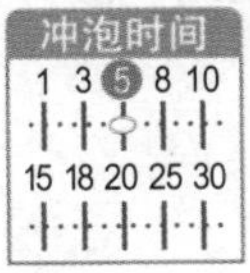

[饮用方法]

每日1~2剂，代茶频饮。

✲ 养生功效

具有生津止渴、清肺润喉的功效。

饮用宜忌

适宜口干口苦、咽喉不适者饮用。发热、尿赤、舌苔黄者慎饮。

健康饮茶问与答

问 乌龙茶的泡饮法？

答 冲泡乌龙茶是相当讲究的，所以也称品工夫茶。乌龙茶要求用小杯细品。泡饮乌龙茶必须具备以下几个条件：首先，选用高中档乌龙茶。其次，配一套专门的茶具，茶具配套，小巧精致，称为“四宝”，即玉书碨、潮汕烘炉（火炉）、孟臣罐（茶壶）、若深瓯（茶杯)。最后，选用山泉水，水温以初开为宜。

桑菊银花茶 适用于咽喉疼痛

[配方组成]

金银花 2朵  桑叶 5克  菊花 1克 

[制作方法]

❶ 将3种材料洗净。
❷ 一起放入水杯中，调入冰糖。
❸ 用沸水冲泡，闷10分钟后即可饮用。

[饮用方法]

每日1剂，代茶温饮。

冲泡时间
1 3 5 8 10
15 18 20 25 30

养生功效

具有清热利咽、去火解毒的功效。

饮用宜忌

适宜咽喉疼痛患者饮用。风寒感冒而恶寒严重者不宜饮用。

桑叶薄荷杏仁茶 适用于咽喉肿痛

[配方组成]

薄荷 5克  桑叶 5克  苦杏仁 8克 

[制作方法]

❶ 将3种材料洗净。
❷ 一起放入水杯中，调入冰糖。
❸ 用沸水冲泡，闷10分钟后饮用。

[饮用方法]

每日1剂，代茶温饮。

冲泡时间
1 3 5 8 10
15 18 20 25 30

养生功效

具有清热滋阴、润喉止痛的功效。

饮用宜忌

适宜咽喉疼痛患者饮用。孕妇不宜过量饮用，以尽量避免使用为好。

健康饮茶问与答

问 普洱茶有哪些泡饮法？

答 冲泡普洱散茶时，先将10克普洱茶倒入茶壶或盖碗中，冲入500毫升沸水。将普洱茶表层的不洁物和异物洗干净，只有这样，普洱茶的真味才能散发出来。再冲入沸水，浸泡5分钟，将茶汤倒入杯中，再将茶汤分斟入品茗杯，而后饮用。

陈皮半夏苍术茶 清咽利喉

[配方组成]

陈皮 5克 
半夏 3克 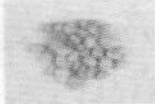
苍术 5克 

[制作方法]

❶ 将3种茶材洗净。
❷ 放入锅中，注入适量水。
❸ 煮20分钟后，取汁饮用。

[饮用方法]

代茶温饮，每日1剂。

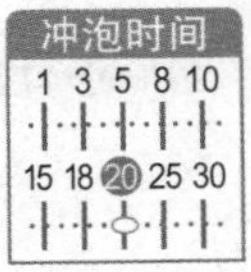

养生功效

具有清热解毒、清咽利喉的作用。

饮用宜忌

适宜口干咽燥、喉咙沙哑者饮用。阴虚内热，气虚多汗者忌饮。

百合杏仁陈皮茶 止咳、润喉

[配方组成]

百合 5克 
苦杏仁 5克 
陈皮 5克 

[制作方法]

❶ 将3种茶材洗净。
❷ 放入锅中，注入适量水。
❸ 煮20分钟后，取汁饮用。

[饮用方法]

代茶温饮，每日1剂。

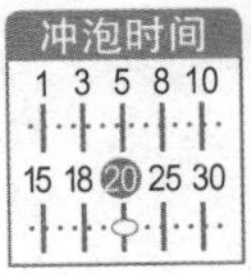

养生功效

具有清热解毒、止咳、润喉的作用。

饮用宜忌

适宜咽干咽痛、咳嗽者饮用。风热、湿痰咳嗽者慎饮。

健康饮茶问与答

问 花茶有哪些泡饮法？

答 冲泡花茶适合用玻璃杯，因为透过玻璃杯可以欣赏花茶的形与色。茶与水的比例以1：50为好。水温以75℃为宜。冲泡时间为3~5分钟，可以冲泡2~3次。尤以特级茉莉毛峰茶更为突出，泡好后，先闻香，再品味，精神为之一振。冲泡中低档花茶，闻香品味，可以用白瓷杯，水温以100℃为宜，冲泡5分钟即可。

口腔溃疡

■ 口腔　■ 四季　■ 清火

口腔溃疡是口腔黏膜疾病中发病率最高，很是招人烦的一种疾病。普通感冒、消化不良、精神紧张、郁闷等情况均能偶然引起口腔溃疡，溃疡好发于唇、颊、舌缘等处，在黏膜的任何部位均能出现。一年四季均能发生，溃疡有自限性,能在10天左右自愈。口腔溃疡在很大程度上与个人身体素质有关，尽量避免诱发因素，可降低发生率。俗话说，是药三分毒。不妨，选用几种适合自己的茶饮，清火除病的同时，还可以当成饮料品用。

薄荷连翘银花茶　适用于口腔溃疡

[配方组成]

薄荷 10克

连翘 3克

金银花 5克
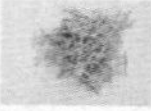

[制作方法]

❶ 将3种茶材洗净。
❷ 一起放入杯中。
❸ 注入沸水，闷10分钟后即可饮用。

[饮用方法]

代茶温饮，每日1剂。

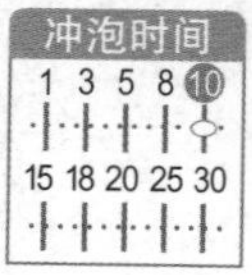

✲ 养生功效

具有清热解毒、燥湿健脾的作用。

饮用宜忌

适于口舌生疮、口苦口臭者饮用。脾胃虚弱、气虚发热者慎饮。

养生小贴士

1. 注意口腔卫生，避免损伤口腔黏膜，避免辛辣性食物和局部刺激。
2. 保持心情舒畅，乐观开朗，避免着急。
3. 保证充足的睡眠时间，避免过度疲劳。
4. 注意生活规律性和营养均衡性，养成一定的排便习惯，防止便秘。

连翘黄柏茶 适用于口腔溃疡

[配方组成]

黄柏 5克  连翘 5克 

[制作方法]

❶ 将2种茶材洗净、捣碎。
❷ 放入锅中，注入适量水。
❸ 煮20分钟后，取汁饮用。

[饮用方法]

代茶温饮，每日1剂。

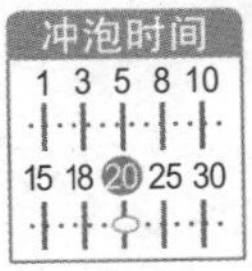

✲ 养生功效

具有清热解毒、生津除烦的作用。

饮用宜忌

适宜胃脘胀闷、口舌生疮者饮用。脾胃虚寒者忌饮；孕妇禁饮。

桂花佛手茶 适用于口气浑浊

[配方组成]

桂花 5克  鲜佛手片 6片 

[制作方法]

❶ 佛手洗净、切片，桂花洗净。
❷ 放入水杯中，注入沸水。
❸ 闷15分钟后即可。

[饮用方法]

每日1剂，代茶温饮，睡前饮用。

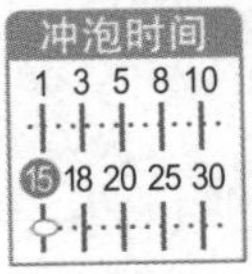

✲ 养生功效

具有排毒降火、养胃生津的功效。

饮用宜忌

适宜口干少津、口气不清新的人饮用。阴虚有火，无气滞症状者慎饮。

健康饮茶问与答

问 紧压茶有哪些泡饮法？

答 紧压茶不同于其他茶类，是经过渥堆、蒸、压等典型工艺过程加工而成的砖形或其他形状的茶叶。对于砖茶，得先捣碎，放在铁锅或者铁壶中烹煮。一边煮，一边搅，以便茶汁充分溶入茶水中。另外，砖茶需要用调饮法，加入糖、蜂蜜等，味道尤佳。

连翘绿茶 适用于口臭口苦

[配方组成]

连翘 3克 

绿茶 5克 

[制作方法]

❶ 将连翘，同绿茶放入杯中。
❷ 先用沸水冲洗一遍，再注入沸水。
❸ 闷10分钟后即可饮用。

[饮用方法]

代茶温饮，每日1剂。

养生功效

具有祛风清热、燥湿健脾的功效。

饮用宜忌

适宜口苦口臭的人群饮用。脾胃虚弱、气虚发热者慎饮。

莲藕鲜梨茶 清火解毒

[配方组成]

鲜梨 半个 

莲藕 1/4个 

[制作方法]

❶ 将梨、莲藕洗净、削皮、切小块。
❷ 将所有材料放入锅中，注入适量水。
❸ 熬制20分钟后，取汁饮用。

[饮用方法]

代茶频饮，每日1~2剂。

养生功效

具有清利头目、清火解毒的功效。

饮用宜忌

适宜口腔有炎症者饮用。虚寒体质的人不适合饮用。

健康饮茶问与答

问 什么是晒青和蒸青绿茶？

答 晒青是利用阳光晒干成的绿茶，有云南的滇青、贵州的黔青、陕西的陕青、四川的川青等。蒸青是指利用蒸汽来杀青的制茶工艺而获得的成品绿茶。蒸青绿茶的新工艺保留了较多的叶绿素，品种有煎茶、玉露、阳美茶、仙人掌茶等，是目前保留历史传统制法的少数几个绿茶品种。

葛根莲藕茶 清火解毒

[配方组成]

葛根 5克  莲藕 1/4个 

[制作方法]

❶ 将葛根、莲藕洗净，切小块。
❷ 将所有材料放入锅中，注入适量水。
❸ 熬制20分钟后，取汁饮用。

[饮用方法]

代茶频饮，每日1~2剂。

冲泡时间 1 3 5 8 10 15 18 20 25 30

养生功效

具有利咽解郁、清火解毒的功效。

饮用宜忌

适宜口干口苦、口腔溃疡者饮用。虚寒体质的人不适合饮用。

佩兰泽泻茶 适用于口气浑浊

[配方组成]

佩兰 10克  泽泻 10克 

[制作方法]

❶ 将2种茶材洗净。
❷ 一同放入锅中，注入适量水。
❸ 熬制20分钟后，取汁饮用。

[饮用方法]

每日1剂，代茶频饮。

冲泡时间 1 3 5 8 10 15 18 20 25 30

养生功效

具有利湿化浊的作用。

饮用宜忌

适宜口气恶臭、脘腹胀痛者饮用。阴虚、气虚者不宜饮用。

健康饮茶问与答

问 **洞庭碧螺春的特征是什么?**

答 “碧螺春”产于我国著名风景旅游胜地江苏省苏州市的吴县洞庭山。碧螺春采制工艺精细，采摘1芽1叶的初展芽叶为原料，采回后经拣剔去杂，再经杀青、揉捻、搓团、炒干而制成，其品质特点是，条索纤细，卷曲成螺，茸毛披覆，银绿隐翠，清香文雅，浓郁甘醇，鲜爽生津，回味绵长。

◀藿香泽泻茶 利湿化浊

[配方组成]

藿香 10克 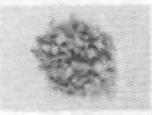 泽泻 10克 

[制作方法]

❶ 将2种茶材洗净、捣碎。
❷ 一同放入锅中，注入适量水。
❸ 熬制20分钟后，取汁饮用。

[饮用方法]

每日1剂，代茶频饮。

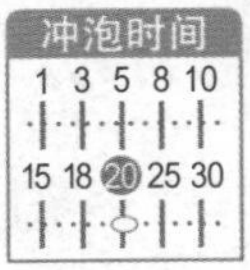

✲ 养生功效

具有利湿化浊、清热降火的作用。

饮用宜忌

适宜口气恶臭、饮食减少者饮用。阴虚火旺及胃有实热者不宜饮用。

◀连翘番泻叶茶 清热解毒

[配方组成]

连翘 8克  番泻叶 3克 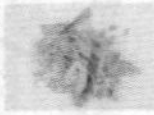

[制作方法]

❶ 将2种茶材洗净。
❷ 放入锅中，注入适量水。
❸ 熬制20分钟后，取汁饮用。

[饮用方法]

每日1剂，代茶频饮。

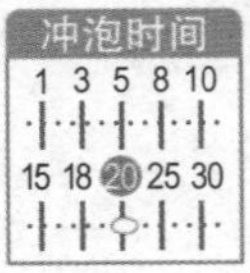

✲ 养生功效

具有利湿化浊、清热降火的作用。

饮用宜忌

适宜胃肠热盛所致的口气恶臭者饮用。体虚及孕妇不宜饮用。

健康饮茶问与答

问 阳羡雪芽有哪些特征？

答 宜兴古称“阳羡”。阳羡雪芽是宜兴老字号茗茶。茗鼎阳羡雪芽的主要工艺有：原料拣剔、薄摊萎凋、名茶机高温杀青、名茶机揉捻、名茶机理条、手工低温整形显毫干燥、摊凉回潮、名茶机提香等，其品质特征是条索紧直有锋苗，色泽翠绿显毫，香气清雅，滋味鲜醇，汤色清澈明亮，叶底嫩匀完整。

山楂麦芽茶 燥湿健脾

[配方组成]

山楂 3颗  麦芽 5克 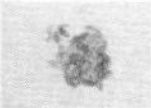

[制作方法]

❶ 将山楂掰开、去籽，同麦芽放入水杯中。
❷ 先用沸水冲洗一遍，再注入沸水。
❸ 加盖闷10分钟后饮用。

✲ 养生功效

具有燥湿健脾、清火解毒的功效。

[饮用方法]

每日1剂，代茶温饮。

饮用宜忌

适宜口气恶臭、舌头溃烂者饮用。胃酸过多、消化性溃疡和龋齿者慎饮。

牛蒡菊花茶 清热去火

[配方组成]

牛蒡 10克  菊花 8克 

[制作方法]

❶ 将牛蒡洗净、切片，菊花洗净。
❷ 一同放入水杯中，注入沸水。
❸ 加盖闷10分钟后饮用。

✲ 养生功效

具有清热去火、生津除烦的功效。

[饮用方法]

代茶频饮，每日1~2剂。

饮用宜忌

适宜上焦有火者饮用。脾胃虚寒、腹泻、低血压者及孕妇不宜饮用。

健康饮茶问与答

问 南京雨花茶有哪些特征？

答 南京雨花茶，是20世纪60年代我国绿茶中崭露头角的新品名茶，因产于江苏省南京市的产有晶莹圆润、五彩缤纷的雨花石的雨花台而得名。雨花茶成品茶形似松针，紧直圆绿，锋苗挺秀，色泽翠绿，白毫显露，以热水冲泡，叶底均嫩，滋味鲜凉，气香色清，有除烦去腻、清神益气之功效。

生地知母茶 清热生津

[配方组成]

生地 12克  知母 12克 

[制作方法]

❶ 将生地和知母捣碎、混合。
❷ 分成4份，分别装入茶包袋中。
❸ 取1袋，沸水冲泡15分钟饮用。

[饮用方法]

代茶频饮，每日1~2剂。

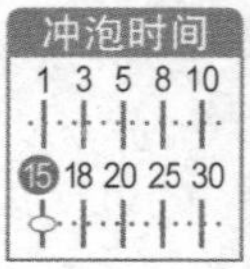

养生功效

具有清热生津、清火解毒的功效。

饮用宜忌

适宜火气大、口腔溃疡者饮用。脾胃虚寒泄泻者不适合饮用。

桑白皮黄芪茶 消火解毒

[配方组成]

桑白皮 8克  黄芪 8克 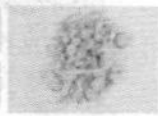

[制作方法]

❶ 桑白皮洗净、切块，黄芪洗净。
❷ 一同放入茶壶中，用沸水冲泡。
❸ 加盖闷15分钟后饮用。

[饮用方法]

每日1剂，代茶频饮，可反复冲泡。

养生功效

具有清火解毒、润燥清喉的功效。

饮用宜忌

适宜口腔上火的人群饮用。肺虚无火、风寒咳嗽者不宜饮用。

健康饮茶问与答

问 金山翠芽有哪些特征？

答 金山翠芽产于句容市武岐山。金山翠芽的品质特点是：扁平挺削匀整，色翠显毫，嫩香，滋味鲜醇，汤色嫩绿明亮，叶底肥壮。冲泡后翠芽一一下沉，挺立杯中，形似镇江金山塔倒映于扬子江中，饮之滋味鲜浓，令人回味无穷。据说，陈毅元帅在茅山打游击时就喜饮金山翠芽。

花生西瓜子茶 去除口臭

[配方组成]

花生仁 10克 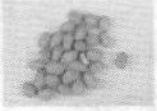 西瓜子 10克  冰糖 5克 

[制作方法]

❶ 将花生仁、西瓜子捣碎。
❷ 连同冰糖放入锅中，注入适量水。
❸ 熬制30分钟后，取汁饮用。

[饮用方法]

代茶频饮，每日1~2剂。

养生功效

具有宣肺活血、去除口臭的功效。

饮用宜忌

适宜口干口苦、口腔溃疡者饮用。孕期妇女不适合饮用。

苦杏仁鱼腥草茶 清热生津

[配方组成]

苦杏仁 8克  鱼腥草 5克  冰糖 适量 

[制作方法]

❶ 将2种茶材洗净、捣碎。
❷ 连同冰糖放入茶壶中。
❸ 用沸水冲泡，闷10分钟后饮用。

[饮用方法]

每日1剂，代茶频饮，可反复冲泡。

养生功效

具有清热生津、消火解毒的功效。

饮用宜忌

适宜口腔溃疡的人群饮用。脾肾两虚、气阴不足者慎饮。

健康饮茶问与答

问 太湖翠竹有哪些特征？

答 太湖翠竹为新创名茶，属绿茶类，是江苏省无锡市创制的地方名茶。该茶外形扁似竹叶，色泽翠绿油润，内质滋味鲜醇，香气清高持久，汤色清澈明亮，叶底嫩绿匀整，风格独特，冲泡在杯中，嫩绿的茶芽徐徐伸展，形如竹叶，亭亭玉立，似群山竹林。

金盏花冰糖绿茶 清火解毒

[配方组成]

金盏花 8克 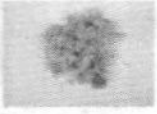
绿茶 5克 
冰糖 适量 

[制作方法]

❶ 将金盏花和绿茶，放入茶壶中。
❷ 先用沸水冲洗一遍，再注入沸水。
❸ 调入冰糖，闷5分钟后饮用。

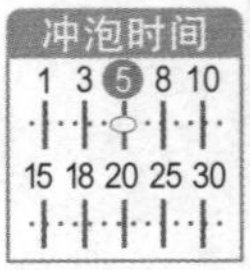

[饮用方法]

每日1剂，代茶频饮。

养生功效

具有清热生津、消火解毒的功效。

饮用宜忌

适宜口腔溃疡的人群饮用。脾肾两虚、气阴不足者慎饮。

紫苏叶党参蜜茶 清火润肺

[配方组成]

紫苏叶 5克 
党参 5克 
蜂蜜 适量 

[制作方法]

❶ 将紫苏叶和党参捣碎，放入茶壶中。
❷ 先用沸水冲洗一遍，再注入沸水。
❸ 闷10分钟后，待汁液变温，调入蜂蜜饮用。

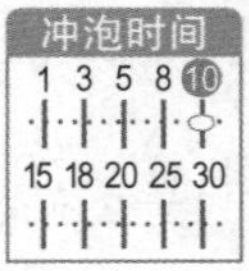

[饮用方法]

每日1剂，代茶频饮。

养生功效

具有清火润肺、益气养阴的功效。

饮用宜忌

适宜体虚乏力、口腔有火的人群饮用。湿热蕴中引起的口干不宜饮用。

健康饮茶问与答

问 茅山青峰有哪些特征?

答 茅山青峰茶产于金坛市茅麓镇。20世纪40年代开始生产，当时称旗枪。于1983年定今名。采用高火炒制，干茶颜色墨绿，白毫明显，长度为1.5~2厘米，香气自然清纯。茶叶外形扁平，挺直如剑，色泽绿润，平整光滑，内质香气高爽，鲜嫩高长，汤色绿明，滋味鲜醇，叶底嫩绿明亮完整。

◀山药百合茶 适用于口干咽燥

[配方组成]

山药 半根 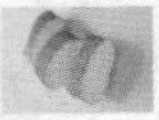 百合 10克 

[制作方法]

❶ 将山药洗净切片，百合洗净。

❷ 一起放入锅中，注入适量水。

❸ 熬制20分钟后，取汁饮用。

[饮用方法]

代茶频饮，每日1剂。

✲养生功效

具有清热去火、宣肺止咳的功效。

饮用宜忌

适宜口干咽燥、舌头溃烂者饮用。风寒咳嗽、痰多色白者忌饮。

◀黄芪山药黄精茶 适用于口干口臭

[配方组成]

山药 半根  黄芪 8克 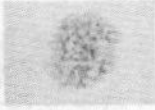 黄精 8克 

[制作方法]

❶ 将所有材料洗净、捣碎。

❷ 一起放入锅中，注入适量水。

❸ 熬制30分钟后，取汁饮用。

[饮用方法]

代茶频饮，每日1剂。

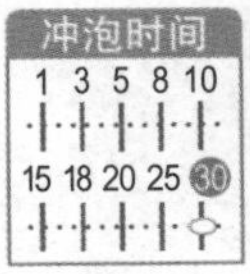

✲养生功效

具有去火、生津、止咳的功效。

饮用宜忌

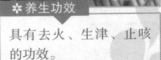

适宜口干口臭者饮用。脾虚有湿、咳嗽痰多者慎饮。

健康饮茶问与答

问 南山寿眉茶有哪些特征？

答 南山寿眉茶是白茶中的一种，也是中国最好的寿眉茶，产于江苏省溧阳市李家园茶场。主要工艺有摊放、杀青、搓条显毫、辉锅共四道工序。清明至谷雨前是寿眉茶采摘的黄金季节。南山寿眉茶条索微扁略弯，色泽翠绿披白毫，形似寿者之眉，香气清雅持久，滋味鲜爽醇和，汤色清澈明亮，叶底嫩绿完好。

◀党参薏米茶 消火、生津

[配方组成]

薏米 20克 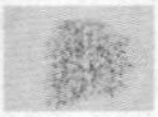 党参 5克 

[制作方法]

❶ 将薏米放入无油锅，翻炒至发黄。
❷ 党参洗净，同薏米放入锅中。
❸ 熬煮20分钟后饮用。

[饮用方法]

每日1剂，代茶饮用。

冲泡时间：1 3 5 8 10 15 18 **20** 25 30

✲养生功效

具有健脾、消火、生津的功效。

饮用宜忌

适宜脾胃不和、上焦有火者饮用。有实邪者慎饮。

◀杜仲枸杞茶 去火、解毒

[配方组成]

杜仲 5克  枸杞 8克 

[制作方法]

❶ 将枸杞、杜仲洗净。
❷ 放入水杯中，注入沸水。
❸ 加盖闷10分钟后饮用。

[饮用方法]

每日1剂，代茶饮用。

冲泡时间：1 3 5 8 **10** 15 18 20 25 30

✲养生功效

具有去火、解毒的功效。

饮用宜忌

适宜口腔上火、口腔溃疡者饮用。气虚胃寒，食少泄泻之病应慎饮。

健康饮茶问与答

问 **水西翠柏有哪些特征?**

答 水西翠柏为新创名茶，属绿茶类。该茶产于溧阳市前马乡水西茶场，于1986年创制成功，经过杀青、搓揉、整形、筛分摊凉、辉锅干燥等工艺流程，采用拉、滚、抓、抖、甩、搓、捺、磨、吐、解等十大手法，炒制成干茶。其品质特征形似翠柏，条索扁直，色翠显毫，清香持久，汤色清澈，滋味鲜爽，叶底嫩匀成朵。

缓解咳嗽

■ 喉痛 ■ 喑哑 ■ 呼吸肌痛

咳嗽是人体的一种保护性呼吸反射动作。通过咳嗽反射能有效清除呼吸道内的分泌物或进入气道的异物。但咳嗽也有不利的一面，剧烈咳嗽可导致呼吸道出血，如长期、频繁、剧烈地咳嗽，会影响工作、休息，甚至引起喉痛、音哑和呼吸肌痛。咳嗽的形成和反复发病，常是许多复杂因素综合作用的结果，所以治疗咳嗽时应根据不同的症状表现，选用不同的方法，其中，饮茶就是一种非常有益的方法。自古以来，茶即被认为是最好的保健饮料，泡而饮之，怡情养性又可治病。

天门冬冰糖茶 养阴清热、润燥生津

[配方组成]

天门冬 15克 
冰糖 适量 
雪梨 半个 

[制作方法]

❶ 雪梨洗净、去核、切块，天门冬洗净。
❷ 全部放入锅中，加入适量水。
❸ 加盖熬制30分钟后饮用。

[饮用方法]

每日1剂，代茶频饮，当日饮完。

养生功效

具有养阴清热、润燥生津的功效。

饮用宜忌

适用于咳嗽吐血、咽喉肿痛、消渴等病症。
虚寒泄泻及外感风寒致嗽者不可饮用。

冲泡时间

1 3 5 8 10 15 18 20 25 30

养生小贴士

1. 宜多喝水。除满足身体对水分的需要外，充足的水分还可帮助稀释痰液，使痰易于咳出。
2. 饮食宜清淡。以新鲜蔬菜为主，可食少量瘦肉或禽、蛋类，水果可选择梨、苹果等。
3. 少盐少糖。吃得太咸易诱发咳嗽或使咳嗽加重。咳嗽时，不宜吃咸鱼、咸肉等重盐食物。至于糖果等甜食多吃可助热生痰，也要少食。
4. 尽量不要剧烈运动，那样可以防止咳嗽加剧。

百合枸杞糖茶 润肺止咳

[配方组成]

枸杞 15克  百合 15克  冰糖 适量 

[制作方法]

❶ 将枸杞和百合洗净。
❷ 连同冰糖，全部放入杯中。
❸ 以沸水冲泡，闷10分钟后饮用。

[饮用方法]

代茶饮用，每日2次。

冲泡时间
1 3 5 8 10
15 18 20 25 30

养生功效

具有清火消痰、润肺止咳的功效。

饮用宜忌

用于燥热伤肺，虚热扰胸所致的干咳不止者。脾虚泄泻者、糖尿病患者不可饮用。

双白止咳饮 润燥止咳

[配方组成]

鲜梨 1个  新鲜白萝卜 1个  冰糖 适量 

[制作方法]

❶ 梨和萝卜洗净，去皮、切块。
❷ 放入保温杯，加冰糖。
❸ 用沸水冲泡，闷10分钟后饮用。

[饮用方法]

代茶频饮，每日1剂。

冲泡时间
1 3 5 8 10
15 18 20 25 30

养生功效

具有清热、消炎、润燥止渴的作用。

饮用宜忌

适宜积食咳嗽、痰少而黄者饮用。脾胃虚弱者，如大便稀者，应减少饮用。

健康饮茶问与答

问 **哪些人群不适宜饮茶？**

答 虽然茶叶中含有多种维生素和氨基酸，但并不是喝得越多越好，也不是所有的人都适合饮茶。一般来说，每天1~2次，每次2~3克的饮量是比较适宜的。患有神经衰弱、失眠、甲状腺功能亢进、结核病、心脏病、胃病、肠溃疡的病人都不适合饮茶，哺乳期及怀孕妇女和婴幼儿也不宜饮茶。

桑叶甘草茶 解热止咳

[配方组成]

桑叶 15克 
甘草 15克 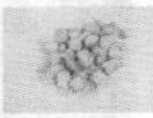
冰糖 适量 

[制作方法]

❶ 桑叶和甘草先切碎，与冰糖混合。
❷ 分成3份，分别放入茶包袋中。
❸ 取1袋，用沸水冲泡，闷10分钟饮用。

[饮用方法]

代茶饮用，每日1剂。

✲养生功效

具有润肺平喘、清热止咳的功效。

饮用宜忌

适用于肝火旺、咳嗽有痰者。水肿人群慎饮，防止水液代谢。

芹根陈皮茶 润燥止咳

[配方组成]

芹菜根 3~5个 
陈皮 1小把 
冰糖 适量 

[制作方法]

❶ 先将芹菜根洗干净，陈皮撕碎。
❷ 同冰糖一起放入杯中，注入沸水。
❸ 闷10分钟，直到水变黄，饮用即可。

[饮用方法]

代茶饮用，每日1~2剂。

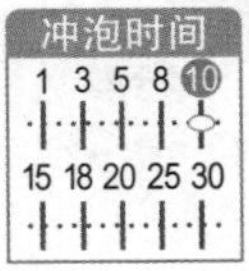

✲养生功效

具有理气、祛湿、健脾胃之效。

饮用宜忌

适用于肾脏湿毒、慢性小咳嗽者。气虚、有胃火的人也不宜过多饮用。

健康饮茶问与答

问 进餐时喝茶对身体有益吗？

答 进餐前或进餐中少量饮茶并无大碍，但若大量饮茶或饮用过浓的茶，会影响很多常量元素（如钙等）和微量元素（如铁、锌等）的吸收。应特别注意的是，在喝牛奶或其他奶类制品时不要同时饮茶。茶叶中的茶碱和单宁酸会和奶类制品中的钙元素结合成不溶解于水的钙盐，并排出体外，使奶类制品的营养价值大为降低。

银耳茶 滋养润肺，止咳化痰

[配方组成]

银耳 1朵 

冰糖 10块 

[制作方法]

❶ 银耳泡1晚后取出、择洗干净。
❷ 加500毫升水以小火煮20分钟。
❸ 放入冰糖调味。

[饮用方法]

饮汁吃银耳，每日1剂。

冲泡时间
1 3 5 8 10
15 18 20 25 30

养生功效

具有滋补生津、润肺养胃的功效。

饮用宜忌

适用于火旺型咳嗽，咳嗽有痰且痰偏黄色者。孕妇、儿童不宜过多饮用。

陈皮乌龙茶 润肺止咳

[配方组成]

陈皮 30克 

乌龙茶 30克 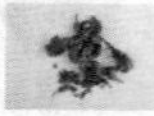

[制作方法]

❶ 先将陈皮撕碎，与乌龙茶混合。
❷ 分成6等份待用。
❸ 每日取1份，用沸水冲泡5分钟。

[饮用方法]

代茶饮用，每日饮3次。

冲泡时间
1 3 5 8 10
15 18 20 25 30

养生功效

具有止咳化痰、润肺止咳的功效。

饮用宜忌

适用于风寒咳嗽者。气虚体燥、阴虚燥咳、吐血及内有实热者慎饮。

健康饮茶问与答

问 **茶可与哪些保健品共泡合饮？**

答 可根据个人情况，选用适合自己的原料泡茶喝，对保健是有益的。比如茶可与橘皮、薄荷、枸杞等共泡合饮。橘皮泡绿茶，可宽中理气、去热解痰、抗菌消炎，咳嗽多痰者饮之有益。而薄荷中含薄荷醇、薄荷酮，用薄荷泡茶喝，不仅有清凉感，而且疏风清热利尿。

麦生冰糖饮 理气止咳

[配方组成]

麦冬 15克  生地 15克  冰糖 适量 

[制作方法]

1. 先将麦冬、生地冲洗一下。
2. 再将2种材料放入杯中，加入冰糖。
3. 注入沸水，闷15分钟后饮用。

[饮用方法]

代茶温饮，每日1剂。

养生功效

具有养阴、清热、润燥的功效。

饮用宜忌

适用于津液缺少型咳嗽，或几乎无痰但有血丝型咳嗽。脾胃虚寒泄泻，及暴感风寒咳嗽者均忌饮。

川贝枸杞茶 润肺消痰

[配方组成]

川贝 5克  枸杞 5克  冰糖 适量 

[制作方法]

1. 将川贝洗净、捣碎，枸杞洗净。
2. 连同冰糖放入杯中。
3. 注入沸水，闷5分钟后饮用。

[饮用方法]

代茶温饮，可随时饮用。

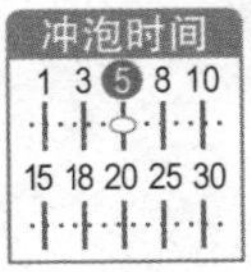

养生功效

具有润肺止咳、化痰平喘、清热化痰作用。

饮用宜忌

适宜肺火咳嗽、咽喉肿痛者饮用。脾胃虚寒及寒痰、湿痰者不宜饮用或慎饮。

健康饮茶问与答

问 茶叶泡几次饮用最好?

答 泡茶具体次数应视茶质、茶量而定，一般红绿茶以不超过4次为好。如果一杯茶从早冲泡，连续加开水一直喝到晚的做法是不可取的。较佳的泡饮次数是每天上午泡一杯茶、下午重泡一杯茶，既新鲜又有茶味。

红枣菜根饮 润燥止咳

[配方组成]

红枣 10颗 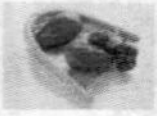 白菜根 10克  蜂蜜 适量 

[制作方法]

❶ 将红枣洗净，白菜根洗净、切条。
❷ 同放入锅中，加入适量水。
❸ 煮沸30分钟后，取汁，添加蜂蜜饮用。

冲泡时间：1 3 5 8 10 15 18 20 25 30（30）

✲养生功效

具有滋养润燥、补脾养胃的功效。

[饮用方法]

代茶温饮，每日2次。

饮用宜忌

适宜四肢无力、肺结核、肺燥干咳等患者饮用。脾胃虚寒者不宜空腹饮用。

玉蝴蝶红糖茶 化痰止咳

[配方组成]

玉蝴蝶花 5克  红糖 1匙 

[制作方法]

❶ 先将玉蝴蝶花冲洗一下。
❷ 放入杯中，加入红糖。
❸ 注入沸水，闷10分钟后饮用。

冲泡时间：1 3 5 8 10 15 18 20 25 30（10）

✲养生功效

具有滋阴润肺、化痰止咳的功效。

[饮用方法]

代茶温饮，每日1~2剂。

饮用宜忌

适宜烦躁口渴、肺热咳嗽者饮用。孕妇不可饮用。

健康饮茶问与答

问 金坛雀舌茶有哪些特征？

答 金坛雀舌茶产于江苏省金坛市方麓茶场，金坛雀舌茶成品条索匀整，状如雀舌，干茶色泽绿润，扁平挺直；冲泡后香气清高，色泽绿润，滋味鲜爽，汤色明亮，叶底嫩匀成朵明亮。内含成分丰富，水浸出物、茶多酚、氨基酸、咖啡因含量较高。

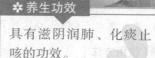

橄榄乌梅绿茶 利咽化痰

[配方组成]

橄榄 5颗 

乌梅 3颗 

绿茶 5克 

红糖 适量 

[制作方法]

1. 将3味茶材洗净，放入砂锅中。
2. 注入适量水，煮沸20分钟。
3. 取汁，加入红糖，待溶化饮用。

[饮用方法]

代茶温饮，每日1~2剂。

冲泡时间

1 3 5 8 10

15 18 20 25 30

养生功效

具有生津止渴、利咽化痰的功效。

饮用宜忌

适宜长期咳嗽、咽喉不适者饮用。患有菌痢、急性肠胃炎、腹泻者慎饮。

桂花冰糖茶 化痰、止咳

[配方组成]

桂花 5克 

冰糖 适量 

[制作方法]

1. 先将桂花用水冲洗一下。
2. 放入杯中，加入冰糖。
3. 注入沸水，闷5分钟后饮用。

[饮用方法]

代茶温饮，每日1~2剂。

冲泡时间

1 3 5 8 10

15 18 20 25 30

养生功效

具有化痰、止咳、生津的功效。

饮用宜忌

适宜咳嗽有痰、口干牙痛者饮用。孕妇不可饮用。

健康饮茶问与答

问 无锡毫茶有哪些特征?

答 无锡毫茶，产于美丽富饶的太湖之滨的无锡市郊。以高产优质的无性系良种茶树的幼嫩茶叶为原料，属于全炒特种高档绿茶。无锡毫茶品质特征：外形肥壮卷曲，身披茸毫，香高持久，滋味鲜醇，汤色绿而明亮，叶底嫩匀。冲泡后白毫显见，汤色碧绿澄清。饮后可以品出滋味鲜醇、香气清高。

川贝知母糖茶 清热润肺

[配方组成]

川贝 5克 
知母 5克 
冰糖 适量 

[制作方法]

❶ 先将川贝、知母洗净、掰小块。
❷ 放入杯中，加入冰糖。
❸ 注入沸水，闷10分钟后饮用。

[饮用方法]

代茶温饮，每日1剂。

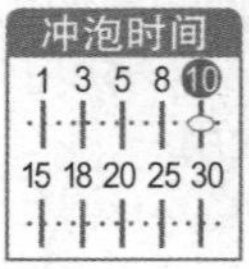

养生功效

具有清热润肺、化痰止咳的功效。

饮用宜忌

适宜肺热燥咳、干咳少痰者饮用。脾胃虚寒，大便溏泄者忌饮。

罗汉果冬瓜皮茶 清肺化痰

[配方组成]

罗汉果 5个 
冬瓜皮 适量 

[制作方法]

❶ 罗汉果洗净、掰开，冬瓜皮洗净、切块。
❷ 一同放入锅中，加适量水。
❸ 煮20分钟，滗出药汁饮用。

[饮用方法]

代茶饮用，每日1剂。

养生功效

具有清肺化痰、止咳润肠的功效。

饮用宜忌

适宜咽喉炎、扁桃体炎、百日咳者饮用。肺寒和外感咳嗽者不宜饮用。

健康饮茶问与答

问 西湖龙井有哪些特征？

答 西湖龙井茶，因产于浙江杭州市西湖“龙井”而得名。它以色绿、香郁、味甘、形美“四绝”，闻名于世界。西湖龙井茶特点是，形状扁平挺直，大小长短匀齐，像一片片兰花瓣，色泽嫩绿或翠绿，鲜艳有光，香气清高鲜爽，滋味甘甜，有新鲜橄榄的回味。冲泡于玻璃杯中，茶叶嫩匀成朵，一旗一枪，交错相映，茶汤清碧，悦目动人。

◀川贝薄荷糖饮 疏风止咳

[配方组成]

川贝 5克 　薄荷 5克 　冰糖 适量 

[制作方法]

❶ 将川贝、薄荷洗净。
❷ 放入茶壶中，加入冰糖。
❸ 注入沸水，闷10分钟后饮用。

[饮用方法]

代茶温饮，每日1剂。

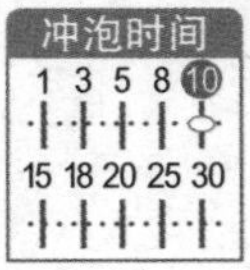

✲养生功效

具有养阴润燥、疏风止咳的功效。

饮用宜忌

适宜咽痛干痒、咳嗽者饮用。脾胃虚寒及有湿痰者不宜饮用。

◀苦杏仁牛奶白糖茶 润肺止咳

[配方组成]

苦杏仁 5克 　牛奶 适量 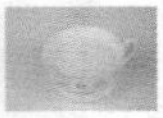　白糖 适量 

[制作方法]

❶ 将杏仁洗净、捣碎。
❷ 连同牛奶放入茶杯中，加入白糖。
❸ 注入沸水，浸泡10分钟后饮用。

[饮用方法]

代茶温饮，每日1剂。

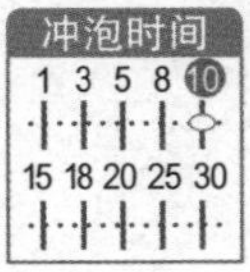

✲养生功效

具有润肺止咳、祛痰益胃的功效。

饮用宜忌

适宜咳嗽、慢性支气管炎者饮用。痰液黄稠难出者不宜饮用。

健康饮茶问与答

问 开化龙顶茶有哪些特征？

答 开化龙顶茶是浙江新开发的优质名茶之一。炒制工艺分杀青、揉捻、初烘、理条、烘干等五道工序。开化龙顶茶的品质特点是，外形紧直苗秀，身披银毫，色泽绿翠，香气清高持久，并伴有幽兰清香，滋味浓醇鲜爽，汤色嫩绿清澈，叶底嫩匀成朵。

乌梅盐糖茶 敛肺止咳

[配方组成]

乌梅 5颗  食盐 适量  红糖 适量 

[制作方法]

❶ 将乌梅洗净，放入砂锅中。
❷ 加入适量水，煮20分钟。
❸ 取汁，调入食盐、红糖饮用。

[饮用方法]

代茶温饮，每日1剂。

饮用宜忌

适宜肺虚久咳、虚热烦渴者饮用。有实邪者不宜饮用。

养生功效

具有涩肠止泻、敛肺止咳的功效。

核桃山楂蜜茶 生津止咳

[配方组成]

核桃 8克 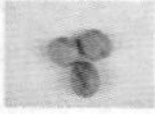 山楂 8克 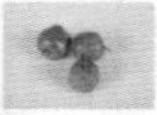 蜂蜜 适量 

[制作方法]

❶ 将核桃和山楂洗净、捣碎。
❷ 一起放入杯中，加入适量水。
❸ 闷10分钟后，调入蜂蜜饮用。

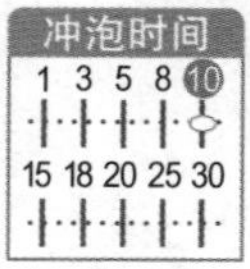

[饮用方法]

代茶温饮，每日1剂。

饮用宜忌

适宜因肺虚引起的咳嗽人群饮用。孕妇及脾胃虚弱者不宜饮用。

养生功效

具有补肺强心、生津止咳的功效。

健康饮茶问与答

问 **望海茶有哪些特征？**

答 望海茶为新创名茶，属于绿茶类别，产于浙江宁海县望海岗茶场。受云雾之滋润，集天地之精华，望海茶外形细嫩挺秀，色泽翠绿显毫，香高持久，滋味鲜爽，饮后有甜香回味，汤色清澈明亮，叶底嫩绿成朵。尤以其干茶色泽翠绿，汤色清绿，叶底嫩绿在众多名茶中独树一帜，具有鲜明的高山云雾茶之独特风格。

川贝生姜半夏茶 清热化痰

[配方组成]

川贝 5克 
生姜 8克 
半夏 5克 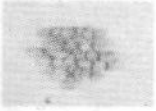

[制作方法]

❶ 将3种茶材洗净、捣碎。
❷ 一同放入锅中，加入适量水。
❸ 煮20分钟后，取汁饮用。

[饮用方法]

代茶温饮，每日1剂。

养生功效

具有清热化痰、润肺止咳的功效。

饮用宜忌

适宜痰热咳喘、阴虚燥咳者饮用。寒湿咳嗽者不宜饮用。

雪梨蜜饮 润肺止咳

[配方组成]

雪梨 1个 
蜂蜜 适量 

[制作方法]

❶ 雪梨洗净、去皮、切块，放入锅中。
❷ 加入适量水，煮20分钟后，取汁。
❸ 待凉后，添加蜂蜜饮用。

[饮用方法]

代茶温饮，每日1~2剂。

养生功效

具有养阴润燥、清肺止咳的功效。

饮用宜忌

适宜阴虚火旺、肺热燥咳者饮用。胃虚寒、肺寒咳嗽者不宜饮用。

健康饮茶问与答

问 **银猴茶有哪些特征？**

答 银猴茶为新创名茶，属于绿茶类别，产于松阳县古市区半古月“谢猴山”。银猴茶制作工艺分鲜叶摊放、杀青、揉捻、造型、烘干5道工序。松阳银猴茶品质特征为：外形全芽肥壮，色泽嫩绿，白毫显露；冲泡后汤色嫩绿明亮，栗香持久，滋味鲜爽，茶芽大小均匀，色泽翠润，是国内名茶中的珍品。

甘草葱须绿茶　化痰止咳

[配方组成]

甘草 5克 
葱须 10克 
绿茶 5克 

[制作方法]

❶ 将甘草和葱须洗净。
❷ 3种材料放入水杯中，加入适量水。
❸ 闷10分钟后饮用即可。

[饮用方法]

代茶温饮，每日1~2剂。

冲泡时间：1 3 5 8 ⑩ 15 18 20 25 30

养生功效

具有化痰止咳、清肺润喉的功效。

饮用宜忌

适于气管炎患者饮用。脾虚泄泻者不宜饮用。

川贝杏仁绿茶　清热润肺

[配方组成]

川贝 5克 
甜杏仁 8克 
绿茶 5克 

[制作方法]

❶ 将川贝、杏仁洗净。
❷ 连同绿茶放入水杯中。
❸ 加入适量水，闷10分钟后饮用。

[饮用方法]

代茶温饮，每日1剂。

冲泡时间：1 3 5 8 ⑩ 15 18 20 25 30

养生功效

具有清热润肺、化痰止咳的功效。

饮用宜忌

适宜慢性支气管炎及支气管哮喘者饮用。寒湿咳嗽者不宜饮用。

健康饮茶问与答

问　浦江春毫有哪些特征？

答　浦江春毫为新创名茶，属于绿茶类别，产于浙江省浦江县仙霞山龙门山脉的杭坪、虞宅、花桥一带。“浦江春毫”名茶全部采用幼嫩芽为原料精制而成，具有紧卷披毫、细嫩翠绿、香气高超、味鲜甘醇、汤清明亮、嫩绿匀净之特色；具有滋味鲜爽甘醇，汤碧明亮，叶底匀净嫩绿之特征。

阿胶鲜梨茶 干咳无痰

[配方组成]

鲜梨 半个 
阿胶 10克 
冰糖 适量 

[制作方法]

❶ 将梨洗净、切块，与冰糖一起放入锅中。
❷ 注入适量水，熬制20分钟。
❸ 调入阿胶，闷10分钟后饮用。

[饮用方法]

每日1剂，代茶温饮。

冲泡时间
1 3 5 8 10
15 18 20 25 30

✲ 养生功效

具有清喉利咽、润肺止咳的功效。

饮用宜忌

适宜咽喉不适、干咳无痰者饮用。孕妇应少量饮用。

百合阿胶茶 润肤止咳

[配方组成]

百合 10克 
阿胶 10克 
冰糖 适量 

[制作方法]

❶ 将百合洗净、捣碎，与冰糖一起放入锅中。
❷ 注入适量水，熬制20分钟。
❸ 调入阿胶，闷10分钟后饮用。

[饮用方法]

每日1剂，代茶温饮。

冲泡时间
1 3 5 8 10
15 18 20 25 30

✲ 养生功效

具有止咳化痰、润肤养颜的功效。

饮用宜忌

适宜面如土色、咳嗽不止者饮用。风寒咳嗽痰多色白者忌饮。

健康饮茶问与答

问 **什么是禅茶？**

答 禅茶是指寺院僧人种植、采制、饮用的茶。主要用于供佛、待客、自饮、结缘赠送等。讲求“禅茶一味”，“禅”是心悟，“茶”是物质的灵芽，“一味”就是心与茶、心与心的相通。中国禅茶文化精神概括为“正、清、和、雅”。“茶禅一味”的禅茶文化，是中国传统文化史上的一种独特现象，也是中国对世界文明的一大贡献。

防止腹泻

■ 大肠疾病 ■ 粪质稀薄 ■ 腹痛

腹泻是大肠疾病最常见的症状，是指排便次数明显超过平日习惯的频率，粪质稀薄，水分增加，每日排便量超过200克，或含未消化食物或脓血、黏液。同时腹泻不是一种独立的病症，而是很多疾病的一种外在表现，因此要辨证施治，不可滥用止泻药。众所周知，茶叶是一剂温和的良药，茶叶的涩味主要是由其中的鞣质类成分引起的，鞣质又称丹宁或鞣酸，是植物中分子量较大的复杂多元酚类化合物，具有收敛固涩的作用。

车前子红茶 健脾和胃、化湿止泻

[配方组成]

炒制车前子 10克 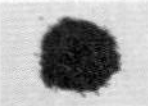 红茶 5克 

[制作方法]

❶ 将车前子、红茶洗净。
❷ 将洗好的材料放入杯中。
❸ 注入沸水，10分钟后即可饮用。

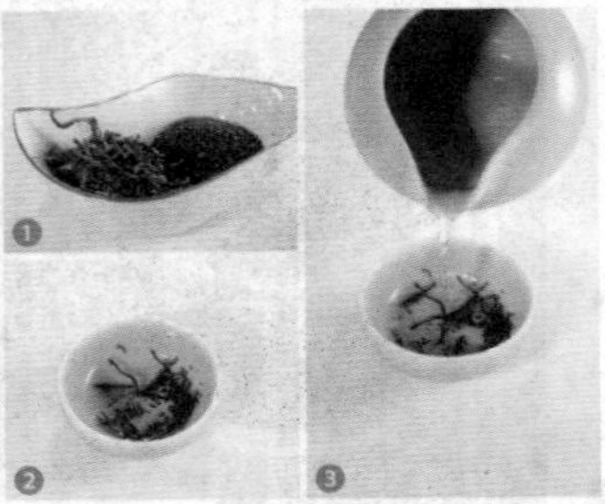

养生功效

具有健脾和胃、化湿止泻的功效。

[饮用方法]

温度适宜时饮用，可冲泡2次。

饮用宜忌

适用于脾虚湿盛引起的慢性腹泻者。
肾虚精滑及内无湿热者慎饮。

养生小贴士

1. 精神紧张，情绪激动，可影响胃肠道功能，尤其是在就餐的时候，切忌恼怒生气。
2. 常喝淡茶水。茶叶中含有茶碱、维生素等多种成分，可以起到止泻解毒的作用。
3. 腹泻病人应注意饮食的配合，总的原则是食用营养丰富、易消化、低油脂的食物。
4. 注意胃部保暖。避免着凉，可以经常使用热水袋等在腹部保暖。
5. 注意多休息。腹泻病人要注意卧床休息，以减少体力消耗和肠蠕动次数。

◀香附姜茶 驱寒、润肠止泻

[配方组成]

香附 10克 
生姜 15克 
陈皮 10克 

[制作方法]

❶ 将香附洗净、捣碎，生姜洗净、切片。
❷ 陈皮洗净，与其他材料放入锅中。
❸ 熬制30分钟后，取汁饮用。

[饮用方法]

每日1剂，分上下午2次温服。

冲泡时间：1 3 5 8 10 15 18 20 25 30（30）

养生功效

具有温中散寒、润肠止泻的作用。

饮用宜忌

适用于急性肠炎患者。阴虚火旺、目赤内热者慎饮。

◀姜丝绿茶 暖胃、止泻

[配方组成]

生姜 半块 
绿茶 15克 
红糖 少许 

[制作方法]

❶ 把生姜洗净、带皮切成丝。
❷ 将3种茶材放到水杯中。
❸ 沸水冲泡，闷5分钟即可。

[饮用方法]

代茶饮用，每日3次，可反复冲泡。

冲泡时间：1 3 5 8 10 15 18 20 25 30（5）

养生功效

具有暖胃、止泻的作用。

饮用宜忌

适宜湿寒水泻、急性肠炎者饮用。肺炎、胃溃疡、胆囊炎者慎饮。

健康饮茶问与答

问 为什么茶喝多了反而不利于消化？

答 尽管茶叶中含有酚类衍生物、维生素、氨基酸、糖类等营养物质，以及锰、氟、铜、锌等多种微量元素，对人身体有益，但茶中所含大量鞣酸，一旦与肉、蛋、海味中的食物蛋白质合成有收敛性的鞣酸蛋白质，会使肠蠕动减慢，不但易造成便秘，还会增加有毒或致癌物质被人体吸收的可能性。

柠檬薄荷蜜茶 和胃止泻

[配方组成]

鲜薄荷叶 5片  柠檬 2片 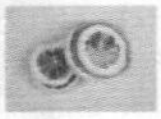 蜂蜜 适量 

[制作方法]

❶ 将薄荷叶、柠檬片一同放入水杯中。
❷ 先冲洗一下，再注入沸水。
❸ 加盖闷5分钟，待水变温后加入蜂蜜。

[饮用方法]

每日1剂，代茶频饮。

饮用宜忌

适宜消化不良、容易腹泻的人饮用。胃酸的人需少量饮用。

养生功效

具有和胃止泻、促进消化的功效。

荔枝干枣茶 收敛止涩

[配方组成]

荔枝 8粒  红枣 10颗 

[制作方法]

❶ 把荔枝去皮，红枣切碎，混合一起。
❷ 分成4份，分别装入茶包袋中。
❸ 取1袋，沸水冲泡10分钟饮用。

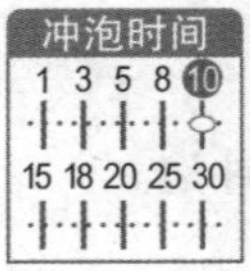

[饮用方法]

代茶饮用，每日1~2剂。

饮用宜忌

适宜具有慢性腹泻的人饮用。有湿痰、积滞等症的人慎饮。

养生功效

具有补血滋脾、收敛止泻的作用。

健康饮茶问与答

问 饮茶是越新鲜越好吗？

答 所谓新茶是指采摘下来不足一个月的茶叶，这些茶叶因为没有经过一段时间的放置，有些对身体有不良影响的物质，如多酚类物质、醇类物质、醛类物质，还没有被完全氧化，如果长时间喝新茶，有可能出现腹泻、腹胀等不舒服的反应。太新鲜的茶叶对病人来说更不好，像一些患有胃酸缺乏的人，更不适合喝新茶。

乌黄红糖饮 健脾和胃

[配方组成]

乌梅 20克 
黄芪 15克 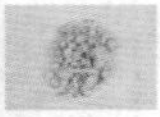
红糖 适量 

[制作方法]

❶ 把乌梅、黄芪和红糖放入锅内。
❷ 注入八杯水，泡1小时。
❸ 大火煮开转小火煮30分钟，取汁饮用。

冲泡时间：1 3 5 8 10 15 18 20 25 30（30）

[饮用方法]

每天取1/10，倒入水杯中，温水调匀后饮用。

养生功效

具有消暑、健脾、和胃的作用。

饮用宜忌

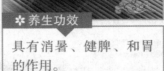

适用于脾胃虚寒引起的腹泻。女人在经期和孕期，应禁饮。

无花果茴香茶 暖胃、止泻

[配方组成]

小茴香 18克 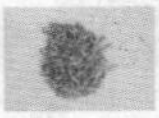
干无花果 18克 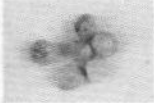

[制作方法]

❶ 将小茴香与无花果捣碎、混合。
❷ 分成6份，分别装入茶包袋中。
❸ 取1小袋，沸水冲泡10分钟饮用。

冲泡时间：1 3 5 8 10 15 18 20 25 30（10）

[饮用方法]

代茶饮用，每日1剂。

养生功效

具有温暖腹部、去除寒气的作用。

饮用宜忌

适宜吃生冷食物后发生腹泻的人饮用。阴虚火旺者的人禁饮。

健康饮茶问与答

问 绿茶和枸杞可以搭配吗？

答 绿茶和枸杞都可以分别用开水冲泡饮用，对人体很有益处。有不少人干脆就把它们放在一起冲泡。但是，绿茶里所含的大量鞣酸具有收敛吸附的作用，会吸附枸杞中的微量元素，生成人体难以吸收的物质。所以，总的来说，上午喝绿茶，以开胃、醒神；下午泡饮枸杞，可以改善体质、利安眠。

生姜乌龙茶 收敛止泻、保护肠胃

[配方组成]

生姜 1块 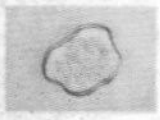　乌龙茶 20克 

[制作方法]

❶ 生姜切成4片，乌龙茶分成4等份。
❷ 乌龙茶每份配1片生姜。
❸ 取1份用沸水冲泡，闷10分钟饮用。

[饮用方法]

代茶饮用，每日饮用1~2袋。

冲泡时间 1 3 5 8 10 15 18 20 25 30

养生功效

具有收敛止泻、保护肠胃的功效。

饮用宜忌

适宜因湿寒引起的腹泻。阴虚火旺、目赤内热者应少量饮用。

萝卜陈皮茶 收敛止泻

[配方组成]

萝卜 15克 　陈皮 18克 

[制作方法]

❶ 萝卜切片，陈皮切小块。
❷ 混合成3份，分别装入茶包袋中。
❸ 取1袋，用沸水冲泡，闷20分钟饮用。

[饮用方法]

代茶饮用，每日2次。

冲泡时间 1 3 5 8 10 15 18 20 25 30

养生功效

调理脾胃不和引起的腹泻。

饮用宜忌

适宜食积腹胀、消化不良者饮用。脾胃虚寒者应少量饮用。

健康饮茶问与答

问 **“饭后一杯茶”对吗？**

答 这种说法是有一定道理的。饭后饮茶，可以促进食物的消化吸收。饭前最好不要饮茶，此时多为空腹，若喝大量的茶水，会影响食欲、消化、吸收。而饭后饮茶，使茶中的许多有效成分与食物同时参与消化吸收，茶叶中各种成分综合作用的结果使人体对疾病的抵抗力显著提高，对各种营养素的利用率也显著增强。

车前子藿香茶 用于慢性腹泻

[配方组成]

车前子 15克  藿香 15克  红茶 9克 

[制作方法]

❶ 将车前子炒熟，同藿香、红茶混合。
❷ 分成3份，分别装入茶包袋中。
❸ 取1份，沸水冲泡10分钟饮用。

[饮用方法]

每日1剂，代茶温饮。

养生功效

可促消化、改善肠胃功能。

饮用宜忌

适宜肠胃痛、腹泻者饮用。肾虚精滑及内无湿热者慎饮。

乌梅芡实茶 用于慢性腹泻

[配方组成]

乌梅 3颗  芡实 10克  山楂 2片 

[制作方法]

❶ 将乌梅、芡实、山楂洗净。
❷ 一起放入锅中，注入适量水。
❸ 熬制20分钟后，取汁饮用。

[饮用方法]

每日1剂，代茶温饮。

养生功效

具有补脾止泻、开胃生津的功效。

饮用宜忌

适宜上腹胀满、慢性腹泻者饮用。肾虚精滑及内无湿热者慎饮。

健康饮茶问与答

问 东白春芽有哪些特征?

答 东白春芽亦称婺州东白、东白茶，产于浙江省东阳市的东白山和磐安的大磐山一带。东白春芽加工工艺分摊放、杀青、炒揉、初烘、复烘等工序。外形自然弯曲，芽叶硕壮，色泽嫩绿，银毫明显；汤色清澈，叶底嫩黄匀齐，香气清爽，滋味鲜醇。

瑰陈茉莉茶 抗菌止泻

[配方组成]

玫瑰 3朵  陈皮 5克  茉莉花 2朵 

[制作方法]

❶ 将陈皮撕碎，同其他茶材一起放入水杯中。
❷ 先用沸水冲洗一遍，再注入沸水。
❸ 加盖闷10分钟后饮用。

[饮用方法]

每日1剂，代茶温饮。

饮用宜忌

适宜细菌性腹泻者饮用。气虚体燥、阴虚燥咳者慎饮。

养生功效

具有抗菌止泻、调和脾胃的功效。

银花黄连红茶 用于下痢、泄泻

[配方组成]

金银花 8克  黄连 5克  红茶 5克 

[制作方法]

❶ 将3种材料一起放入水杯中。
❷ 先用沸水冲洗一遍，再注入沸水。
❸ 加盖闷10分钟后饮用。

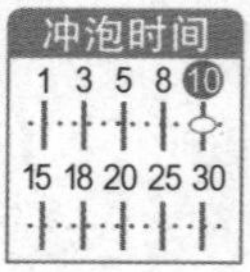

[饮用方法]

每日1剂，代茶温饮。

饮用宜忌

适宜急性肠炎、痢疾者饮用。体实有火者不宜饮用。

养生功效

具有消炎、收敛、止痛的功效。

健康饮茶问与答

问 泉岗辉白茶有哪些特征？

答 泉岗辉白茶又称前岗辉白茶，因产于浙江省嵊州卮山乡前岗村而得名。炒制分杀青、初揉、初烘、复烘、炒二青和辉锅等六道工序。泉岗辉白茶形状好似圆珠，盘花卷曲，紧结匀净，色白起霜，白中隐绿，冲泡后汤色黄明，香气浓爽，滋味醇厚，叶底嫩黄，芽峰显露，完整成朵，是中国圆形绿茶中的珍品。

◀陈皮半夏保和茶 消食、止泻

[配方组成]

陈皮 9克 
半夏 9克 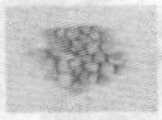
山楂 9克 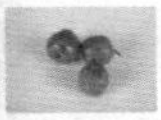
神曲 9克 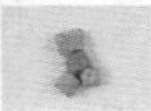

[制作方法]

❶ 将所有茶材洗净，混合在一起。
❷ 将材料洗净后分成3份待用。
❸ 取1份，沸水冲泡，闷20分钟后饮用。

冲泡时间
1 3 5 8 10
15 18 20 25 30

✲养生功效

具有消食化积、收敛止泻的功效。

[饮用方法]

每日1剂，代茶温饮。

饮用宜忌

适宜脘腹胀满、粪便酸臭者饮用。脾阴虚、胃火盛者，孕妇均慎饮。

◀党参扁豆白术茶 健脾止泻

[配方组成]

党参 5克 
白扁豆 10克 
白术 5克 

[制作方法]

❶ 将3种茶材洗净。
❷ 一起放入锅中，注入适量水。
❸ 煎沸20分钟后，取汁饮用。

冲泡时间
1 3 5 8 10
15 18 20 25 30

✲养生功效

具有健脾和中、止呕止泻的功效。

[饮用方法]

每日1剂，代茶温饮。

饮用宜忌

适宜慢性腹泻者饮用。患寒热病者不可饮用。

健康饮茶问与答

问 磐安云峰茶怎么冲泡?

答 磐安云峰茶条索紧直苗秀，色泽翠绿，汤色嫩绿，叶底绿亮，香高持久，含有兰花清香。品尝云峰茶，最宜用玻璃杯，采用85℃左右的沸水冲泡，沸水冲后，展叶吐香，芽叶朵朵直立，上下沉浮，栩栩如生，形如兰花瓣。

党参干姜白术茶 补脾止泻

[配方组成]

党参 5克 
白术 5克 
生姜 8克 

[制作方法]

❶ 党参、白术洗净，生姜洗净、切片。
❷ 一起放入锅中，注入适量水。
❸ 煎沸20分钟后，取汁饮用。

[饮用方法]

每日1剂，代茶温饮。

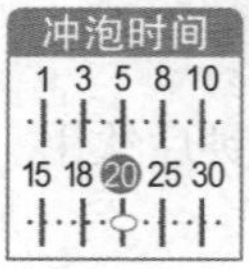

养生功效

具有补脾益气、止泻的功效。

饮用宜忌

适宜脾虚型腹泻者饮用。小儿急性肾炎，孕妇均不可饮用。

白术山药茯苓茶 用于伤食泻

[配方组成]

山药 半根 
白术 8克 
茯苓 8克 

[制作方法]

❶ 山药洗净去皮、切片，白术、茯苓洗净。
❷ 同放入锅内，加水适量，用大火煎沸。
❸ 再改用文火煮30分钟后饮用。

[饮用方法]

每日1剂，代茶温服。

养生功效

具有健胃补脾、涩肠止泻功效。

饮用宜忌

适宜脾虚食少、伤食泻者饮用。阴虚燥渴、气滞胀闷者不宜饮用。

健康饮茶问与答

问 建德苞茶有哪些特征？

答 建德苞茶以外形独特，品质优异、香气清幽而著称。其外形黄绿完整，短而壮实，茶叶上有一层细细的茸毛；内质香气清高；叶底绿中呈黄，茶汤清澈明亮。冲泡时由于重心远离芽尖，偏重在基部一端，所以芽尖向上，看起来像一朵朵含苞欲放的兰花，浮沉于清澈明亮的茶汁中，犹如玉笔凌风，十分好看。

乌梅茯苓茶 用于脾虚泻

[配方组成]

乌梅 5颗  茯苓 8克 

[制作方法]

❶ 将乌梅、茯苓洗净。
❷ 同放入锅内，加水适量。
❸ 煮20分钟后，取汁饮用。

[饮用方法]

每日1剂，代茶温服。

冲泡时间：1 3 5 8 10 15 18 **20** 25 30

养生功效

具有调和脾胃、收敛止泻的功效。

饮用宜忌

适宜脾虚泻者饮用。腹胀及小便多者不可饮用。

麦芽大米茶 和胃、止泻

[配方组成]

大米 10克  麦芽 5克 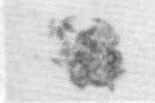

[制作方法]

❶ 将大米炒黄，同麦芽放入水杯中。
❷ 先用沸水冲洗一遍，再注入沸水。
❸ 加盖闷10分钟后饮用。

[饮用方法]

每日1剂，代茶温饮。

冲泡时间：1 3 5 8 **10** 15 18 20 25 30

养生功效

具有和胃健脾、利湿止泻的功效。

饮用宜忌

适宜小儿热泻或痢疾者饮用。有实邪者不宜饮用。

健康饮茶问与答

问 兰溪毛峰有哪些特征？

答 兰溪毛峰为新创名茶，属于绿茶类别。兰溪毛峰产于浙江省兰溪市的下陈、新宅、蟠山等地，是浙江的主要名茶之一。其品质特征是：外形肥壮扁形成条，银毫遍布全叶，色泽黄绿透翠，叶底绿中呈黄，沏泡后即还其茶芽之原形，汤色碧绿如茵，清沏甘爽明亮，香气芬芳扑鼻，饮后有回甜，香流齿颊间，清妙不可言。

桂枝芍药茶 防止腹泻

[配方组成]

桂枝 5克  芍药 10克 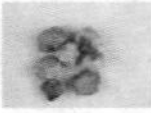

[制作方法]

1. 将2种材料一起放入水杯中。
2. 先用沸水冲洗一遍，再注入沸水。
3. 加盖闷10分钟后饮用。

[饮用方法]

每日1剂，代茶温饮。

养生功效

具有温通经脉、收敛止泻的功效。

饮用宜忌

适宜脾胃虚寒、泄泻者饮用。温热病及阴虚阳盛之证、孕妇慎饮。

茯苓白术茶 调和脾胃

[配方组成]

白术 8克  茯苓 8克 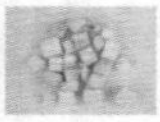

[制作方法]

1. 白术、茯苓洗净。
2. 同放入锅内，加水适量。
3. 煮30分钟后，取汁饮用。

[饮用方法]

每日1剂，代茶温服。

养生功效

具有调和脾胃、收敛止泻的功效。

饮用宜忌

适宜脾胃不和、腹痛、泄泻者饮用。阴虚燥渴，气滞胀闷者不可饮用。

健康饮茶问与答

问 长兴紫笋有哪些特征？

答 长兴紫笋又名湖州紫笋、顾渚紫笋，产于浙江省长兴县。紫笋茶制茶工艺精湛，茶芽细嫩，色泽带紫，其形如笋，唐代广德年间至明洪武八年间紫笋茶被列为贡茶。为白毫显露，芽叶完整，外形细嫩紧结，色泽绿翠，香气浓郁，滋味鲜醇，汤色淡绿明亮，叶底细嫩，很有特色。

党参麦芽茶 补脾健胃

[配方组成]

党参 5克 　麦芽 5克 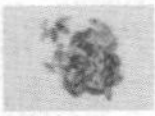

[制作方法]

❶ 将2种材料一起放入水杯中。
❷ 先用沸水冲洗一遍，再注入沸水。
❸ 加盖闷10分钟后饮用。

冲泡时间：1 3 5 8 ⑩ 15 18 20 25 30

[饮用方法]

每日1剂，代茶温饮。

养生功效

具有补脾健胃、涩肠止泻的功效。

饮用宜忌

适宜脾胃虚弱、泄泻者饮用。有实邪者不宜饮用。

党参黄芪肉桂茶 消食、止泻

[配方组成]

党参 15克 　黄芪 15克 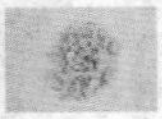　肉桂 15克 

[制作方法]

❶ 将3种茶材捣碎，混合在一起。
❷ 分成3份，分别装入茶包袋中。
❸ 取1份，沸水冲泡，闷15分钟后饮用。

冲泡时间：1 3 5 8 10 ⑮ 18 20 25 30

[饮用方法]

每日1剂，代茶温饮。

养生功效

具有消食、止泻的功效。

饮用宜忌

适宜消化不良、容易腹泻者饮用。小儿急性肾炎，孕妇均不可饮用。

健康饮茶问与答

问 黄山毛峰有哪些特征？

答 黄山毛峰为历史名茶，属于绿茶类别。黄山毛峰在清明前后采制，选用芽头壮实茸毛多的制高档茶，经过轻度摊放后进行高温杀青、理条炒制、烘焙而制成。其冲泡的特征为：入杯冲泡雾气结顶，汤色清碧微黄，叶底黄绿有活力，滋味醇甘，香气如兰，韵味深长。黄山毛峰是我国十大名茶之一。

缓解胃病

■ 胃痛 ■ 嗳气 ■ 返酸 ■ 恶心 ■ 呕吐

胃病，实际上是许多病的统称。它们有相似的症状，如上腹胃脘部不适、疼痛、饭后饱胀、嗳气、反酸，甚至恶心、呕吐等。如果精神长期焦虑紧张，会通过大脑皮层影响自主神经系统，使胃肠功能紊乱，胃黏膜血管收缩，胃酸和胃蛋白酶分泌过多，导致胃炎和溃疡的发生；而过度劳累，也会导致种种胃病发生。面对都市繁杂的生活压力，每天不固定的饮食均会造成胃部负担，所以，在工作忙碌的同时，冲泡一杯暖茶，既暖胃又保健康。

川七甘杞茶 用于胃酸过多

[配方组成]

川七 12克 

甘草 8克 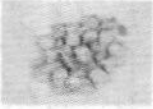

枸杞 15克 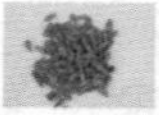

[制作方法]

1. 将3种茶材洗净。
2. 一同放入锅中。
3. 注入适量水，熬制20分钟后，取汁饮用。

冲泡时间：1 3 5 8 10 15 18 20 25 30（20分钟）

养生功效

具有止血凝血、抑制胃酸的作用。

[饮用方法]

每日1剂，代茶温饮。

饮用宜忌

适宜胃酸、胃溃疡、胃出血者饮用。
怀孕妇女不可饮用。

养生小贴士

1. 饮食规律化。提醒饮食应该定时定量，千万不要暴饮暴食。
2. 吃饭时一定要细嚼缓咽，这样可以减轻胃的负担，使食物更易于消化。
3. 应尽量少吃刺激性食品，更不能饮酒和吸烟。
4. 少吃对胃有刺激性的药物。长期服用如红霉素、泼尼松（强的松）等刺激性药物，都可造成胃黏膜损伤，进而出现炎症或溃疡。
5. 保持精神愉快。过度的精神刺激，导致胃壁血管痉挛性收缩，进而诱发胃炎等症。

莲藕土豆茶 用于胃溃疡

[配方组成]

莲藕 半个 　土豆 半个 

[制作方法]

❶ 将2种材料洗净，用榨汁机榨汁。
❷ 倒入杯中，添加沸水，闷5分钟。
❸ 待变温后调入蜂蜜饮用。

[饮用方法]

每日1剂，代茶温饮。

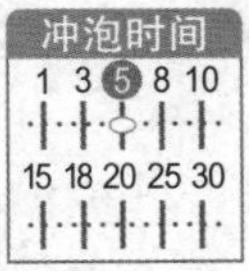

✲ 养生功效

具有利尿、健胃、增强肠胃功能的作用。

饮用宜忌

适宜疲劳、烦躁、胃溃疡者饮用。怀孕妇女不可饮用。

铁苋川贝茶 用于胃溃疡

[配方组成]

铁苋菜 10克 　川贝 10克 

[制作方法]

❶ 将2种材料洗净。
❷ 一起放过锅中，注入沸水。
❸ 加盖熬制20分钟后饮用。

[饮用方法]

每日1剂，代茶温饮。

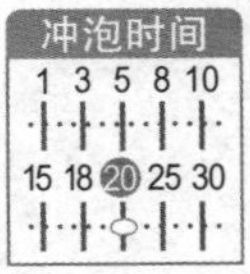

✲ 养生功效

具有解毒抗菌、改善肠胃疾病的作用。

饮用宜忌

适宜胃溃疡、咽喉肿痛饮用。脾胃虚寒及有湿痰者不宜饮用。

健康饮茶问与答

问 **六安瓜片有哪些特征？**

答 六安瓜片为历史名茶，属于绿茶类别。产于皖西大别山茶区，其中为六安、金寨、霍山三县所产，因其外形如瓜子状，又呈片状，故名六安瓜片。其成品叶缘向背面翻卷，呈瓜子形，自然平展，色泽宝绿，大小匀整。沏茶时雾气蒸腾，清香四溢；冲泡后茶叶形如莲花，汤色清澈晶亮，叶底绿嫩明亮，气味清香高爽，滋味鲜醇回甘。

金盏鸭拓草茶 用于胃痛

[配方组成]

金盏花 12克 
鸭拓草 10克 
红茶 5克 

[制作方法]

❶ 将3种材料放入水杯中。
❷ 先用冲洗一遍，再注入沸水。
❸ 加盖冲泡10分钟后饮用。

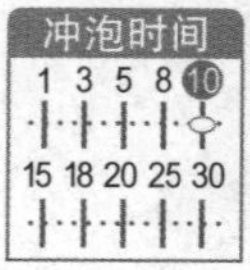

[饮用方法]

每日1剂，代茶温饮。

养生功效

可促进血液循环、缓解肿痛、调节肠胃功能。

饮用宜忌

适宜胃痛、湿热肿痛者饮用。孕妇不宜饮用。

玫瑰佛手茶 用于肝胃不和

[配方组成]

玫瑰 3朵 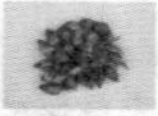
佛手 8克 

[制作方法]

❶ 将佛手切片，同玫瑰放入杯中。
❷ 先用水冲洗一遍，再注入沸水。
❸ 加盖冲泡10分钟后饮用。

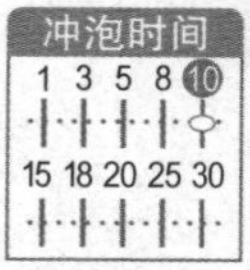

[饮用方法]

每日1剂，代茶温饮。

养生功效

具有健脾、理气止呕的功效。

饮用宜忌

适宜肝胃不和、胃痛者饮用。阴虚有火，无气滞症状者慎饮。

健康饮茶问与答

问 松萝茶有哪些特征？

答 松萝茶为历史名茶，属于绿茶类别，创于明初，产于黄山市休宁县休歙边界黄山余脉的松萝山。松萝茶的品质特点是：条索紧卷匀壮，色泽绿润；香气高爽，滋味浓厚，带有橄榄香味；汤色绿明，叶底绿嫩。松萝茶含有较多的营养成分和药效成分，有抗癌、抗衰老、助消化、利尿、防辐射、减肥、提神、解渴的作用。

九节小白菜根茶 用于慢性胃炎

[配方组成]

九节茶 10克  小白菜根 10克 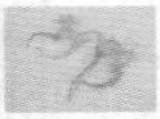 红茶 5克 

[制作方法]

❶ 小白菜根洗净、改刀。
❷ 九节茶和红茶洗净，放入杯中。
❸ 沸水冲泡10分钟后饮用。

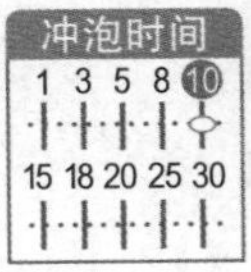

[饮用方法]

每日1剂，代茶温饮。

饮用宜忌

适宜肠胃疾病、筋骨伤痛者饮用。阴虚火旺及孕妇忌饮。

养生功效

具有清肠消炎、强健筋骨的功效。

厚朴洋参茶 用于胃部胀痛

[配方组成]

厚朴 10克  西洋参 10克 

[制作方法]

❶ 将厚朴和西洋参洗净。
❷ 放入锅中，注入3碗水。
❸ 熬制30分钟，取汁饮用。

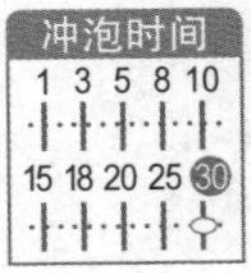

[饮用方法]

每日1剂，代茶温饮。

饮用宜忌

适宜胃胀、胃消化慢者饮用。阴虚液燥者及孕妇忌饮。

养生功效

具有行气消积、调节脾胃的功效。

健康饮茶问与答

问 老竹大方茶有哪些特征？

答 老竹大方茶为历史名茶，属于绿茶类别，产于安徽歙县东北部皖浙交界的昱岭关附近。大方茶的炒制分：系摘、杀青、揉捻、做坯、拷扁、辉锅五道工序。外形宽大扁平匀整，色泽黄绿或深绿如竹叶，并带油黑，故有“竹叶铁色大方”之称。表面光润，茶汤淡秀绿，香气高浓，而有熟栗子香，味浓而爽口，叶底黄绿肥大。

牛蒡菠萝茶 用于慢性胃炎

[配方组成]

牛蒡 20克  菠萝 20克  蜂蜜 少许 

[制作方法]

❶ 将牛蒡和菠萝洗净、切片。
❷ 放入锅中，注入适量水。
❸ 熬制20分钟后，取汁饮用。

[饮用方法]

每日1剂，代茶温饮。

冲泡时间
1 3 5 8 10
15 18 20 25 30

✲ 养生功效

可以帮助肠胃消化和促进肠胃吸收。

饮用宜忌

适宜食欲不振、积食不下者饮用。脾胃虚寒、低血压者及孕妇不宜饮用。

木香厚朴茶 用于胃胀气

[配方组成]

厚朴 8克  木香 10克 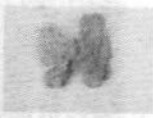 蜂蜜 少许 

[制作方法]

❶ 将厚朴和木香洗净。
❷ 放入锅中，熬制30分钟。
❸ 取汁，添加蜂蜜饮用。

[饮用方法]

每日1剂，代茶温饮。

冲泡时间
1 3 5 8 10
15 18 20 25 30

✲ 养生功效

具有消除胀气、帮助消化的功效。

饮用宜忌

适宜反胃呕逆、脾胃气滞者饮用。阴虚液燥者及孕妇忌饮。

健康饮茶问与答

问 紫霞贡茶有哪些特征?

答 紫霞贡茶属于绿茶类别，现产于今黄山市紫霞山。紫霞贡茶为芽型茶，色泽淡绿，香气高长，汤色明亮。紫霞贡茶宜用玻璃杯冲泡，水注入杯中后，开始茶芽随水横于水面，随着茶芽吸水而悬立水面下，继而随着茶芽不断吸水，先慢后快地在水中下沉；吸足水后的茶芽沉触杯底又向上浮动，再下沉杯底。

小白菜根蒲公英茶 健胃止痛

[配方组成]

小白菜根 15克  蒲公英 10克  蜂蜜 少许 

[制作方法]

❶ 将小白菜根和蒲公英洗净。
❷ 放入锅中，熬制20分钟。
❸ 取汁，添加蜂蜜饮用。

[饮用方法]

每日1剂，代茶温饮。

冲泡时间
1 3 5 8 10
15 18 20 25 30

✲ 养生功效

具有健胃止痛、解热化积的功效。

饮用宜忌

适宜反胃呕逆、脾胃气滞者饮用。寒凉体质慎饮。

洋甘菊薰衣草茶 用于胃胀气

[配方组成]

洋甘菊 10克  薰衣草 10克 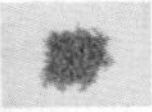

[制作方法]

❶ 将2种茶材洗净。
❷ 放入水杯中，注入沸水。
❸ 加盖闷15分钟后饮用。

[饮用方法]

每日1剂，代茶温饮。

冲泡时间
1 3 5 8 10
15 18 20 25 30

✲ 养生功效

具有理气和中、化湿行气的功效。

饮用宜忌

适宜胃胀气、胃反酸者饮用。孕妇不宜经常饮用。

健康饮茶问与答

问 黄山松针有哪些特征？

答 黄山松针为新创名茶，属于绿茶类别，产于安徽黄山市屯溪实验茶场。工艺流程为：摊青、筛分、杀青、揉捻、解块、甩条、初烘、搓条、拉条、筛分、足干、装箱密封。其品质特征是外形紧细、圆直，白毫显露挺秀如针，色绿油润光亮，内质香气高爽、鲜嫩，有幽雅的熟板栗香，汤色浅绿清澈，滋味鲜醇，叶底嫩绿明亮，匀齐。

甘姜红枣陈皮饮 行气和胃

[配方组成]

甘草 5克 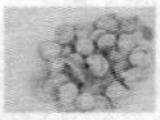
红枣 3颗 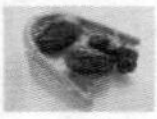
陈皮 5克 

[制作方法]

❶ 将3种茶材洗净。
❷ 放入砂锅中，注入适量水。
❸ 熬制30分钟，取汁饮用。

[饮用方法]

每日1剂，代茶温饮。

冲泡时间
1 3 5 8 10
15 18 20 25 30（30）

✲ 养生功效

具有燥湿运脾、行气止痛的功效。

饮用宜忌

适宜慢性胃炎、胃下垂者饮用。胃热内盛、口干舌红者不可饮用。

杏仁甘姜茶 缓急止痛

[配方组成]

杏仁 15克 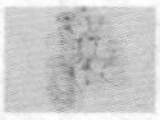
甘草 8克 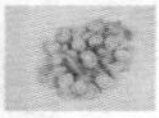
生姜 10克 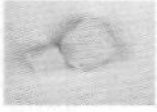

[制作方法]

❶ 将3种茶材洗净。
❷ 放入水杯中，注入沸水。
❸ 加盖闷15分钟后饮用。

[饮用方法]

每日1剂，代茶温饮。

冲泡时间
1 3 5 8 10
（15）18 20 25 30

✲ 养生功效

可缓急止痛，调节胃功能。

饮用宜忌

适宜脾胃虚弱、胃脘疼痛者饮用。阴虚咳嗽及泻痢便溏者不可饮用。

健康饮茶问与答

问 **九华毛峰有哪些特征？**

答 九华毛峰又称黄石溪毛峰，为历史名茶，属于绿茶类别。产于九华山及其周边地区，它是以地方茶树良种优质鲜叶为原料，按照特定工艺加工而成的，其外形扁直呈佛手状。此茶的品质特征是，外形芽叶匀整、大小一致，色泽翠绿、鲜润显毫；内质香高味醇，汤色碧绿明亮，滋味鲜醇爽口。

肉桂蜂蜜红茶 散寒止痛

[配方组成]

肉桂 5克 
红茶 5克 
蜂蜜 适量 

[制作方法]

❶ 肉桂捣碎，与红茶放入杯中。
❷ 注入沸水，闷15分钟。
❸ 待水变温，添加蜂蜜饮用。

养生功效

具有散寒止痛、暖脾胃、除冷积的功效。

[饮用方法]

每日1剂，代茶温饮。

饮用宜忌

适宜胃痛腹泻、心腹冷痛患者饮用。阴虚火旺、里有实火者不可饮用。

茉莉红茶 理气止痛

[配方组成]

茉莉 10克 
红茶 5克 

[制作方法]

❶ 将茉莉和红茶放入杯中。
❷ 用沸水冲洗一遍。
❸ 再注入沸水，闷5分钟饮用。

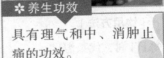

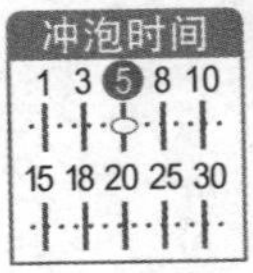

养生功效

具有理气和中、消肿止痛的功效。

[饮用方法]

每日1剂，代茶温饮。

饮用宜忌

适宜脘腹胀痛、目赤肿痛者饮用。火热内盛、燥结便秘者不可饮用。

健康饮茶问与答

问 仙寓香芽有哪些特征？

答 仙寓香芽为新创名茶，属绿茶类。创制于1992年，产于皖南石台县仙寓山麓的珂田乡和仙寓山林场。仙寓系列名优茶有十余个品种，其中仙寓香芽最为优秀，其品质特征是外形尖细挺直、全芽肥嫩，洁白如雪，色泽嫩绿新黄，茶汤清澈明亮，香气清高持久，滋味醇甜隽永，叶底匀嫩。

木瓜桑叶红枣茶 和胃化湿

[配方组成]

木瓜 1/4个  桑叶 5克 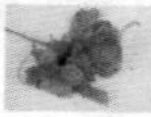 红枣 3个 

[制作方法]

❶ 将3种茶材洗净，木瓜切块。
❷ 所有茶材一起放入水杯中。
❸ 注入沸水，闷10分钟饮用。

[饮用方法]

每日1剂，代茶温饮。

冲泡时间 1 3 5 8 10 15 18 20 25 30

✲养生功效

具有和胃化湿、健胃消食的功效。

饮用宜忌

适宜慢性胃炎、消化不良、胃痛者饮用。孕妇及过敏体质者不可饮用。

半夏生姜红糖茶 温中暖胃

[配方组成]

半夏 5克 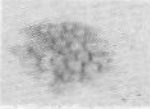 生姜 10克  红糖 适量 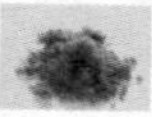

[制作方法]

❶ 将半夏、生姜洗净。
❷ 连同红糖放入砂锅中。
❸ 注入适量水，熬制20分钟饮用。

[饮用方法]

每日1剂，代茶温饮。

冲泡时间 1 3 5 8 10 15 18 20 25 30

✲养生功效

具有燥湿化痰、温中暖胃的功效。

饮用宜忌

适宜胃寒、痰饮、呕吐者饮用。阴虚燥咳、津伤口渴者不可饮用。

健康饮茶问与答

问 东至云尖有哪些特征？

答 东至云尖为新创名茶，属于绿茶类别。产于安徽省东至县东南部深山区，为地方名茶。此茶在清明前后4~5天采摘，以一芽一叶出展鲜叶制成特级茶。东至云尖茶的品质特征是，外形扁平翠绿；内质滋味鲜醇柔和，兰香高锐持久，汤色嫩绿明亮，叶底肥嫩绿黄。

党参红花茶 用于胃脘疼痛

[配方组成]

党参 5克  红花 5克 

[制作方法]

❶ 将2种茶材洗净。
❷ 一起放入水杯中。
❸ 注入沸水，闷10分钟饮用。

[饮用方法]

每日1剂，代茶温饮。

饮用宜忌

适宜胃脘疼痛者饮用。气滞、怒火盛者禁饮。

养生功效

具有温胃止痛、补中益气的功效。

黄芪山药陈皮茶 用于食后腹胀

[配方组成]

黄芪 5克  山药 10克  陈皮 5克 

[制作方法]

❶ 将3种茶材洗净，黄芪、陈皮切碎，山药去皮切小块。
❷ 将所有茶材放入砂锅中，注入适量水。
❸ 熬制30分钟，取汁饮用。

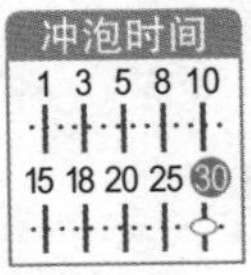

[饮用方法]

每日1剂，代茶温饮。

饮用宜忌

适宜胃脘胀痛、胃痛者饮用。小儿急性肾炎不可饮用。

养生功效

具有补气固表、和胃止痛的功效。

健康饮茶问与答

问 铜陵野雀舌有哪些特征？

答 铜陵野雀舌简称野雀舌，为历史名茶，属绿茶类。此茶外形微扁、形似矛、嫩香、滋味鲜爽、汤色清澈明亮、叶底嫩绿明亮。品起“野雀舌”来，喜闻幽香，先啜苦涩，未及皱眉，便有芳香袭来，再啜一口，清香沁肺，直抵心田，又品一口，两腮生津，苦尽甘来，饮之如是再三，茶香活泼，回味无穷。

小白菜根陈皮茶 和胃化积

[配方组成]

小白菜根 15克 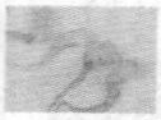 陈皮 10克  蜂蜜 少许 

[制作方法]

❶ 将小白菜根和陈皮洗净。
❷ 放入锅中，熬制20分钟。
❸ 取汁，添加蜂蜜饮用。

[饮用方法]

每日1剂，代茶温饮。

冲泡时间

1 3 5 8 10
15 18 20 25 30

养生功效

具有和胃化积、健脾止痛的功效。

饮用宜忌

适宜胃胀气、脾胃不和者饮用。便溏者不宜饮用。

马鞭草蜜茶 健胃整肠

[配方组成]

马鞭草 8克  蜂蜜 少许 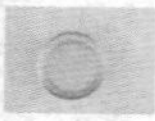

[制作方法]

❶ 将马鞭草洗净，放入水杯中。
❷ 注入沸水，闷10分钟。
❸ 待水变温，添加蜂蜜饮用。

[饮用方法]

每日1剂，代茶温饮。

冲泡时间

1 3 5 8 10
15 18 20 25 30

养生功效

具有健胃整肠、助消化的功效。

饮用宜忌

适宜水肿、胃胀气者饮用。低血压、寒性体质者，及孕妇不宜饮用。

健康饮茶问与答

问 涌溪火青有哪些特征？

答 涌溪火青为历史名茶，属于绿茶类别。产于安徽省泾县城东70公里涌溪山的丰坑、盘坑、石井坑湾头山一带。涌溪火青外形腰圆，紧结重实，色泽墨绿，油润显毫，白毫隐伏，毫光显露，形如珠粒，落杯有声，入水即沉，回味甘甜。冲泡后形似花苞绽放，幽兰出谷。又因为沉底迅速，人们又称之为“落水沉”。

预防便秘

■ 次数减少　■ 干燥　■ 量减少

便秘是由于大便在体内停留时间过长而形成，为临床上的常见疾病之一。便秘的判断比较复杂，一般排便次数减少、大便秘结不通、大便干燥、粪便量减少、排便费力、排便后没有正常的舒适感等，都可以说是便秘的症状。便秘又可称为“万病之源”，除了本身就是病症外，还会引起其他一些疾病，如痔疮、肛裂、眩晕、心律不齐等。便秘可分为习惯性便秘和器质性便秘两类。而有些方便的小茶包，可以温和舒适地帮您缓解此类症状。

桃花红糖茶　活血、调理便秘

[配方组成]

干桃花 2克 

红糖 适量 

[制作方法]

❶ 把桃花放入杯中，先冲洗一遍。
❷ 将水倒出后，放入红糖。
❸ 注入沸水，闷5分钟后饮用。

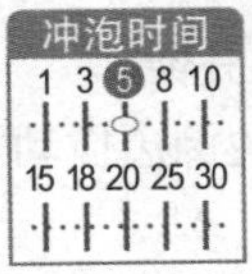

养生功效

有化解干粪塞肠、胀痛不通之效。

[饮用方法]

代茶饮用，每日2剂。

饮用宜忌

适宜燥热型便秘者饮用。
便通须停，不适宜久饮。

1. 要养成每天定时蹲厕所的习惯，有便意时不要忍，马上去大便，这样有利于形成正常排便的条件反射。
2. 饮食应该增加含植物纤维素较多的粗质蔬菜和水果，适量饮用粗糙多渣的杂粮。
3. 适当吃一些富含油脂类的干果，如松子、芝麻、核桃仁、花生等。
4. 少吃肉类和动物内脏等高蛋白、高胆固醇食物，少吃辛辣刺激性食物。
5. 生活上劳逸结合，保持心情舒畅，经常参加体育运动；腹部按摩也有助于排便。

蜂蜜香油饮 排毒、润肠、通便

[配方组成]

蜂蜜 1匙  香油 1匙 

[制作方法]

❶ 把蜂蜜和香油放入杯中。
❷ 注入小半杯温水。
❸ 水温不要超过40℃，调匀饮用。

[饮用方法]

每天2次，早晚空腹时饮用。

冲泡时间：1 3 5 8 10 15 18 20 25 30（1分钟）

养生功效

具有排毒、润肠、通便的功效。

饮用宜忌

适合体虚而又便秘的人，尤其适合老年习惯性便秘。水温不要太低，会刺激肠胃。

菊花冲面茶 清肠热、排毒

[配方组成]

面粉 20克  菊花 3克 

[制作方法]

❶ 将面粉放入杯中，菊花用水冲泡5分钟。
❷ 等水变温，缓缓倒入面粉杯中，边倒边搅动。
❸ 搅拌均匀使其变成糊状。

[饮用方法]

将面茶1次喝下去，每天1~2次就见效。

冲泡时间：1 3 5 8 10 15 18 20 25 30（5分钟）

养生功效

缓解日常生活中大便干燥引起的便秘。

饮用宜忌

适宜身体里有毒素、便秘的人饮用。排便困难以及长期便秘的人不适合。

健康饮茶问与答

问 经常醉酒后饮茶好吗？

答 茶叶有兴奋神经中枢的作用，醉酒后喝浓茶会加重心脏负担。饮茶还有利尿作用，使酒精中有毒的醛尚未分解就从肾脏排出，对肾脏有较大的刺激性而危害健康。因此，对心肾生病或功能较差的人来说，酒后不要饮茶，尤其不能饮大量的浓茶；对身体健康的人来说，可以饮少量的浓茶。

芦荟苹果饮 排毒、清肠

[配方组成]

新鲜芦荟 20克  苹果 1个  冰糖 30克 

[制作方法]

❶ 芦荟和苹果均洗净、去皮、切丁。
❷ 将2种材料放入锅中。
❸ 放入冰糖搅动，熬30分钟后调饮即可。

[饮用方法]

每次取2匙，放入水杯中，加纯净水稀释饮用。

冲泡时间

1 3 5 8 10
15 18 20 25 30

✲养生功效

排毒清肠胃，对肠胃有热、经常便秘的年轻人有帮助。

饮用宜忌

此茶尤其适合脸上长斑、长痘的女性。体质虚弱者不要过量饮用，否则容易发生过敏。

枸杞麦冬茶 调理腹胀、便秘

[配方组成]

枸杞子 20克  麦冬 20克 

[制作方法]

❶ 将麦冬切碎，同枸杞子混合。
❷ 分成5份，分别装入茶包袋中。
❸ 取1袋，沸水冲泡15分钟后饮用。

[饮用方法]

代茶饮用，每日1剂。

冲泡时间

1 3 5 8 10
15 18 20 25 30

✲养生功效

养阴生津，缓解大便干燥。

饮用宜忌

枸杞泡茶不宜与绿茶搭配。喝这款茶时不要吃鲤鱼。

健康饮茶问与答

问 **喝绿茶好还是喝红茶好？**

答 两种茶叶对人体都有益，但作用方式不尽相同。绿茶保持了茶叶原有的三大功能性营养成分，即茶多酚、茶氨酸、茶多糖。其主要物质“茶多酚”经高温发酵后会转变成“茶黄素”，而红茶里茶黄素的多寡是决定茶汤色泽的重要物质。总而言之，无论红茶、绿茶还是乌龙茶均为天然健康饮品。

◀罗汉清肠饮　排毒、清肺热

[配方组成]

罗汉果 7个 

[制作方法]

❶ 把罗汉果压破、掰开，连皮带籽一起放入锅中。
❷ 加3杯清水煮开后，转小火煮30分钟。
❸ 煮到只剩大约1杯水的量，滗出药汁。

[饮用方法]

每次取大约1/3杯，放入杯中，加开水温热饮用。

✲ 养生功效

对于清肺化痰、润肠通便具有一定疗效。

饮用宜忌

适用于肺热或肺燥咳嗽、百日咳者。罗汉果不可以直接泡茶喝，一定要煮过。

◀甘草乌梅汤　调理大便时干时稀

[配方组成]

乌梅 20克 　炙甘草 20克 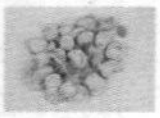

[制作方法]

❶ 把乌梅和炙甘草混合。
❷ 分成5份，分别装入茶包袋中。
❸ 取1袋，沸水冲泡，闷20分钟后饮用。

[饮用方法]

代茶饮用，每日2剂。

✲ 养生功效

暖中和胃，调理大便时干时稀。

饮用宜忌

适宜肚子胀气、便秘、腹泻者饮用。心力衰竭、胃肠虚弱、下利者不宜饮用。

健康饮茶问与答

问　**为什么新茶比陈茶好喝？**

答　新茶是指当年生产加工的茶叶，陈茶是指隔年生产的茶叶。新茶比陈茶好喝，主要是由于新茶内含的氨基酸、维生素、芳香类等物质尚未被破坏和散失；而陈茶中的氨基酸、维生素等在存放过程中被逐渐氧化而陈化，在味觉上出现不同程度的怪味，在营养方面更是所剩无几，所以新茶比陈茶好喝。

牛蒡茶 清血排毒、通便

[配方组成]

牛蒡 1根

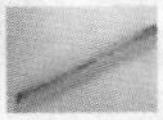

[制作方法]

❶ 将牛蒡洗干净、切细丝。
❷ 再将牛蒡入炒锅，炒到干脆。
❸ 取1小把，沸水冲泡，闷10分钟饮用。

冲泡时间：1 3 5 8 10 15 18 20 25 30

✲养生功效

具有排毒清血、降压通便之效。

[饮用方法]

代茶温饮，每日1~2剂。

饮用宜忌

适宜大便燥结、脸上有青春痘的人饮用。孕妇和婴儿为特殊人群，建议不要饮用。

牵牛子姜片茶 去毒利便

[配方组成]

牵牛子 20克

生姜 1大块

[制作方法]

❶ 将牵牛子入锅炒制2分钟。
❷ 生姜切片，每次取2片生姜和5克牵牛子。
❸ 用沸水冲泡，闷10分钟后饮用。

冲泡时间：1 3 5 8 10 15 18 20 25 30

✲养生功效

具有消痰润肺、去毒排便的功效。

[饮用方法]

每日1剂，代茶饮用。

饮用宜忌

适宜水肿胀满、二便不通者饮用。孕妇及胃弱气虚者忌饮。

健康饮茶问与答

问 **为什么喝茶可以抗辐射？**

答 茶叶具有抗放射升高白细胞的作用，与茶所含的茶多酚类、茶脂多糖、咖啡因、氨基酸、糖、维生素、无机盐等有关。茶中的多酚类、脂多糖还具有抗氧化作用；茶中的咖啡因等物质具有利尿、促进排泄等作用；氨基酸、维生素、矿物质参与酶的组成和代谢过程。因此饮茶具有抗辐射的功效。

决明麻仁茶 用于大便燥结

[配方组成]

决明子 10克 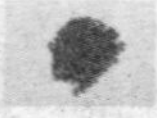 火麻仁 10克 

[制作方法]

❶ 将火麻仁洗净、炒香、研碎。
❷ 决明子洗净，连同火麻仁放入锅中。
❸ 熬煮30分钟后，取汁饮用。

冲泡时间
1 3 5 8 10
15 18 20 25 30

[饮用方法]

每日1剂，代茶温饮。

养生功效

具有润燥滑肠、滋养补虚的功效。

饮用宜忌

适宜肠燥便秘者饮用。急性肠炎泻下稀水者忌饮。

芝麻核桃玫瑰茶 用于便秘

[配方组成]

芝麻 15克  核桃仁 15克  干玫瑰 6朵 

[制作方法]

❶ 芝麻炒熟，核桃仁捣碎，同玫瑰混合。
❷ 分成3等份，分别装入茶包袋中。
❸ 取1小袋，用沸水冲泡，闷15分钟。

冲泡时间
1 3 5 8 10
15 18 20 25 30

[饮用方法]

代茶温饮，每日1~2剂。

养生功效

具有清热去火、增强胃肠动力的作用。

饮用宜忌

适宜内火旺盛、便秘者饮用。燥性咳嗽、喉咙肿痛、牙痛者慎饮。

健康饮茶问与答

问 敬亭绿雪有哪些特征？

答 敬亭绿雪为恢复制作的历史名茶，属于绿茶类别，产于安徽省宣城市北敬亭山。敬亭绿雪的制造分杀青、做形、烘干三道工序。敬亭绿雪的品质特征是：形如雀舌，挺直饱满，茶叶肥壮，全身白毫，色泽翠绿；泡后，汤色清澈明亮，白毫翻滚，如雪花飞舞；香气鲜浓，似绿雾结顶。

决明子蜜茶 润肠通便

[配方组成]

决明子 8克 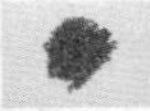
蜂蜜 适量 

[制作方法]

❶ 将决明子捣碎，放入杯中。
❷ 先冲洗一下，再加入沸水冲泡。
❸ 闷10分钟，待变凉后添加蜂蜜饮用。

[饮用方法]

代茶温饮，每日1剂。

饮用宜忌

适宜内热有火、大便燥结的人饮用。大便泄泻者慎饮。

养生功效

具有降压消火、润肠通便的功效。

杏仁松子仁蜜茶 润肠、清肠

[配方组成]

杏仁 15克 
松子仁 15克 
蜂蜜 适量 

[制作方法]

❶ 将杏仁和松子仁捣碎，混合均匀。
❷ 分成3等份，分别装入茶包袋中。
❸ 取1小袋，用沸水冲泡，闷15分钟。

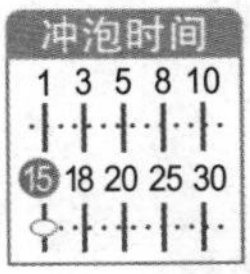

[饮用方法]

代茶温饮，每日1~2剂，添加蜂蜜饮用。

饮用宜忌

适宜肥胖、便秘者饮用。风热、湿痰咳嗽者慎饮。

养生功效

具有润肠、清肠的功效。

健康饮茶问与答

问 瑞草魁有哪些特征?

答 瑞草魁又名鸦山茶，是恢复制作的历史名茶，属于绿茶类别，产于安徽南部的鸦山。瑞草魁的制造分杀青、理条做形、烘焙三道工序。其品质特点是，外形挺直略扁，肥硕饱满，大小匀齐，形状一致，色泽翠绿，白毫隐现，香气高长，清香持久，汤色淡黄绿，清澈明亮，滋味鲜醇爽口，回味隽厚，叶底嫩绿明亮，均匀成朵。

决明子白菊花绿茶 清热通便

[配方组成]

决明子 8克  白菊花 2朵  绿茶 5克 

[制作方法]

❶ 决明子洗净，同菊花、绿茶放入杯中。
❷ 先冲洗一下，再加入沸水冲泡。
❸ 闷10分钟后饮用。

[饮用方法]

代茶温饮，每日1剂。

冲泡时间
1 3 5 8 10
15 18 20 25 30

养生功效

具有清热通便、清肝益肾的功效。

饮用宜忌

适宜便秘、火气大的人饮用。气虚胃寒、拉肚子患者避免饮用。

桃花蜜茶 泻下通便

[配方组成]

桃花 8克  蜂蜜 适量 

[制作方法]

❶ 将桃花放入杯中，先冲洗一下。
❷ 再加入沸水冲泡，闷10分钟。
❸ 待水变温后，添加蜂蜜饮用。

[饮用方法]

代茶温饮，每日1剂。

冲泡时间
1 3 5 8 10
15 18 20 25 30

养生功效

具有清热去火、泻下通便的功效。

饮用宜忌

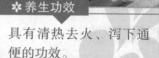

适宜痰饮积滞、二便不利者饮用。孕妇不宜饮用。

健康饮茶问与答

问 **黄花云尖有哪些特征？**

答 黄花云尖为新创名茶，属于绿茶类别，产于皖南山区的宁国市。制茶分摊放、杀青、头烘、二烘、复烘等工序。此茶外形挺直如梭，壮实匀齐，色泽翠绿显毫，大小均匀一致；冲泡后，花香清高持久，滋味醇爽回甘，汤色淡绿，清澈明亮；叶底嫩绿匀亮，肥厚整齐。黄花云尖茶采摘精细，工艺精湛。

◀核桃绿茶 温肺润肠

[配方组成]

核桃 8克  绿茶 5克 

[制作方法]

❶ 将核桃捣碎，同绿茶放入杯中。

❷ 先冲洗一下，再加入沸水冲泡。

❸ 闷5分钟后饮用。

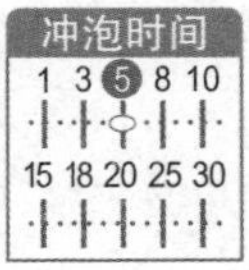

[饮用方法]

代茶温饮，每日1剂。

✲养生功效

具有温肺润肠、清热去火的功效。

饮用宜忌

适宜大便燥结者饮用。失眠、胃寒者，孕妇及产妇均忌饮。

◀火麻仁芝麻茶 润肠通便

[配方组成]

芝麻 10克  火麻仁 8克 

[制作方法]

❶ 将火麻仁、芝麻洗净、炒香、研碎。

❷ 一起放入锅中，注入适量水。

❸ 熬煮30分钟后，取汁饮用。

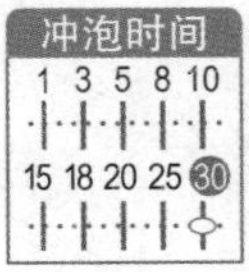

[饮用方法]

每日1剂，代茶温饮。

✲养生功效

具有润肠通便、清火除燥的功效。

饮用宜忌

适宜肠燥便秘者饮用。急性肠炎泻下稀水者忌饮。

健康饮茶问与答

问 天山真香有哪些特征？

答 天山真香为新创名茶，属于绿茶类别，产于安徽省旌德县天山一带，属黄山山脉东北麓。天山真香多为“明前茶”，外形挺直略扁，色泽翠绿、芽壮毫显；汤色浅绿清明，香气浓郁高长，茶香异常持久，滋味醇厚鲜爽，叶底嫩绿明亮。品饮天山真香，别有一番情趣，几泡之后，茶香犹存，余韵悠长。

火麻仁茶 用于习惯性便秘

[配方组成]

火麻仁 8克  红糖 适量 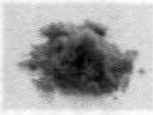

[制作方法]

❶ 将火麻仁洗净、炒香、研碎。
❷ 同红糖放入锅中，注入适量水。
❸ 熬煮30分钟后，取汁饮用。

[饮用方法]

每日1剂，代茶温饮。

饮用宜忌

适宜肠燥便秘者饮用。急性肠炎泻下稀水者忌饮。

养生功效

具有润燥滑肠、滋养补虚的功效。

葱白阿胶茶 用于气虚所致的便秘

[配方组成]

葱白 1根  阿胶 15克 

[制作方法]

❶ 将葱白洗净、切段。
❷ 放入锅中，熬煮10分钟。
❸ 取汁，添加阿胶饮用。

[饮用方法]

每日1剂，代茶温饮。

饮用宜忌

适宜气虚型便秘者饮用。表虚多汗者忌饮。

养生功效

具有温肠通便、滋养补虚的功效。

健康饮茶问与答

问 祠岗翠毫有哪些特征?

答 祠岗翠毫为新创名茶，属于绿茶类别。产于安徽省广德县境内的祠山岗茶场。此茶在3月中下旬采摘芽芯、一芽一叶。经摊青、杀青、理条、烘焙制成。其品质特征是芽形肥壮匀齐，白毫满破秀翠；内质香气高长，滋味鲜爽甘甜，汤色浅绿明亮，叶底芽形肥壮嫩黄。

白术生地茶 养阴通便

[配方组成]

白术 15克  生地 15克 

[制作方法]

❶ 将白术和生地捣碎，放入水杯中。
❷ 先用沸水冲泡一遍，再注入沸水。
❸ 冲泡10分钟后，取汁饮用。

[饮用方法]

每日1次，代茶温饮。

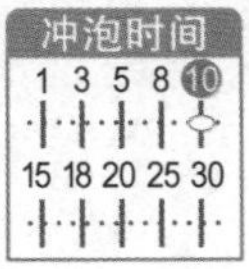

✲ 养生功效

具有养阴通便、健脾开胃的功效。

饮用宜忌

适宜脾胃不和、大便燥结者饮用。胃胀腹胀、气滞饱闷者不宜饮用。

灯芯草竹叶茶 清心火、利排便

[配方组成]

灯芯草 8克  竹叶 8克 

[制作方法]

❶ 将灯芯草和竹叶洗净。
❷ 放入水杯中，注入沸水。
❸ 闷10分钟后饮用。

[饮用方法]

每日1次，代茶温饮。

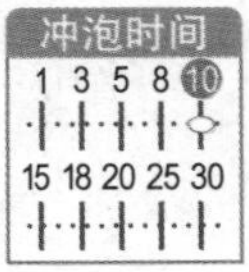

✲ 养生功效

具有清心火、利排便的功效。

饮用宜忌

适宜内火大、便秘者饮用。脾胃虚寒者慎饮。

健康饮茶问与答

问 西涧春雪有哪些特征?

答 西涧春雪为新创名茶，属于绿茶类别。产于安徽省滁州市南谯区皇甫山林场，特级为手工制造，1~3级为机制名茶。制造分杀青、烘焙2道工序。杀青后期结合做形，烘焙分毛烘、复焙2次。其品质特征是芽头饱满，芽叶抱合挺直稍扁，色泽绿润，披毫似雪；清香高长，汤色清澈明亮，滋味鲜爽，有花香味，叶底全芽嫩绿匀整。

番泻叶决明茶 润肠排毒

[配方组成]

番泻叶 3克 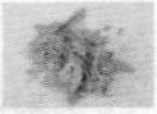
决明子 15克 

[制作方法]

1. 将番泻叶和决明子洗净。
2. 放入水杯中，注入沸水。
3. 闷10分钟后饮用。

[饮用方法]

每日1次，代茶温饮。

养生功效

具有清泄实热、润肠排毒的功效。

饮用宜忌

适宜热结积滞、便秘腹痛者饮用。孕妇、体虚及中寒泄泻者慎饮。

大黄通便茶 通便排毒

[配方组成]

大黄 5克 

[制作方法]

1. 将大黄洗净。
2. 放入水杯中，注入沸水。
3. 闷10分钟后饮用。

[饮用方法]

每日1次，代茶温饮。

养生功效

具有攻积滞、清湿热的功效。

饮用宜忌

适宜实热便秘、热结泻痢者饮用。脾胃虚弱，以及处于经期、孕期的女性慎饮。

健康饮茶问与答

问 白云春毫有哪些特征？

答 白云春毫为新创名茶，属于绿茶类别。原型为“二姑尖毛峰”的小筒茶，产于安徽省庐江县。此茶在清明前后采制，特级茶为一芽一叶出展。白云春毫茶的品质特征是，外形微扁平，形似雀舌，色泽绿润，白毫显露；内质汤色黄绿明亮，香气清爽悠长，滋味鲜醇回甘，叶底黄绿匀齐，芽叶肥壮完整。

第三章

四季保健茶包

春季温补

■ 肝脏　■ 脾胃　■ 甘味

冬去春来，大地转暖，万物复苏，是各种病原微生物易于生长繁殖和作祟的最佳时间。按照中医的养生观点，春季养生需要好好调养肝脏、脾胃，可以增强免疫力，让精力更充沛。春天草木萌发，肝气也升发起来了，要给它疏泄的通道；而脾为气血生化之源，养好脾胃，气血充足，才能为整年的健康打下坚实的基础。我们在搭配茶饮的时候，在酸味的茶饮中加些甘味，能增强滋阴的作用；在辛味的茶饮中加些甘味，能增强助阳的作用。

蜂蜜陈皮茶　疏肝、养胃、健脾

[配方组成]

陈皮 10克 　蜂蜜 适量 

[制作方法]

❶ 陈皮洗净、撕成小块，放入水杯中。
❷ 先用沸水冲洗一下，再次注入沸水。
❸ 闷20分钟后，待水变温，放入蜂蜜。

[饮用方法]

每日1~2剂，代茶温饮。

养生功效

对于春季疏肝养胃、清火健脾具有一定疗效。

饮用宜忌

适宜脾胃不和、肝郁气滞者饮用。
气虚体燥、阴虚燥咳的人慎饮。

冲泡时间：1 3 5 8 10 15 18 **20** 25 30

养生小贴士

1. 春天最好禁烟、禁酒，饮食七分饱，这样会让你的身体更有活力。
2. 多喝果汁可以清肠，两周内不摄入任何糖和咖啡因等都是不错的选择。
3. 整个寒冷的冬天，人的身体仿佛都是蜷缩着的，因此春天最适合做的就是伸展运动，以唤醒身体。
4. 春天应多做户外运动，室外不仅空气清新，花香还能使人放松，减轻压力。

玫瑰当归茶 活血利水、抗炎护肝

[配方组成]

干玫瑰 2克  当归 2克 

[制作方法]

❶ 将玫瑰和当归放入杯中。

❷ 先冲洗一下，再加入沸水冲泡。

❸ 闷10分钟后饮用。

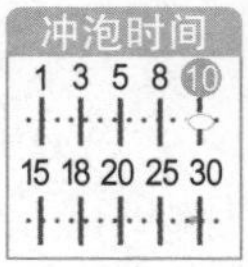

[饮用方法]

当茶饮用，每日2剂。

养生功效

春季饮用可帮助新陈代谢、调整内分泌、补血养颜。

饮用宜忌

适宜情绪不佳、脸色黯淡者饮用。内热炽盛的人慎饮。

冰糖木蝴蝶饮 清热解毒、利咽

[配方组成]

木蝴蝶 5克  冰糖 适量 

[制作方法]

❶ 将木蝴蝶洗净，并剪成碎片，放入锅内。

❷ 加入适量清水煮沸，放入冰糖。

❸ 再转小火熬制10分钟即可。

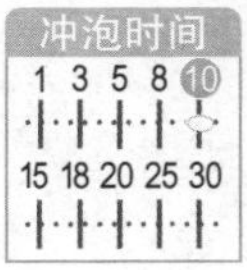

[饮用方法]

代茶温饮，每日1剂。

养生功效

具有疏肝理气、清热润燥的养生功效。

饮用宜忌

适用于咽部不适者，经常感觉咽干咽燥的上班族。脾胃虚弱的人慎饮。

健康饮茶问与答

问 什么是绿茶？

答 绿茶，又称不发酵茶。以茶树新叶或芽为原料，经杀青、揉捻、干燥等典型工艺过程制成的茶叶。其干茶色泽和冲泡后的茶汤、叶底以绿色为主调，故名。绿茶叶中的茶多酚咖啡因保留85%以上，叶绿素保留50%左右，维生素损失也较少，从而形成了绿茶“清汤绿叶，滋味收敛性强”的特点。

菊花玫瑰茶 平肝明目

[配方组成]

菊花 2朵  干玫瑰花 3朵 

[制作方法]

❶ 将玫瑰和菊花放入杯中。
❷ 先冲洗一下，再加入沸水冲泡。
❸ 闷5分钟后饮用。

冲泡时间
1 3 5 8 10
15 18 20 25 30

[饮用方法]

每日当茶饮用，每日2剂。

饮用宜忌

适合目赤肿痛、肝火旺者饮用　菊花茶不宜贪多，饮用需适量。

养生功效

春季饮用可平肝明目、疏肝解郁。

茉莉花茶 健脾安神

[配方组成]

茉莉花 3克 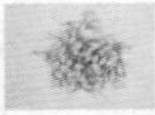 冰糖 适量 

[制作方法]

❶ 将茉莉花放入杯中。
❷ 先冲洗一下，再加入沸水冲泡。
❸ 放入冰糖，闷10分钟后饮用。

冲泡时间
1 3 5 8 10
15 18 20 25 30

[饮用方法]

代茶温饮，每日2剂。

饮用宜忌

适宜脾胃不和、肝郁气滞者饮用。脾胃虚弱的人慎饮。

养生功效

具有平肝解郁、健脾安神的养生功效。

健康饮茶问与答

问 为什么饮茶能助消化？

答 饮茶能助消化，可缓解肠胃和肌肉的紧张，镇静肠胃蠕动，同时有保护胃肠黏膜的作用，有利于肠瘘、胃瘘的治疗。另外，饮茶可加速胃液的排出，胆汁、胰液及肠液分泌亦随之提高。

桂花茶 宽中理气、健脾安神

[配方组成]

干桂花 1克 

红茶 2克 

[制作方法]

❶ 将桂花和红茶放入杯中。
❷ 先冲洗一下，再加入沸水冲泡。
❸ 闷5分钟后即可饮用。

冲泡时间
1 3 5 8 10
15 18 20 25 30

✲ 养生功效

具有理气宽中、健脾安神的养生功效。

[饮用方法]

早晚各饮1杯。

饮用宜忌

此茶适用于皮肤干燥、牙痛等症。患有神经衰弱或失眠症的人不宜饮用。

洋甘菊糖茶 缓解疲劳

[配方组成]

洋甘菊 5克 

冰糖 适量 

[制作方法]

❶ 将洋甘菊放入杯中，先冲洗一遍。
❷ 再注入沸水，添加冰糖。
❸ 闷5分钟后饮用。

冲泡时间
1 3 5 8 10
15 18 20 25 30

✲ 养生功效

有缓解疲劳、缓解头痛、降血压等功效。

[饮用方法]

代茶温饮，每日2剂。

饮用宜忌

适宜头痛、血瘀型痛经、鼻塞、急慢性鼻窦炎者饮用。儿童、孕妇、哺乳期妇女不适宜饮用。

健康饮茶问与答

问 为什么饮茶能杀菌消炎?

答 茶叶中含有多种杀菌成分，其中的醇类、醛类、酯类、酚类等为有机化合物，均有杀菌作用，但杀菌的作用机理不完全相同，有些干扰细菌代谢，有些则使细菌体内蛋白质变性。此外，茶叶的硫、碘、氯和氯化物等有机化合物，也具有杀菌消炎作用。这些物质多为水溶性，能浸泡到茶汤中，故茶有杀菌之功能。

洋葱苦瓜茶 清热解毒、防过敏

[配方组成]

洋葱 10克 
苦瓜 2片 

[制作方法]

1. 将洋葱洗净、切碎，苦瓜洗净、切片。
2. 先冲洗一下，再加入沸水冲泡。
3. 闷10分钟后饮用。

[饮用方法]

代茶温饮，每日1剂。

养生功效

可预防春季因各种病毒引起的过敏。

饮用宜忌

中老年人、青年男女、儿童、胃弱者都可长期饮用。脾胃虚寒的人群不宜饮用。

金银花姜片茶 清热、解毒

[配方组成]

金银花 2克 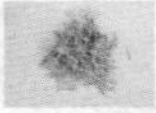
生姜 2片 

[制作方法]

1. 将生姜洗净。
2. 连同金银花放入杯中。
3. 沸水冲泡，闷5分钟后饮用。

[饮用方法]

代茶温饮，每日2剂。

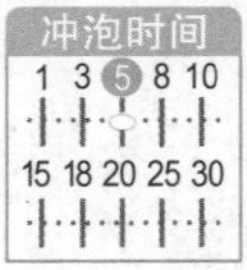

养生功效

具有清热解毒、舒筋活络、补血养血的功效。

饮用宜忌

适宜体内有火、肥胖的人饮用。虚寒体质的人不能饮用。

健康饮茶问与答

问 **长期饮茶会不会上瘾？**

答 茶叶也是一种兴奋剂，对人体的大脑中枢有刺激作用，因此，如果长期饮茶，那么突然不喝茶，自然就会觉得缺少点什么。不过，茶叶的这个作用相对于其他优点来说，是不足为道的。茶叶对人体带来的好处更大，具有明目、养肝、去毒、清热、帮助消化等作用。但有一点，就是不要太浓，适当就好。

金银花柠檬茶 排毒降火

[配方组成]

金银花 3克 

干柠檬 1片 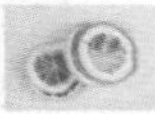

[制作方法]

1. 将柠檬片、金银花放入杯中。
2. 先冲洗一下，再次用沸水冲泡。
3. 闷5分钟后即可饮用。

[饮用方法]

代茶温饮，每日2剂。

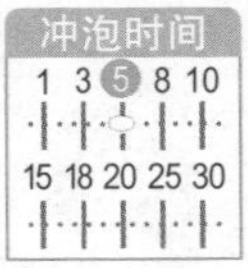

养生功效

具有清肠胃、排毒降火、防便秘的功效。

饮用宜忌

适宜火气旺、肠胃有火者饮用。儿童不能饮用此茶，会损伤牙齿。

陈皮柠檬茶 止痒、防过敏

[配方组成]

陈皮 5克 

干柠檬 1片 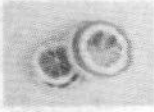

绿茶 5克 

[制作方法]

1. 将陈皮、柠檬、绿茶放入杯中。
2. 先冲洗一下，再次用沸水冲泡。
3. 闷10分钟后即可饮用。

[饮用方法]

代茶温饮，每日2剂。

养生功效

具有良好的抗春季过敏的作用，还有止痒的效果。

饮用宜忌

柠檬酸性强，胃不好的人饮用时应适量。不适宜体质阴虚，或气虚的人饮用。

健康饮茶问与答

问 喝茶会造成贫血吗？

答 因为茶叶中含有的大量鞣酸会与铁离子形成不溶性鞣酸铁而排出体外，致使铁丢失增加，吸收减少，从而可导致缺铁性贫血的发生。预防嗜茶引起的缺铁性贫血，应该限制茶量，每月饮茶量不应超过200克；其次，饮茶不宜过浓；并注意多食一些富含铁质的食物，如瘦肉、动物肝、蛋类、绿叶蔬菜等。

胡萝卜蜂蜜茶 补肝明目、清热解毒

[配方组成]

胡萝卜 半根 

蜂蜜 适量 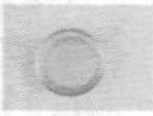

[制作方法]

❶ 将胡萝卜洗净、切薄片。
❷ 放入水杯中，用沸水冲泡。
❸ 闷10分钟后，加入蜂蜜饮用。

[饮用方法]

代茶温饮，每日2剂。

饮用宜忌

适宜夜盲症者饮用。脾胃虚寒的人不宜多饮。

养生功效

具有补肝明目、清热解毒的作用。

荷叶绿茶 清热去燥

[配方组成]

荷叶 5克 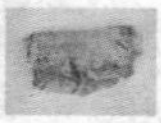

绿茶 5克 

[制作方法]

❶ 将荷叶、绿茶放入杯中。
❷ 先冲洗一下，再注入沸水。
❸ 闷5分钟后即可饮用。

[饮用方法]

代茶温饮，每日1剂。

饮用宜忌

适用于春季的困乏、食欲不振等症。孕妇应禁饮。

养生功效

具有除烦去燥、清热解毒的功效。

健康饮茶问与答

问 为什么饮茶能降血糖?

答 茶叶内含多种黄酮类抗氧化物质，能抵抗过度氧化的炎症反应，是一种理想的自然降血糖饮品。此外，茶中还含有茶多酚，可加强毛细血管韧性，防止毛细血管破裂出血；茶叶中的单宁酸可降低胆固醇，预防动脉硬化和脑中风。

鱼腥草绿茶 清热解毒

[配方组成]

鱼腥草 8克 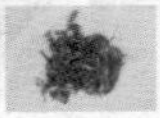 绿茶 3克 

[制作方法]

1. 将鱼腥草和绿茶放入水杯中。
2. 先用沸水冲洗一遍，再注入沸水。
3. 闷10分钟后饮用。

[饮用方法]

每日1剂，代茶温饮。

养生功效

具有健胃整肠、助消化的功效。

饮用宜忌

适宜水肿、胃胀气者饮用。脾肾两虚、气阴不足者不宜饮用。

桑菊枇杷叶茶 散风清热

[配方组成]

桑叶 12克 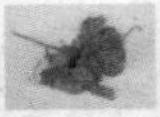 菊花 16克  枇杷叶 12克 

[制作方法]

1. 将上述药材洗净，混合在一起。
2. 分成3份待用。
3. 取1份，沸水冲泡，闷10分钟后饮用。

[饮用方法]

代茶饮用，每日1剂。

养生功效

具有散风清热、疏肝除燥的功效。

饮用宜忌

适宜目赤肿痛、肝火旺者饮用。风寒咳嗽者不宜饮用。

健康饮茶问与答

问 金寨翠眉有哪些特征?

答 金寨翠眉为新创名茶，属于绿茶类，产于安徽省金寨县齐山一带。因山高气寒受云雾之滋润，集天地之精华，其汤色清澈、色泽鲜美、滋味醇厚、香气醉人。其形状匀齐，碧绿显毫，泡开后如秀眉竖立杯中，汤色清澈绿明，饮之甘甜爽口，浓香馥郁持久，具有提神健胃、清热解毒、减肥抗衰老之功效。

决明子绿茶 用于春季眼睛干涩

[配方组成]

决明子 10克  绿茶 5克 

[制作方法]

1. 决明子炒黄，同绿茶放入水杯中。
2. 先冲泡一遍，再次注入沸水。
3. 加盖闷10分钟后饮用。

[饮用方法]

每日1剂，代茶温饮。

冲泡时间
1 3 5 8 10
15 18 20 25 30

养生功效

具有清肝明目、清热去火的功效。

饮用宜忌

适宜春季眼睛干涩、容易上火的人饮用。孕妇、体虚及中寒泄泻者慎饮。

柴胡甘草茶 适于春季养肝

[配方组成]

柴胡 5克  甘草 5克 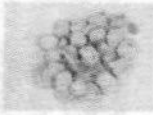

[制作方法]

1. 将柴胡和甘草洗净。
2. 放入锅中，注入适量水。
3. 熬制30分钟，取汁饮用。

[饮用方法]

每日1剂，代茶温饮。

冲泡时间
1 3 5 8 10
15 18 20 25 30

养生功效

具有疏肝解热、益气生津的功效。

饮用宜忌

适宜口干舌燥、肝郁气滞者饮用。肝阳上亢、脾胃虚弱者慎饮。

健康饮茶问与答

问 舒城兰花有哪些特征？

答 舒城兰花为历史名茶，属于绿茶类，产于安徽舒城、通城、庐江、岳西一带。兰花茶初制技术分杀青、初烘、足烘三道工序。其品质特征是：外形条索细卷呈弯钩状，芽叶成朵，色泽翠绿匀润，毫锋显露；内质香气成兰花香型，鲜爽持久，滋味甘醇，汤色嫩绿明净，叶底匀整，呈黄绿色。

杞菊女贞子茶 清肝补气

[配方组成]

枸杞 5克 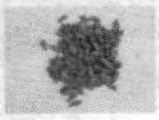
菊花 5克 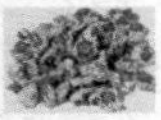
女贞子 5克 

[制作方法]

1. 将3种材料冲洗净。
2. 放入茶壶中，注入沸水。
3. 加盖闷10分钟后饮用。

[饮用方法]

每日1剂，代茶温饮。

冲泡时间
1 3 5 8 10
15 18 20 25 30

养生功效

具有滋补肝肾、养阴清热的功效。

饮用宜忌

适宜肝肾阴虚、目昏眼花者饮用。脾胃虚寒泄泻及阳虚者忌饮。

迷迭香牡丹花冰糖饮 健脾和胃

[配方组成]

迷迭香 5克 
牡丹花 5克 
冰糖 适量 

[制作方法]

1. 将迷迭香和牡丹花放入水杯中。
2. 先用沸水冲洗一遍，再注入沸水。
3. 添加冰糖，闷10分钟后饮用。

[饮用方法]

每日1~2剂，代茶温饮。

冲泡时间
1 3 5 8 10
15 18 20 25 30

养生功效

具有健脾和胃、补气养血的功效。

饮用宜忌

适宜脾胃不和、气血不足者饮用。血虚有寒，孕妇及月经过多者慎饮。

健康饮茶问与答

问 华山银毫有哪些特征?

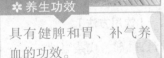

答 华山银毫为新创名茶，属于绿茶类，产于六安市东河口镇的佛教旅游胜地大九华山和毛坦厂镇的东石笋一带。华山银毫为芽蕊茶，外形细秀匀齐，嫩绿显毫。内质香气鲜爽，滋味鲜醇，汤色黄绿明亮，叶底嫩绿匀亮。冲泡时，杯中如万龙飞舞，云雨连绵，片刻徐徐下沉，芽心如金似玉，香气纯正，饮时甘醇爽口，回味无穷。

红枣麦芽茶 抗菌、抗过敏

[配方组成]

红枣 3颗  麦芽 5克 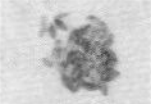

[制作方法]

1. 将红枣洗净，麦芽冲洗净。
2. 放入水杯中，注入沸水。
3. 加盖闷10分钟后饮用。

[饮用方法]

每日1剂，代茶温饮。

饮用宜忌

适宜春季易过敏者饮用。阴虚气滞证不宜饮用。

养生功效

具有抗菌抗敏、消食健脾的功效。

陈皮瓜皮茶 抗氧化、抗过敏

[配方组成]

陈皮 6克  西瓜皮 10克  冰糖 3块 

[制作方法]

1. 将陈皮洗净，西瓜皮洗净、切片。
2. 放入水杯中，注入沸水。
3. 添加冰糖，闷10分钟后饮用。

[饮用方法]

每日1剂，代茶温饮。

饮用宜忌

适宜春季易过敏者饮用。便溏者不宜饮用。

养生功效

具有抗氧化、抗过敏的功效。

健康饮茶问与答

问 岳西翠兰有哪些特征？

答 岳西翠兰为新创名茶，属于绿茶类，产于皖西大别山腹地岳西县境内。其外形一芽两叶，芽叶相连，自然舒展，形似兰花，色泽翠绿，质地鲜嫩，香气扑鼻，毫芒显露。品质特点突出在“三绿”，即干茶翠绿，汤色碧绿，叶底嫩绿。经开水冲泡后，嫩香持久，滋味醇浓鲜爽，汤色浅绿明亮，叶底绿鲜滋润。

金银花枸杞茶 疏利咽喉

[配方组成]

金银花 8克  枸杞 10克 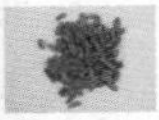

[制作方法]

1. 将金银花和枸杞放入水杯中。
2. 先用沸水冲洗一遍，再注入沸水。
3. 闷10分钟后饮用。

[饮用方法]

每日1剂，代茶温饮。

冲泡时间：1 3 5 8 10 15 18 20 25 30（10）

养生功效

具有清热解毒、疏利咽喉的功效。

饮用宜忌

适宜急慢性扁桃体炎、牙周炎患者饮用。脾肾两虚、气阴不足者不宜饮用。

蒲公英龙井茶 去火、消炎

[配方组成]

蒲公英 10克  龙井茶 3克 

[制作方法]

1. 将蒲公英和龙井茶放入水杯中。
2. 先用沸水冲洗一遍，再注入沸水。
3. 闷10分钟后饮用。

[饮用方法]

每日1剂，代茶温饮。

冲泡时间：1 3 5 8 10 15 18 20 25 30（10）

养生功效

具有清热消炎、健脑明目的功效。

饮用宜忌

适宜咽喉肿痛，心火过旺之失眠、头痛者饮用。寒凉体质者不宜饮用。

健康饮茶问与答

问 天华谷尖有哪些特征？

答 天华谷尖为恢复制作的历史名茶，属于绿茶类，产于安徽省安庆市太湖县，明、清年间所产芽叶列入户部贡品。其原料采制和制作工艺非常考究，形似稻谷，色泽翠绿，香气高长，汤色碧绿，滋味鲜爽，叶底匀整嫩绿明亮，以味道浓厚、持久耐泡而著称。

枸杞柠檬茶 养肝明目

[配方组成]

枸杞子 10克 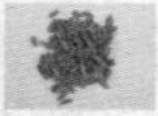　柠檬 2片 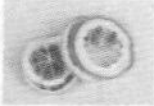

[制作方法]

1. 将枸杞和柠檬放入水杯中。
2. 先用沸水冲洗一遍，再注入沸水。
3. 闷10分钟后饮用。

[饮用方法]

每日1剂，代茶温饮。

冲泡时间 1 3 5 8 10 15 18 20 25 30

养生功效

具有养肝明目、滋肾润肺的功效。

饮用宜忌

适宜眼睛劳损、头痛、疲劳者饮用。脾胃虚寒泄泻者不宜饮用。

夏枯草灵芝绿茶 保肝排毒

[配方组成]

夏枯草 15克 　灵芝 16克 　绿茶 12克 

[制作方法]

1. 将夏枯草撕碎、灵芝切片。
2. 与绿茶同放入水杯中，先用沸水冲洗一遍。
3. 再注入沸水，闷10分钟后饮用。

[饮用方法]

代茶饮用，每日1剂。

冲泡时间 1 3 5 8 10 15 18 20 25 30

养生功效

具有保肝排毒、强健筋骨的功效。

饮用宜忌

适宜口干舌燥、肩膀僵硬者饮用。脾胃虚寒者不宜饮用。

健康饮茶问与答

问 柳溪玉叶有哪些特征?

答 柳溪玉叶为新创名茶，属于绿茶类，产于安徽省宿松县。此茶在清明前后至谷雨期间采制，一芽一叶初展。其品质特征是：外形扁平匀直，色泽黄绿明亮，毫毛披挂，形如早春柳叶；内质香高幽长，清花香型，滋味鲜醇回甘，汤色黄绿明亮，叶底匀净成朵。

夏季清热

■ 炎热 ■ 缺水 ■ 心烦胸闷

夏季气候炎热，是可能缺水的季节。此时骄阳似火，昼长夜短，人体津液消耗甚大，气血多有不足，容易出现心悸气短、心烦胸闷的现象，这是身体应季节而出现的自然表象。所以，夏日自然离不开饮料，首选不是各种冷饮制品，也不是啤酒或咖啡，而是极普通的热茶。茶叶中富含钾元素，每100克茶水中钾的平均含量分别为绿茶：10.7毫克；红茶24.1毫克。同时喝绿茶还可以减少1/3因日晒导致的皮肤晒伤、松弛和粗糙。总而言之，热茶的降温能力大大超过冷饮制品，是消暑饮品中的佼佼者。

银花甘草茶 清热解毒、消暑

[配方组成]

甘草 18克 

千金银花 18克 

[制作方法]

1. 将2种茶材捣碎，混合均匀。
2. 分成6份，分别装入茶包袋中。
3. 取1小袋，用沸水冲泡，闷15分钟。

冲泡时间

1 3 5 8 10 15 18 20 25 30

养生功效

既清凉消暑，又能抗病毒。

[饮用方法]

代茶温饮，每日1~2剂。

饮用宜忌

适宜痈肿疔疮、喉痹者饮用。

脾胃虚寒及气虚疮疡脓清者忌饮。

养生小贴士

1. 夏季失水多，应多喝水，而且是温水比较好，每天需喝七八杯白开水。
2. 夏季宜晚睡早起，中午尽可能午睡。切记不能在楼道、屋檐下或通风口的阴凉处久坐、久卧、久睡。
3. 在饮食滋补方面，热天应以清补、健脾、去暑化湿为原则。肥甘厚味及燥热之品不宜食用，而应选择具有清淡滋阴功效的食品。
4. 夏季应注意防晒，同时居住环境不要过于潮湿。

翠绿西瓜茶 清心、去暑、防晒

[配方组成]

西瓜 10克 

绿茶 5克 

冰糖 适量 

[制作方法]

❶ 西瓜皮去硬皮，将果肉捣碎。

❷ 将三者以沸水冲泡。

❸ 加盖闷10分钟后饮用。

[饮用方法]

代茶温饮，每日1~2剂。

✲养生功效

具有防暑降温、利尿清热的功效。

饮用宜忌

适宜暑热烦渴、小便短少、水肿、口舌生疮者饮用。脾胃寒湿者禁饮。

苦瓜茶 顺气化痰、清热下火

[配方组成]

苦瓜 2片 

冰糖 适量 

[制作方法]

❶ 将苦瓜洗净，放入杯中。

❷ 注入沸水，盖上盖。

❸ 闷5分钟后，加入冰糖饮用。

[饮用方法]

代茶温饮，每日2剂。

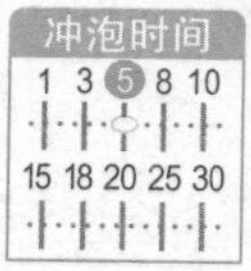

✲养生功效

具有清热消暑、养血益气、补肾健脾的功效。

饮用宜忌

适宜热病烦渴、口干舌燥、中暑发热者饮用。脾胃虚寒、腹部冷痛、泄泻者忌饮。

健康饮茶问与答

问 **茶叶中的硒对人体有何保健作用?**

答 硒是人体必需的微量元素之一，起着抗氧化的作用，保护红细胞不受破坏，因此，微量元素硒具有抗癌、防衰老和保护人体免疫功能的作用；硒的另一个特殊功能是防铅汞等重金属的毒害，缺硒就好像在体内失去一道坚强的防线。“饮茶补硒”是最简单最理想的方法。

柚子蜜茶 清热解暑、生津止渴

[配方组成]

柚子皮 15克 

蜂蜜 适量 

[制作方法]

❶ 将柚子皮切丝，放入杯中。

❷ 注入沸水，闷10分钟后。

❸ 待水变温，放入蜂蜜饮用。

[饮用方法]

代茶温饮，每日2剂。

冲泡时间

1 3 5 8 10

15 18 20 25 30

养生功效

具有清热解暑、生津止渴的养生功效。

饮用宜忌

适宜气郁胸闷、腹冷痛、食滞者饮用。寒性体质的人不能经常喝。

苦瓜绿茶 清热、解暑、除烦

[配方组成]

苦瓜 1片 

绿茶 5克 

[制作方法]

❶ 将苦瓜、绿茶放入杯中。

❷ 先冲洗一下，再注入沸水。

❸ 闷10分钟后即可饮用。

[饮用方法]

代茶温饮，每日1剂。

冲泡时间

1 3 5 8 10

15 18 20 25 30

养生功效

具有清热、解暑、除烦的功效。

饮用宜忌

适宜痢疾、疮肿、中暑发热者饮用。孕妇需慎饮。

健康饮茶问与答

问 为什么饮茶能预防癌症?

答 茶是中华民族的国饮，茶有健身、解渴、疗疾之效。饮茶还可以防糖尿病、防心脏病。茶叶中含有脂多糖、茶多酚、维生素C、维生素E和单宁酸等多种抗癌物质可以起到预防癌症的作用。实验证实，饮茶可以阻断人体内亚硝胺的合成，从而起到预防癌症的作用。

红枣大麦茶 养心、去火

[配方组成]

大麦 5克  红枣 2颗 

[制作方法]

❶ 将红枣和大麦放入锅中。
❷ 注水煮沸，转小火煮10分钟。
❸ 取汁放入杯中即可。

[饮用方法]

代茶温饮，每日1剂。

养生功效

有养心、去火的功效。

饮用宜忌

皮肤粗糙、面色苍白、手脚冰冷人群适宜饮用。孕妇应禁饮。

莲心茶 清心火、消暑除烦

[配方组成]

莲心 5克  绿茶 5克 

[制作方法]

❶ 将莲心、绿茶放入杯中。
❷ 先冲洗一下，再注入沸水。
❸ 闷5分钟后即可饮用。

[饮用方法]

代茶温饮，每日1剂，饭后饮服。

养生功效

具有清心火、平肝火、消暑除烦、生津止渴功效。

饮用宜忌

适宜心肾不交、阴虚火旺的失眠患者饮用。孕妇、儿童、神经衰弱者，应少饮。

健康饮茶问与答

问 为什么喝完中药之后，不能饮茶？

答 因为茶叶里含有鞣酸，与中药同服会和药物中的蛋白质、生物碱或者重金属盐等起化学反应，生成不溶性的沉淀物，影响人体对药物有效成分的吸收，降低疗效。例如，贫血病人会经常服用含铁的补血药物，而茶叶中的鞣酸与铁反应，它不仅会影响药物的吸收，使药物失去疗效，还会刺激胃肠道，引起不适。

红枣枸杞茶 养血安神

[配方组成]

红枣 3颗 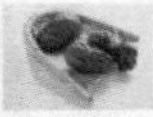 枸杞 5克 

[制作方法]

1. 将红枣和枸杞分别洗净，略泡一下。
2. 放入水杯中，注入沸水。
3. 闷10分钟后即可饮用。

[饮用方法]

代茶温饮，每日1剂。

养生功效

具有健脾益胃、养血安神的功效。

饮用宜忌

适宜腰膝酸软、头晕、目眩、虚劳咳嗽者饮用。红枣和枸杞都属于热性，火大的人就不要饮用。

柠檬绿茶 提神醒脑

[配方组成]

柠檬 2片  绿茶 3克  冰糖 适量 

[制作方法]

1. 将柠檬、绿茶放入杯中。
2. 先冲洗一下，再注入沸水。
3. 添加冰糖，闷5分钟后饮用。

[饮用方法]

代茶频饮，每日2剂。

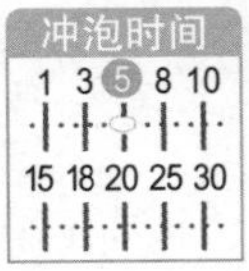

养生功效

具有利咽清热的功效。

饮用宜忌

适宜夏季上火者饮用。胃溃疡、胃酸分泌过多，患有龋齿者和糖尿病患者慎饮。

健康饮茶问与答

问 为什么喝滚烫茶易患食道癌？

答 爱喝滚烫茶，容易罹患食道癌。原因在于，滚烫的水会烫伤食道黏膜，引发口腔黏膜炎、食管炎等，时间久了，可能发生癌变。所以建议大家在喝茶时千万不要用吸管；吃进去的食物如果觉得烫，千万别着急往下咽。

苦瓜莲心茶 去暑清心

[配方组成]

苦瓜 1片 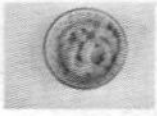 莲心 5克 

[制作方法]

❶ 将苦瓜片、莲子心放入杯中。
❷ 先冲泡1遍，再注入沸水。
❸ 闷5分钟后即可饮用。

[饮用方法]

代茶温饮，每日1剂。

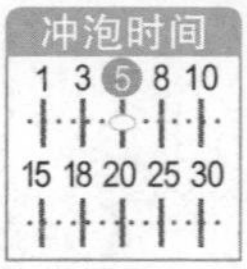

养生功效

具有祛暑清心、预防中暑的功效。

饮用宜忌

阴虚火旺的失眠患者饮之最宜。脾胃虚寒的人群不宜饮用。

红花绿茶 消暑去火

[配方组成]

红花 5克  绿茶 5克 

[制作方法]

❶ 将红花、绿茶放入杯中。
❷ 先冲洗一下，再注入沸水。
❸ 闷5分钟后即可饮用。

[饮用方法]

每日1剂，饮用1~2次。

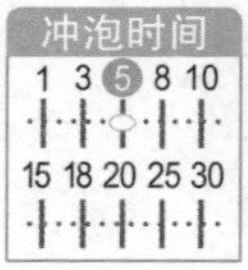

养生功效

对于消暑去火、清理血管有一定功效。

饮用宜忌

适宜口干舌燥者饮用。孕妇、月经过多者禁饮。

健康饮茶问与答

问 为什么喝茶会心慌？

答 这是典型的醉茶症状，原因是多方面的，例如，茶喝得过量、过浓了，空腹喝茶，或者本身的体质不太好，贫血、低血糖、低血压都会造成类似的情况。只要采用正确科学的方法喝茶，就会好了。另外，建议在喝茶的时候，准备一些小点心、糖果之类，随时补充一些糖分，也能有效地改善醉茶的现象。

茅根灵芝茶 消暑解渴

[配方组成]

白茅根 8克 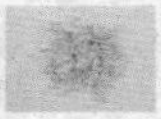

灵芝 8克 

[制作方法]

❶ 将白茅根、灵芝洗净。
❷ 放入锅中，注入适量水。
❸ 熬制30分钟，取汁饮用。

[饮用方法]

每日1剂，饮用1~2次，可添加蜂蜜饮用。

冲泡时间
1 3 5 8 10
15 18 20 25 30

养生功效

具有消暑解渴、清热解烦的功效。

饮用宜忌

适宜产后血晕、瘀滞腹痛、胸痹心痛者饮用。脾胃虚寒者不宜饮用。

荷叶牛蒡茶 生津止血

[配方组成]

荷叶 8克 

牛蒡 8克 

[制作方法]

❶ 将荷叶洗净，牛蒡洗净、切片。
❷ 放入锅中，注入适量水。
❸ 熬制30分钟，取汁饮用。

[饮用方法]

每日1剂，饮用1~2次。

冲泡时间
1 3 5 8 10
15 18 20 25 30

养生功效

具有生津止血、去烦解渴的功效。

饮用宜忌

适宜湿气重、中暑者饮用。脾胃虚寒者不宜饮用。

健康饮茶问与答

问 **桐城小花有哪些特征？**

答 桐城小花，又称小花茶，简称龙眠茶。为历史名茶，属于绿茶类，产于安徽桐城地区。一般在谷雨前开采，选一芽二、三叶，肥壮、匀整、茸毛显露的芽叶，经摊放、杀青、理条、初烘、摊凉、复烘、剔拣等工序精制而成。其品质特征是：花香沁入茶中，冲泡时一股香气扑鼻而来，像沉醉于茶林之中。

苦瓜莲藕茶 退火解热

[配方组成]

苦瓜 半个 　莲藕 半个 　盐 少许 

[制作方法]

❶ 苦瓜和莲藕洗净、切片。
❷ 放入锅中，调入盐，注入适量水。
❸ 熬制30分钟，取汁饮用。

[饮用方法]

每日1剂，饮用1~2次。

养生功效

具有退火解热、预防中暑的功效。

饮用宜忌

适宜痢疾、中暑、疲劳者饮用。脾胃虚寒，经期、哺育期者慎饮。

桑叶蜜茶 疏风清热

[配方组成]

桑叶 8克 　蜂蜜 适量 

[制作方法]

❶ 桑叶洗净、撕碎，放入杯中。
❷ 注入沸水，闷10分钟。
❸ 待水变温，添加蜂蜜饮用。

[饮用方法]

每日1剂，饮用1~2次。

养生功效

具有疏风清热、清肝明目的功效。

饮用宜忌

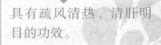

适宜头痛目赤、咽喉肿痛者饮用。脾胃虚寒者不宜饮用。

健康饮茶问与答

问 **莲心绿茶有哪些特征？**

答 莲心绿茶为历史名茶，属于绿茶类，产于安福建省武夷山。莲心绿茶原为福建闽北、闽东一带优质细嫩烘青绿茶的统称。此茶采摘期从清明前后开始至谷雨前结束，采摘标准为一芽一叶、一芽二叶。其品质特征是，外形条索浑圆、紧结柔嫩肥厚，且耐冲泡。

西洋参茶 清热生津

[配方组成]

西洋参 8克  蜂蜜 适量 

[制作方法]

1. 西洋参洗净，放入杯中。
2. 注入沸水，闷10分钟。
3. 待水变温，添加蜂蜜饮用。

[饮用方法]

每日1剂，饮用1~2次。

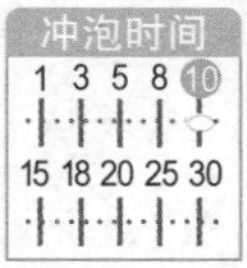

养生功效

具有清热生津、补气养阴的功效。

饮用宜忌

适宜虚热烦倦、消渴、口燥咽干者饮用。中阳衰微，胃有寒湿者忌饮。

麦冬菊花蜜茶 养阴生津

[配方组成]

麦冬 8克  菊花 1朵  蜂蜜 适量 

[制作方法]

1. 麦冬洗净，菊花洗净。
2. 放入杯中，沸水冲泡10分钟。
3. 待水变温，添加蜂蜜饮用。

[饮用方法]

每日1剂，饮用1~2次。

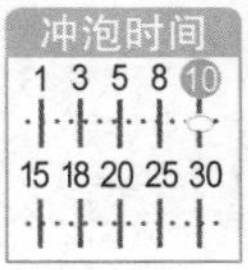

养生功效

具有养阴生津、润肺清心的功效。

饮用宜忌

适宜内热消渴、肠燥便秘者饮用。脾胃虚寒泄泻者慎饮。

健康饮茶问与答

问 庐山云雾有哪些特征？

答 庐山云雾为历史名茶，属于绿茶类，产于江西省庐山海拔800米以上的汉阳峰、花径、小天池和青莲寺等地。经过杀青、抖散、揉捻、理条、烘干等多道加工工序精制而成。庐山云雾的品质特征是：条索紧结，青翠多毫，香幽如兰，滋味浓厚鲜爽而甘醇，汤色清澈明亮，叶底嫩绿匀齐。

菊花决明绿茶 清热消暑

[配方组成]

菊花 8克  决明子 5克  绿茶 5克 

[制作方法]

❶ 将3种茶材洗净，放入杯中。
❷ 先用沸水冲洗一遍，再注入沸水。
❸ 加盖闷15分钟后饮用。

冲泡时间
1 3 5 8 10
15 18 20 25 30

[饮用方法]

每日1剂，饮用1~2次。

饮用宜忌

适宜目赤涩痛、头痛眩晕者饮用。大便泄泻者不宜饮用。

养生功效

具有清热消暑、清肝明目的功效。

红枣菊花绿茶 生津止渴

[配方组成]

红枣 3颗  菊花 2克  绿茶 3克 

[制作方法]

❶ 红枣、菊花、绿茶放入水杯中。
❷ 先用沸水冲泡一遍，再注入沸水。
❸ 闷10分钟后，即可饮用。

冲泡时间
1 3 5 8 10
15 18 20 25 30

[饮用方法]

每日1剂，饮用1~2次。

饮用宜忌

适宜口干、火旺、目涩者饮用。气虚胃寒、食少泄泻者慎饮。

养生功效

具有生津止渴、清凉解毒的功效。

健康饮茶问与答

问 灵岩剑峰有哪些特征？

答 灵岩剑峰为新创名茶，属于绿茶类，产于江西婺源灵岩茶场一带。灵岩剑峰一般采摘一芽一叶，标准为“嫩、匀、鲜、净、整”。经杀青、揉捻、整形、摊凉、烘干制成。灵岩剑峰的品质特点为：外形条索紧直，油润显毫，内质香气清高持久，味浓醇，汤色黄绿明亮，叶底嫩、匀、亮。

竹叶乌龙蜜茶 清凉消暑

[配方组成]

竹叶 8克 
乌龙茶 5克 
蜂蜜 适量 

[制作方法]

1. 竹叶和乌龙茶先冲洗一遍。
2. 再注入沸水，闷5分钟。
3. 待水变温，添加蜂蜜饮用。

冲泡时间
1 3 5 8 10
15 18 20 25 30

[饮用方法]

每日1剂，饮用1~2次。

养生功效

具有清凉消暑、除烦止渴的功效。

饮用宜忌

适宜热病烦躁、胃热口渴者饮用。恶寒明显者不宜饮用。

苹果菊花茶 清热去火

[配方组成]

苹果 1/4个 
菊花 2朵 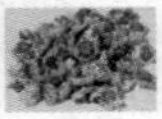
冰糖 适量 

[制作方法]

1. 苹果洗净、切块，菊花洗净。
2. 连同冰糖一起放入水杯中。
3. 沸水冲泡15分钟饮用。

冲泡时间
1 3 5 8 10
15 18 20 25 30

[饮用方法]

每日1剂，饮用1~2次。

养生功效

具有清热去火、补气养阴的功效。

饮用宜忌

适宜虚热烦倦、火旺、目涩者饮用。气虚胃寒、食少泄泻者慎饮。

健康饮茶问与答

问 大鄣山茶有哪些特征?

答 大鄣山茶为新创名茶，属于绿茶类，产于江西省婺源县大鄣山，也是现代绿茶之极品。生产过程未用任何农药和化肥。此茶在采摘时要求保持芽叶完整清洁，新鲜干爽。特级茶一芽二叶新梢要在80%以上且无单片，特级至二级茶须在5月以前采摘。

薄荷西瓜皮绿茶 止渴、利小便

[配方组成]

薄荷叶 3片 
西瓜皮 15克 
绿茶 3克 

[制作方法]

❶ 薄荷洗净，西瓜皮切片。
❷ 绿茶冲洗净，同以上二味放入杯中。
❸ 用沸水冲泡10分钟后饮用。

[饮用方法]

每日1剂，饮用1~2次。

饮用宜忌

适宜头痛眩晕、目赤肿痛、咽痛声哑者饮用。孕妇不宜饮用。

养生功效

具有止渴、利小便的功效。

丝瓜汁盐茶 清暑凉血

[配方组成]

丝瓜 1/3个 
食盐 少许 

[制作方法]

❶ 丝瓜洗净、捣碎，放入杯中。
❷ 加入食盐，注入沸水。
❸ 闷10分钟后饮用。

[饮用方法]

每日1剂，饮用1~2次。

饮用宜忌

适宜身体疲乏、痰喘咳嗽者饮用。体虚内寒、腹泻者不宜多饮。

养生功效

具有清暑凉血、解毒通便的功效。

健康饮茶问与答

问 天香云翠有哪些特征？

答 天香云翠属于绿茶类，选用一芽一叶初展和一芽二叶初展的芽叶为原料，鲜叶柔嫩、肥壮多毫。制作采用手工，分杀青、揉捻、炒坯、做形、复炒、烘干等六道工序。其品质特点是：外形成螺旋状，条索紧结，翠绿显毫，香高持久，汤色清澈明亮，滋味鲜醇，叶底嫩绿。

荷叶甘草糖茶 利尿止渴

[配方组成]

荷叶 8克  甘草 8克 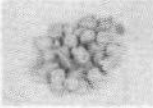 冰糖 适量 

[制作方法]

1. 荷叶和甘草洗净。
2. 连同冰糖放入杯中。
3. 用沸水冲泡10分钟后饮用。

✲ 养生功效

具有利尿止渴、清暑解毒的功效。

[饮用方法]

每日1剂，饮用1~2次。

饮用宜忌

适宜暑热烦渴、头痛眩晕、水肿者饮用。怀孕期间的妇女应避免饮用。

二瓜蜜茶 清热利水

[配方组成]

黄瓜 1/4个  西瓜皮 少许  蜂蜜 适量 

[制作方法]

1. 将黄瓜和西瓜皮洗净、切片。
2. 放入水壶中，沸水冲泡10分钟。
3. 待水变温，添加蜂蜜饮用。

✲ 养生功效

具有清热利水、消暑止渴的功效。

[饮用方法]

每日1~2剂，代茶频饮。

饮用宜忌

适宜暑热烦渴、小便短少、水肿者饮用。中寒湿盛者慎饮。

健康饮茶问与答

问 上饶白眉有哪些特征?

答 上饶白眉为新创名茶，属于绿茶类。产于江西上饶，因它满披白毫，外观雪白，外形恰如老寿星的眉毛，故而得此美名。上饶白眉的加工工艺有杀青、揉捻、理条、烘干等四道工序。其品质特征是：外形壮实，条索匀直，白毫满披，色泽绿润，香高持久，滋味鲜浓，汤色明亮，叶底嫩绿，品质极佳，为绿茶珍品。

秋季防燥

■ 秋燥　■ 润肺　■ 滋阴

金秋季节，温度不寒不热，是个比较舒适的季节。只是，在享受这个美丽季节的同时，还得提防一个现象——秋燥。秋燥的表现有皮肤干涩粗糙、鼻腔干燥疼痛、口燥咽干、大便干结等。秋燥易伤肺，此时应以润肺、养肺为主，多多补充水分。茶疗应选用清凉、润燥的茶包，以乌龙茶为主，不燥不热，有润喉生津，润肤生肌、清除体内积热的功效。还可饮用一些止咳化痰、养肺滋阴的白色茶材，如银耳、百合、雪梨、白萝卜等。

甘草山楂茶　活血化瘀、软化血管

[配方组成]

甘草 24克 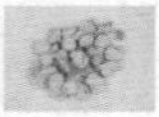　干山楂 30克 

[制作方法]

❶ 山楂、甘草捣碎，两者混合均匀。
❷ 分成6等份，分别装入茶包袋中。
❸ 取1小袋，用沸水冲泡，闷15分钟。

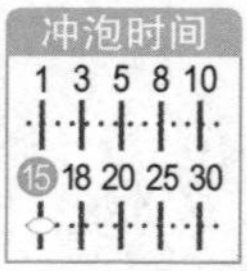

养生功效

清咽利嗓、活血化瘀。秋季长喝还可增强抵抗力。

[饮用方法]

代茶温饮，每日1~2剂。

饮用宜忌

适宜咽喉肿痛、大便干燥者饮用。
感冒、痰多、恶心呕吐时不要喝这款茶。

养生小贴士

1. 立秋之后，昼夜的温差较大，应及时增减衣服。
2. 多喝开水、淡茶、果汁、豆浆、牛奶等流质，以养阴润燥，弥补损失的阴润。
3. 秋燥最容易伤人的津液，应多食新鲜蔬菜和水果。
4. 少吃辛辣煎炸热性食物，否则会助燥伤阴，加重秋燥。
5. 要重视精神的调养，并以平和的心态对待一切事物，以顺应秋季收敛之性。

桑叶梨茶 祛风清热、滋阴润肺

[配方组成]

鲜桑叶 15克 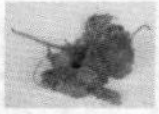 雪梨 1个  红糖 适量 

[制作方法]

❶ 桑叶洗净、切条，雪梨去皮、切块。
❷ 将材料下锅，加水煲约30分钟。
❸ 加入红糖，待凉后即可饮用。

[饮用方法]

代茶频饮，每日1剂。

冲泡时间
1 3 5 8 10
15 18 20 25 30

养生功效

具有祛风清热、滋阴润肺、泻火的功效。

饮用宜忌

适宜风热感冒、肺热燥咳、头晕头痛者饮用。脾胃虚弱、素体虚寒者不宜饮用。

白萝卜蜂蜜茶 止咳化痰、清热生津

[配方组成]

白萝卜 3片  红枣 3颗  蜂蜜 适量 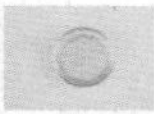

[制作方法]

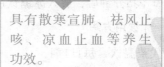

❶ 将白萝卜洗净，红枣洗净。
❷ 将材料下锅，加水煎约30分钟。
❸ 去渣，加蜂蜜，再煮沸即成。

[饮用方法]

代茶温饮，每日1剂。

冲泡时间
1 3 5 8 10
15 18 20 25 30

养生功效

具有散寒宣肺、祛风止咳、凉血止血等养生功效。

饮用宜忌

适宜咽干燥咳、大便燥结者饮用。如大便稀者，应减少饮用。

健康饮茶问与答

问 阳虚体质为什么应选红茶？

答 阳虚体质主要表现在：“怕冷”，特别是胃、胳膊和膝盖处容易感到凉飕飕的，经常手脚冰凉。茶炮制、炒制的程度越高，温热之性越强，其中绿茶和素茶都是没有经过发酵的茶属于偏凉的食材。而红茶、黄茶等经过充分发酵或充分炒制的茶，特别适合阳虚体质的人喝。

观音蜜茶 滋阴润燥、养护肠胃

[配方组成]

铁观音 10克  蜂蜜 5克 

[制作方法]

1. 将铁观音放入杯中。
2. 注入沸水，盖上盖。
3. 闷5分钟后，放入蜂蜜饮用。

[饮用方法]

代茶温饮，每日2剂。

冲泡时间
1 3 5 8 10
15 18 20 25 30

养生功效

可滋阴润燥、养肠胃、防便秘。

饮用宜忌

蜂蜜不能用沸水冲饮。糖尿病和痛风患者应减少饮用。

乌龙冰糖茶 生津益胃、增进食欲

[配方组成]

乌龙茶 10克  冰糖 15克 

[制作方法]

1. 将乌龙茶放入杯中。
2. 注入沸水，盖上盖。
3. 闷5分钟后，放入冰糖饮用。

[饮用方法]

代茶温饮，每日1剂。

冲泡时间
1 3 5 8 10
15 18 20 25 30

养生功效

具有生津益胃、增进食欲的作用。

饮用宜忌

适用于热病后胃津未复、不思饮食者。肠胃虚寒者也不适合饮此茶。

健康饮茶问与答

问 不清洗茶垢对不对?

答 饮用水中含有矿物质和微量有害重金属离子，当水被加热后某些钙、镁离子溶解度下降，难溶盐浓度不断加大，当水被浓缩到一定程度时沉淀会析出。这些析出物与茶水会迅速氧化成含镉、铅、汞、砷等多种有害金属的茶垢，危害人体健康，所以要及时清洗茶杯。

芦荟柠檬茶 对抗秋燥引起的粉刺

[配方组成]

芦荟 15克 　干柠檬 1片 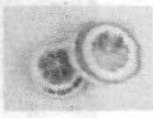

[制作方法]

❶ 将芦荟冲洗干净、剥去绿皮、切小丁。
❷ 柠檬用水清洗一下，连同芦荟放入水杯中。
❸ 用沸水冲泡，闷5分钟后即可饮用。

[饮用方法]

代茶温饮，也可按个人口味添加冰糖。

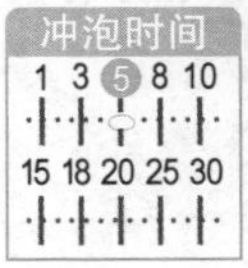

养生功效

具有生津、解暑、开胃的功效。

饮用宜忌

调理因秋燥引起的粉刺。体质虚弱者，不要过量饮用此茶。

芹菜根茶 缓解上火引起的皮肤干燥

[配方组成]

芹菜根 5~10根 　蜂蜜 适量 

[制作方法]

❶ 将芹菜根洗净、切碎。
❷ 放入水杯中，注入沸水。
❸ 闷10分钟后，放入蜂蜜饮用。

[饮用方法]

代茶温饮，每日1剂。

养生功效

具有清热解毒、滋润肌肤的作用。

饮用宜忌

可以有效缓解秋天因上火引起的皮肤干燥。芹菜味道特别，不喜欢此味的人慎饮。

健康饮茶问与答

问 为什么饮茶能利尿?

答 多喝开水和多饮茶都能增加排尿数量，但多喝开水与饮茶对利尿的功能完全不同。因为茶汤中含有咖啡因，能增加肌肉活动的伸缩功能，刺激骨髓，使肾脏发生收缩，促进尿素、尿酸、盐分的排出总量增加，从而起到利尿的作用。茶有较好的利尿效果，如果与同体积的水相比较，茶叶对氯化物的排出量是水的2.5倍。

百合雪梨茶 润肠通便、排毒养颜

[配方组成]

百合 5克  雪梨 20克 

[制作方法]

❶ 雪梨去皮、核、蒂，切小块。
❷ 百合冲泡一下，连同雪梨放入水杯中。
❸ 用沸水冲泡，闷20分钟后即可饮用。

[饮用方法]

代茶频饮，每日1剂。

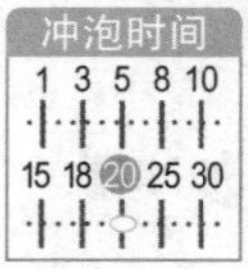

养生功效

补水、润肠通便，还可以排除身体里的毒素。

饮用宜忌

适宜大便燥结、口干舌燥者饮用。脾胃虚弱、素体虚寒者不宜饮用。

桂花陈皮茶 清肺热、滋润皮肤

[配方组成]

干桂花 3克 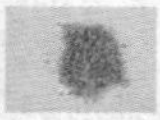 陈皮 10克 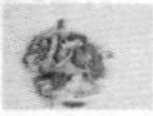

[制作方法]

❶ 将干桂花、陈皮放入水杯中。
❷ 先冲洗一下，再注入沸水。
❸ 盖上盖，闷10分钟后即可饮用。

[饮用方法]

代茶频饮，每日1剂。

养生功效

可燥湿化痰、理气散瘀，还可清肺热、滋润皮肤。

饮用宜忌

适宜肺火大、皮肤干燥者饮用。患有神经衰弱或失眠症的人不宜饮用。

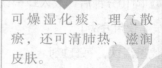

健康饮茶问与答

问 为什么饮茶能生津止渴？

答 茶叶中的少量有机酸能够促进口腔唾液的分泌，另外茶水中的多酚类、糖类、果胶等与口中唾液发生化学变化，使口腔得以滋润，产生清凉的感觉，起到生津止渴的作用。咖啡因可调节体温，故喝茶能生津、止渴、解暑。即使是炎热的夏天，喝热茶也比其他饮料解渴，而且降温持续时间较长。

乌龙玄参茶 增液润燥

[配方组成]

乌龙茶 5克 
玄参 5克 

[制作方法]

❶ 将乌龙茶、玄参放入水杯中。
❷ 先冲洗一下，再注入沸水。
❸ 闷5分钟后即可饮用。

[饮用方法]

代茶温饮，每日2剂。

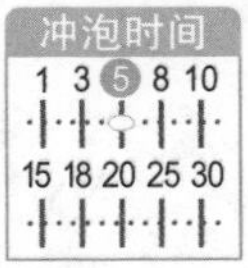

养生功效

有泻火、利咽、增液润燥之效。

饮用宜忌

适用于津液枯竭、便秘不通等病症。脾胃有湿及脾虚便溏者忌饮。

乌龙金银花茶 肺燥肠热

[配方组成]

乌龙茶 10克 
金银花 5克 

[制作方法]

❶ 将乌龙茶、金银花放入水杯中。
❷ 先冲洗一下，再注入沸水。
❸ 闷5分钟后即可饮用。

[饮用方法]

代茶温饮，每日2剂。

养生功效

具有疏利咽喉、消暑除烦、滋燥清肠的功效。

饮用宜忌

适用于肺燥肠热、秋燥兼伏暑等病症。脾胃虚弱者不能饮用。

健康饮茶问与答

问 泡茶时茶与水用量的配比是多少?

答 一般饮茶，对于茶与水的用量是没有一定比例的，完全是根据个人的习惯与嗜好。一般评、品红茶、绿茶、花茶等，茶水用量比例为1：50；评品青茶类，茶、水用量比例为1：22。而在日常生活中泡茶时，茶与水用量比例为1：60~1：100为好，浸泡出的茶汤浓度比较适口。

玄参麦冬甘草茶 滋阴降火

[配方组成]

玄参 8克  麦冬 5克  甘草 8克 

[制作方法]

1. 将3种材料洗净。
2. 放入锅中，加入适量水。
3. 熬制30分钟后即可饮用。

养生功效

具有滋阴降火、清心除烦的功效。

[饮用方法]

代茶温饮，每日1剂。

饮用宜忌

适用于口渴、咽干、皮肤干燥等病症。脾胃虚寒泄泻者不宜饮用。

百合菊花蜂蜜饮 滋阴润肺

[配方组成]

百合花 10克  菊花 8克  蜂蜜 适量 

[制作方法]

1. 将百合和菊花洗净。
2. 放入水壶中，沸水10分钟。
3. 待水变温，添加蜂蜜饮用。

养生功效

具有疏利咽喉、消暑除烦、滋燥清肠的功效。

[饮用方法]

代茶温饮，每日1~2剂。

饮用宜忌

适宜体虚肺弱、慢性支气管炎、肺气肿者饮用。风寒咳嗽痰多色白者慎饮。

健康饮茶问与答

问 **碧绿茶有哪些特征？**

答 碧绿茶为新创名茶，属于绿茶类，产于山东省日照市东港区。碧绿茶在4月下旬采摘，一芽一叶初展的鲜叶制成特级茶。碧绿茶的品质特征是：外形卷曲纤细，白毫显露，色泽翠绿，内质汤色黄绿明亮，滋味鲜浓醇厚，香气高爽持久，叶底翠绿匀齐。

麦冬洋参蜜饮 养阴润燥

[配方组成]

麦冬 10克 
西洋参 8克 
蜂蜜 适量 

[制作方法]

1. 将麦冬和西洋参洗净、切片。
2. 放入水壶中，沸水冲泡10分钟。
3. 待水变温，添加蜂蜜饮用。

冲泡时间：1 3 5 8 10 15 18 20 25 30（10）

养生功效

具有养阴润燥、清火生津的功效。

[饮用方法]

代茶温饮，每日1~2剂。

饮用宜忌

适宜气虚阴亏、内热、消渴者饮用。中阳衰微，胃有寒湿者慎饮。

荸荠雪梨饮 润肺生津

[配方组成]

荸荠 2个 
雪梨 半个 
冰糖 适量 

[制作方法]

1. 将荸荠和雪梨去皮、洗净、切片。
2. 连同冰糖放入锅中，加入适量水。
3. 熬制30分钟后即可饮用。

冲泡时间：1 3 5 8 10 15 18 20 25 30（30）

养生功效

具有润肺生津、清热化痰的功效。

[饮用方法]

代茶温饮，每日1剂。

饮用宜忌

适宜阴虚肺燥、咳嗽多痰者饮用。脾胃虚寒者不宜饮用。

健康饮茶问与答

问 松针茶有哪些特征？

答 松针茶为新创名茶，属于绿茶类，产于山东莒南县。其品质特征是：外形舒展挺直似矛，色泽翠绿，嫩香持久，汤色嫩绿明亮，滋味鲜爽醇和，叶底嫩绿鲜活。松针茶芳香清纯，回味悠长。松针茶富含蛋白质、抗生素、叶绿素、植物纤维，植物酵素、8 种氨基酸、多种微量元素和多种维生素等活性物质。

黄连黄柏糖茶 清热燥湿

[配方组成]

黄连 8克  黄柏 8克  冰糖 适量 

[制作方法]

1. 将黄柏和黄连洗净、捣碎。
2. 连同冰糖放入锅中，加入适量水。
3. 熬制30分钟后即可饮用。

[饮用方法]

代茶温饮，每日1剂。

养生功效

具有清热燥湿、泻火解毒的功效。

饮用宜忌

适宜口舌生疮、目赤肿痛者饮用。脾胃虚寒者及孕妇不宜饮用。

银花黄柏茶 清热降火

[配方组成]

金银花 8克  黄柏 8克  冰糖 适量 

[制作方法]

1. 将金银花洗净，黄连洗净。
2. 连同冰糖放入锅中，加入适量水。
3. 熬制30分钟后即可饮用。

[饮用方法]

代茶温饮，每日1剂。

养生功效

具有清热解毒、凉散风热的功效。

饮用宜忌

适宜头痛口渴、咽喉肿痛者饮用。脾胃虚寒者及孕妇不宜饮用。

健康饮茶问与答

问 浮来青有哪些特征？

答 浮来青为新创名茶，属于绿茶类，产于山东省莒县浮来山，经杀青、揉捻、干燥等典型工艺过程制成的茶叶。高档浮来青茶鲜叶原料细嫩或肥嫩，含芽率高，一般为一芽一、二叶。其品质特征为：外观色泽嫩绿或翠绿，有些因满披白毫而呈银绿色，香气以嫩香为主，兼有花香或清香，汤色嫩绿清澈，滋味鲜爽，回味有余甘。

银花茵陈茶 清热润燥

[配方组成]

金银花 8克  茵陈 8克 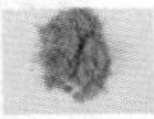 冰糖 适量 

[制作方法]

❶ 将金银花洗净，茵陈冲洗净。
❷ 连同冰糖放入锅中，加入适量水。
❸ 熬制30分钟后即可饮用。

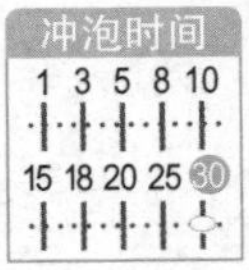

养生功效

具有清热润燥、凉血止血的功效。

[饮用方法]

代茶温饮，每日1剂。

饮用宜忌

适宜肿热咳嗽、咽喉肿痛者饮用。脾胃虚寒、消化不良患者不宜长期饮服。

茵陈山楂冰糖饮 消火除燥

[配方组成]

山楂 3片  茵陈 5克 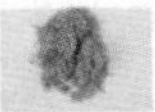 冰糖 适量 

[制作方法]

❶ 将山楂和茵陈洗净。
❷ 放入水壶中，再添加冰糖。
❸ 加盖闷10分钟后饮用。

养生功效

具有消火除燥、清热利湿的功效。

[饮用方法]

代茶温饮，每日1~2剂。

饮用宜忌

适宜咽喉肿痛、肠胃不好、食欲不振者饮用。胃酸过多、消化性溃疡和龋齿者慎饮。

健康饮茶问与答

问 **海青锋茶有哪些特征?**

答 海青锋茶为新创名茶，属于绿茶类，产于黄海之滨的翠龙山脉。海青锋一级茶只采芽茶不采叶，要求茶芽壮实洁净。海青锋的品质特征是：外形扁平光滑，紧实如剑显锋，色泽翠绿明亮，内质滋味爽口回甘，汤色黄绿清澈明亮，香气嫩香馥郁，叶底匀齐洁净。

薄荷枸杞菊花茶 解毒清火

[配方组成]

薄荷 3片 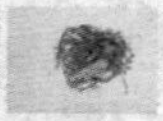
枸杞子 5克 
菊花 3朵 
冰糖 适量 

[制作方法]

❶ 将三味茶材冲洗净。
❷ 放入水壶中，调入冰糖。
❸ 加盖闷10分钟后饮用。

[饮用方法]

代茶温饮，每日1~2剂。

冲泡时间
1 3 5 8 10
15 18 20 25 30

✲ 养生功效

具有解毒清火、疏风散热的功效。

饮用宜忌

适宜头痛目赤、咽喉肿痛、口疮口臭者饮用。孕妇不宜过量饮用。

百合蜜茶 清火润肺

[配方组成]

百合 5克 
蜂蜜 适量 

[制作方法]

❶ 将百合洗净，放入水杯中。
❷ 注入适量水，加盖闷5分钟。
❸ 待水变温，添加蜂蜜饮用。

[饮用方法]

代茶温饮，每日1~2剂。

冲泡时间
1 3 5 8 10
15 18 20 25 30

✲ 养生功效

具有清火润肺、清心安神的功效。

饮用宜忌

适宜便秘、干咳、心烦口渴者饮用。风寒咳嗽痰多色白者慎饮。

健康饮茶问与答

问 **信阳毛尖有哪些特征？**

答 信阳毛尖属于绿茶类，其品质特征是：香气高雅、清新，味道鲜爽、醇香；外形匀整、鲜绿有光泽、白毫明显；冲后香高持久，滋味浓醇，回甘生津，汤色明亮清澈。

麦冬桑叶川贝茶 清肺除燥

[配方组成]

麦冬 15克 
桑叶 21克 
川贝 15克 

[制作方法]

❶ 将3种茶材捣碎、混合。
❷ 分成3份，分别放入茶包袋中。
❸ 取1袋，沸水冲泡，闷10分钟后饮用。

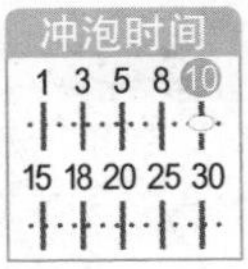

养生功效

具有清肺除燥、化痰止咳的功效。

[饮用方法]

代茶饮用，每日1剂。

饮用宜忌

适宜肺热燥咳、干咳少痰、阴虚劳嗽者饮用。脾胃虚寒、大便易泻者不宜饮用。

橄榄竹叶绿茶 清热生津

[配方组成]

橄榄 3个 
竹叶 5克 
绿茶 5克 

[制作方法]

❶ 将橄榄、竹叶和绿茶洗净。
❷ 放入水壶中，注入沸水。
❸ 加盖闷10分钟后饮用。

养生功效

具有清热生津、除烦止渴的功效。

[饮用方法]

代茶温饮，每日1~2剂。

饮用宜忌

适宜热病口渴、牙龈肿痛、口腔炎者饮用。孕妇不宜饮用。

健康饮茶问与答

问 **灵山剑峰有哪些特征?**

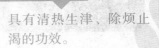

答 灵山剑峰为新创名茶，属于绿茶类，产于河南省罗山县。一般在谷雨前采制，特级灵山剑峰鲜茶的采摘标准为一芽一叶和一芽二叶初展，芽叶等长，芽头肥壮。灵山剑峰品质特征是：外形扁平挺直似剑，白毫显露、色泽翠绿，汤色浅绿、清澈明亮，香气高爽，滋味鲜醇回甘，叶底嫩绿匀净，品质堪称茶中珍品。

冬季祛寒

■ 功能减退　■ 阳气渐弱　■ 祛寒防病

严寒的冬季，风寒地凉，万物蛰伏，寒气袭人，人体生理功能减退，阳气渐弱。中医经典著作《黄帝内经》在谈及冬季保健养生时说："冬三月，此谓闭藏，水冰地拆，无忧乎阳，早卧晚起，必待日光。"因而冬天喝茶以红茶为最佳。红茶品性温和，冬季饮之，可补益身体，善蓄阳气，生热暖腹，从而增强人体对冬季寒冷气候的抵御能力。此外，还可选用一些温中散寒的小茶包，以便御寒暖身、祛寒防病。

金丝焦枣茶　健脾胃、养心血

[配方组成]

干金丝小枣 40克

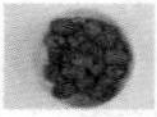

[制作方法]

1. 将金丝小枣洗净、晾干。
2. 放入无油的锅中炒到外皮焦黑。
3. 晾凉后装瓶密封。每次取5粒，沸水冲泡，闷20分钟。

冲泡时间：1 3 5 8 10 15 18 20 25 30（20分钟）

养生功效

健脾胃、养心血，适用于冬季保健。

[饮用方法]

代茶温饮，每日1~2剂。

饮用宜忌

此茶还适合小孩和产妇饮用。
服用退热药时不要饮用。

养生小贴士

1. 冬季要尽量早睡晚起。较长的休息时间，可使意志安静，人体潜伏的阳气不受干扰。
2. 冬季饮食应温热勿燥，把握"适当清淡"的原则。
3. 保持室内空气流通，防止头昏、疲劳、恶心、食欲不振等现象。
4. 要注意背部保暖。背部是阳中之阳，风寒等邪气极易透过背部侵入，引发疾病。

陈皮牛蒡茶 补肾壮阳、润肠通便

[配方组成]

牛蒡 20克  陈皮 20克 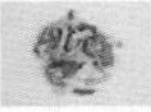

[制作方法]

❶ 将牛蒡切片并炒好，与陈皮混合。
❷ 分成5份，分别装入茶包袋中。
❸ 取1小袋，用沸水冲泡，闷10分钟。

[饮用方法]

每日1剂，当茶饮用。

饮用宜忌

适宜阳虚、胃寒者饮用。阴虚燥咳、久嗽气虚者慎饮。

养生功效

冬天饮用，具有补肾壮阳、润肠通便的功效。

阿胶红茶 补虚祛寒

[配方组成]

阿胶 6克  红茶 3克 

[制作方法]

❶ 将阿胶、红茶放入水杯中。
❷ 再注入沸水，闷5分钟。
❸ 待阿胶溶化，趁温饮用。

[饮用方法]

每日1剂，代茶饮用。

饮用宜忌

饮用此茶时应忌油腻食物。孕妇及感冒病人不宜饮用。

养生功效

补虚祛寒、振奋精神，冬日饮用可提高免疫力。

健康饮茶问与答

问 **凉茶与热茶哪个更解渴？**

答 在炎热的夏季，有人为了解渴、求得凉快，常喜欢喝一杯凉茶。其实，喝热茶降温快，而且还可使人耳聪目明、神思爽畅。喝热茶时，通过发汗，可使人体皮肤表面温度在数分钟之内明显降低，大大改善口渴的感觉；而喝凉茶时，皮肤温度变化并不明显。总而言之，热茶比凉茶更能解渴。

姜红茶 御寒暖身

[配方组成]

生姜 2片  红茶 6克 

[制作方法]

1. 将生姜洗净、切片。
2. 连同红茶放入水杯中。
3. 注入沸水，闷5分钟后饮用。

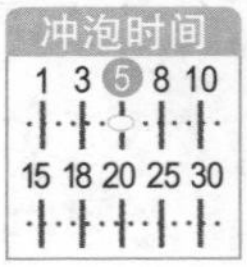

[饮用方法]

每日1剂，代茶饮用，可反复冲泡。

饮用宜忌

红茶品性温和，最宜冬天饮用。孕妇不宜饮用。

养生功效

具有御寒暖身、减肥排毒的功效。

葛根红茶 暖身、预防感冒

[配方组成]

葛根丁 3克  红茶 6克 

[制作方法]

1. 将葛根、红茶放入水杯中。
2. 再注入沸水，闷5分钟。
3. 待茶材营养完全浸出，趁温饮用。

[饮用方法]

每日1剂，代茶饮用。

饮用宜忌

适宜胃寒体质、易感冒者饮用。脾胃虚寒者禁止饮用。

养生功效

具有暖身御寒、防感冒等功效。

健康饮茶问与答

问 饮茶会影响牙齿洁白吗?

答 如果爱喝浓茶，加上有吸烟习惯，确实会使牙齿逐渐变黄，就像茶壶、茶杯长期不清洗，表面积有一层“茶锈”一样。这是值得引起重视的。然而，一般饮茶者，只要不抽烟，注意早、晚两次刷牙，而且经常适当吃些水果等食物，牙齿是不会因喝茶变黄的。

玫瑰红茶 活血养颜、暖身御寒

[配方组成]

红茶 6克  干玫瑰花 3朵 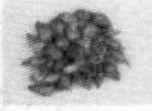

[制作方法]

❶ 将玫瑰花、红茶放入水杯中。
❷ 再注入沸水，闷5分钟。
❸ 待花苞褪色，趁温饮用。

[饮用方法]

每日2剂，代茶饮用。

冲泡时间 1 3 5 8 10 15 18 20 25 30

养生功效

具有舒肝解郁、和血调经、活血养颜的作用。

饮用宜忌

适用于冬季怕冷、气滞血瘀的人们。此茶有收敛的作用，便秘的人慎饮。

柠檬普洱茶 暖胃、消食

[配方组成]

干柠檬 1片 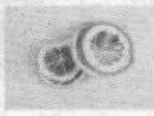 普洱茶 6克 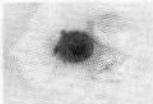

[制作方法]

❶ 将柠檬片、普洱茶放入水杯中。
❷ 先冲洗一下，将水倒出。
❸ 再注入沸水，闷5分钟后饮用。

[饮用方法]

每日1~2剂，代茶温饮。

冲泡时间 1 3 5 8 10 15 18 20 25 30

养生功效

具有暖胃、消食的功效，长期饮用还可以预防感冒。

饮用宜忌

如果不喜欢酸的味道，还可以添加冰糖调味。阳盛、血瘀体质两种体质的人慎饮。

健康饮茶问与答

问 用茶水服药对药效有影响吗？

答 药物的种类繁多，性质各异。不能一概认为用茶水服药都不好。尤其是服用某些维生素类药物时，茶水对药几乎没有影响。如服用维生素C时，茶叶中的茶多酚可以促进维生素C吸收。但是当服用镇静类药物时，为了减少兴奋，不宜饮茶。因此，是否可以用茶水服药，需随药性而定。

芝麻花椒茶 益精悦颜

[配方组成]

红茶 25克  芝麻 15克  花椒 10克 

[制作方法]

❶ 将茶材混合均匀，分成5份。
❷ 分别装入5个茶包袋中。
❸ 取1小袋，冲泡10分钟后饮用。

[饮用方法]

代茶温饮，每日1剂。

养生功效

具有益精悦颜、保元固肾、御寒暖身等功效。

饮用宜忌

适宜身体寒凉、肾虚滑精者饮用。孕妇，阴虚火旺者忌饮。

山药冰糖茶 养脾气、益肝肾

[配方组成]

山药 1/4根  冰糖 适量 

[制作方法]

❶ 将山药洗净、去皮、切薄片。
❷ 放入锅内，加水适量，放入冰糖。
❸ 熬制30分钟后饮用即可。

[饮用方法]

每日1剂，温服，饮汁食山药。

养生功效

润肺补脾，益肾固肠。

饮用宜忌

适宜脾肾两虚之大便溏泻者饮用。大便燥结者不宜饮用。

健康饮茶问与答

问 饮浓茶好不好?

答 茶有提神醒脑、促进消化、有益健康的作用。然而，如果饮茶过浓，就会伤害身体。尤其是对于中老年人来说，饮茶的浓度对保护自己的身体健康尤为重要。一般来说，中老年人经常性地大量饮用浓茶容易出现很多身体不适状态。所以，为了达到饮茶养生保健、延年益寿的目的，饮茶应以淡茶为宜。

山药枸杞茶 养阴滋肾

[配方组成]

山药 20克  枸杞子 10克 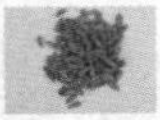

[制作方法]

1. 将山药洗净、去皮、切薄片，枸杞洗净。
2. 将山药放入锅内，加水适量，用大火煎沸。
3. 再改用文火煮30分钟，加入枸杞稍煮即可。

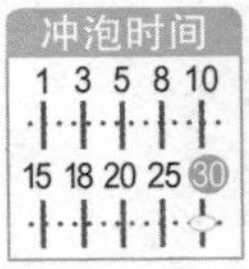

[饮用方法]

每日1剂，代茶温饮。

养生功效

具有益精明目、养阴滋肾的作用。

饮用宜忌

适宜肾阳不足者饮用。外邪实热者禁止饮用。

双红茶 暖胃、抗感冒

[配方组成]

红糖 10克  红茶 6克 

[制作方法]

1. 将红茶放入水杯中，先冲洗一下。
2. 再注入沸水，闷5分钟。
3. 放入红糖，待融化即可。

[饮用方法]

每日2剂，代茶温饮。

养生功效

具有暖胃、抗感冒等功效。

饮用宜忌

此茶尤其适合冬天饮用。阴虚内热者、消化不良者慎饮。

健康饮茶问与答

问 冷茶能喝吗？

答 许多人有饮冷茶的习惯，冷茶如果没有变质，是可以饮用的。但茶叶冲泡以后，长时间放置，茶汤中的维生素C和其他营养成分会因逐渐氧化而降低。另外，茶叶中的蛋白质、糖类等是细菌、霉菌的培养基，茶汤没有严格的灭菌，极易滋生霉菌和细菌，导致茶汤变质腐败，这种变质了的茶汤当然不宜饮用。

茴香双红茶 温肾散寒

[配方组成]

红糖 3克  红茶 6克  茴香 5克 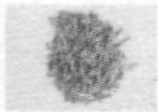

[制作方法]

❶ 将茴香、红茶放入水杯中。
❷ 用沸水冲泡，闷5分钟。
❸ 放入红糖调味即可。

[饮用方法]

每日1~2剂，代茶温饮。

冲泡时间：1 3 5 8 10 15 18 20 25 30

✲ 养生功效

具有温中散寒、和胃理气的功效。

饮用宜忌

适宜胃寒、腹泻者饮用。有实热、虚火者不宜饮用。

白菊花乌龙茶 清火润燥、防感冒

[配方组成]

白菊花 3朵  乌龙茶 6克  冰糖 适量 

[制作方法]

❶ 将白菊花、乌龙茶放入水杯中。
❷ 先冲洗一下，再用沸水冲泡。
❸ 闷5分钟后，加入冰糖调味即可。

[饮用方法]

每日1~2剂，代茶温饮。

冲泡时间：1 3 5 8 10 15 18 20 25 30

✲ 养生功效

具有清火润燥、防感冒等功效。

饮用宜忌

适宜内火攻心、焦躁不安者饮用。气血虚弱、体寒的人不适合饮用。

健康饮茶问与答

问 如何保管好茶叶？

答 买回的小包装茶，无论是复合薄膜袋装茶还是听罐包装茶，都必须放在能保持干燥的地方。如果是散装茶，可用干净白纸包好，置于有干燥剂（如块状未潮解石灰）的罐、坛中，将口盖密。如茶叶数量少而且很干燥，也可用二层防潮性能好的薄膜袋包装密封好，放在冰箱中，可至少保存半年不变质。

第四章

美容减肥茶包

美容护肤

■ 中药美容　■ 养颜　■ 润肤

随着人们对美丽追求的日益高涨，美容护肤在现代已经成为一门学问。人们受皮肤问题困扰不再盲目地去商店买各种化妆品来试，伴随更多的女性开始注重用天然的食材和中药来滋养，中药美容现在非常流行，而且安全、有效。女人要想成为不败的花朵，需要水的滋养，尤其是具有调养功效的茶水，一杯淡淡的香茶，就让面部洁白无瑕肤质细腻、面色红润。所以，从现在开始，精心调配属于你的养颜、润肤茶包吧。

芍药生地茶　去除黄褐斑

[配方组成]

干芍药花 2克 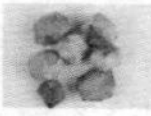　生地 3克 　绿茶 3克 

[制作方法]

❶ 将芍药花、生地、绿茶洗净。
❷ 3种材料放入杯中。
❸ 再注入沸水，闷5分钟后饮用。

[饮用方法]

每天1剂，当茶饮用，也可放入冰糖调味。

养生功效

对于祛除黄褐斑有一定疗效。

饮用宜忌

芍药花适合单泡，也适宜搭配绿茶。
一般人群都适宜饮用。

冲泡时间：1 3 **5** 8 10 15 18 20 25 30

养生小贴士

1. 多食用含蛋白质丰富的食品，如肉、蛋、奶和豆制品。
2. 多食用含维生素的食物，如新鲜水果和蔬菜。尤其是维生素E，对抵抗皮肤老化有明显的作用。
3. 一定要多喝水，女人绝不能没有水分的滋养。
4. 要给皮肤按摩，促进血液循环，增强皮肤的弹性。
5. 长时间面对电脑的人，一定要使用防辐射护肤品，多食用防辐射的食物。

芦荟蜜饮 改善皮肤干燥、暗黄

[配方组成]

芦荟叶 1个		蜂蜜 适量	

[制作方法]

❶ 将芦荟冲洗干净、剥去绿皮、切小丁。
❷ 放入水杯中，用沸水冲泡。
❸ 闷5分钟后，放入蜂蜜饮用。

[饮用方法]

每天1~2剂，当茶饮用。

冲泡时间
1 3 ⑤ 8 10
15 18 20 25 30

养生功效

具有通便、促进伤口愈合、抗菌消炎，使皮肤润滑的功效。

饮用宜忌

适宜皮肤干燥、暗黄的人饮用。体质虚弱者，不要过量饮用此茶。

生地山楂红糖饮 改善皮肤粗糙、瘙痒

[配方组成]

生地 12克		山楂 15克		红糖 适量	

[制作方法]

❶ 将3种材料混合均匀，分成4等份。
❷ 分别装入茶包袋中。
❸ 取1小袋，冲泡15分钟后饮用。

[饮用方法]

代茶饮用，每日1剂。

冲泡时间
1 3 5 8 10
⑮ 18 20 25 30

养生功效

具有清热凉血、荣养肌肤的功效。

饮用宜忌

适宜皮肤粗糙、瘙痒者饮用。脾胃有湿邪及阳虚者忌饮。

健康饮茶问与答

问 **饮茶能防蛀牙吗?**

答 饮茶或用茶漱口、刷牙，不但能除口臭，还可防治龋齿。据研究，茶叶在预防龋齿方面的确具有很大的功效，饮茶、用茶汤漱口、刷牙，或者用含茶的牙膏均可，但以茶水刷牙为最好。这是因为茶中含有氟，氟离子与牙齿的钙质有很大的亲和力，能变成一种较难溶于酸的“氟磷灰石”。

玫瑰人参茶 保持肌肤光滑细嫩

[配方组成]

人参片 5片  干玫瑰花 3朵 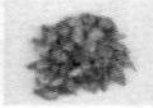

[制作方法]

❶ 将玫瑰花、人参片放入水杯中。
❷ 先冲洗一下，再注入沸水。
❸ 闷5分钟后即可饮用。

[饮用方法]

每日2剂，早晚各1次。代茶饮用。

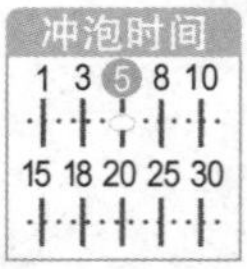

✲ 养生功效

可以保持肌肤光滑、细腻，延缓衰老。

饮用宜忌

适宜便秘、内分泌失调的人饮用。饮此茶时，少吃辛辣或者刺激性食物。

银杞护肤茶 改善面色萎黄、皮肤干燥

[配方组成]

银耳 1朵 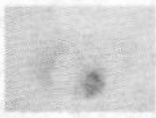 枸杞子 15克 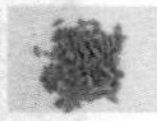 冰糖 10块 

[制作方法]

❶ 银耳浸泡后取出、洗净，枸杞子冲净。
❷ 加500毫升水以小火将银耳煮至软烂。
❸ 再放入枸杞、冰糖稍煮即可。

[饮用方法]

饮汁吃银耳、枸杞，每日1剂。

✲ 养生功效

具有补肺肾、美容颜、润肌肤的功效。

饮用宜忌

适用于面色萎黄、皮肤干燥者。孕妇、儿童不宜过多饮用。

健康饮茶问与答

问 晚上大量饮茶减肥可以吗？

答 任何活性物质，都需要选对时机才能发挥健康效应。对咖啡因敏感的人来说，饮浓茶可能影响睡眠，因此在早晨和上午饮茶比较合适。如下午5点以后饮茶，有可能造成晚上失眠，而减少睡眠并不能改善减肥效果，因为睡眠不足不仅会降低抵抗力，还会升高血糖，提高促进食欲的激素水平，所以是得不偿失的事情。

玉竹洋参茶 美白肌肤

[配方组成]

玉竹 15克 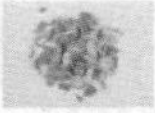 西洋参 5克 

[制作方法]

❶ 将玉竹和西洋参放入水杯中。
❷ 先冲洗一下，再注入沸水。
❸ 闷10分钟后即可饮用。

[饮用方法]

每日1~2剂，代茶温饮。

养生功效

具有美白肌肤、排除毒素的功效。

饮用宜忌

适宜皮肤暗沉、色素沉着者饮用。湿阻中满及大便溏泄者慎饮。

玫瑰柠檬茶 养颜美容

[配方组成]

玫瑰 3~5朵  柠檬 2片 

[制作方法]

❶ 将玫瑰和柠檬放入水杯中。
❷ 先冲洗一下，再注入沸水。
❸ 闷10分钟后即可饮用。

[饮用方法]

每日1~2剂，代茶温饮。

养生功效

具有养颜美容、调经活血的功效。

饮用宜忌

适宜气滞血瘀、疲劳者饮用。口渴、舌红少苔者慎饮。

健康饮茶问与答

问 仙人掌茶有哪些特征?

答 仙人掌茶为恢复制作的历史名茶，属于绿茶类，产于湖北省当阳市玉泉山麓玉泉寺一带。其品质特征是：外形扁平似掌，色泽翠绿，白毫披露；冲泡之后，芽叶舒展，嫩绿纯净，汤色嫩绿，清澈明亮；清香雅淡，沁人肺腑。初啜清淡，回味甘甜，继之醇厚鲜爽，弥留于齿颊之间，令人心旷神怡，回味隽永。

洋甘菊银花茶 用于皮肤敏感

[配方组成]

洋甘菊 8克 
金银花 8克 

[制作方法]

1. 将洋甘菊和金银花放入水杯中。
2. 先冲洗一下，再注入沸水。
3. 闷10分钟后即可饮用。

[饮用方法]

每日1~2剂，代茶温饮。

饮用宜忌

适宜皮肤敏感、脸上有斑者饮用。孕妇不宜经常饮用。

养生功效

具有改善黑斑、净化肌肤的功效。

防风银花茶 除痘化脓

[配方组成]

防风 7克 
金银花 10克 

[制作方法]

1. 将防风和金银花放入水杯中。
2. 先冲洗一下，再注入沸水。
3. 闷10分钟后即可饮用。

[饮用方法]

每日1~2剂，代茶温饮。

饮用宜忌

适宜皮肤疔疮、粉刺患者饮用。血虚者不宜饮用。

养生功效

具有排毒降火、除痘化脓的功效。

健康饮茶问与答

问 鄂南剑春茶有哪些特征?

答 鄂南剑春茶为新创名茶，属于绿茶类，产于湖北咸宁市浮山茶场。剑春茶采摘十分严格，要求芽叶匀齐成朵，不采紫色叶、雨水叶和病虫叶，确保鲜叶新鲜。剑春茶外形平直尖削似剑，色泽翠绿油润；香气鲜嫩清高，滋味浓鲜甘爽，汤色清澈嫩绿明亮；叶底嫩匀成朵，品质优异。

洋甘菊茅根茶 清肝祛痘

[配方组成]

洋甘菊 7克 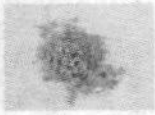
白茅根 10克 

[制作方法]

1. 将洋甘菊和白茅根放入水杯中。
2. 先冲洗一下，再注入沸水。
3. 闷10分钟后即可饮用。

[饮用方法]

每日1~2剂，代茶温饮。

冲泡时间
1 3 5 8 10
15 18 20 25 30

饮用宜忌

适宜肝火旺、皮肤过敏者饮用。脾胃虚寒，溲多不渴者忌饮。

养生功效

具有排毒降火、清肝祛痘的功效。

百合莲藕茶 除痘淡疤

[配方组成]

百合 8克 
莲藕 1/4个 

[制作方法]

1. 将百合洗净，莲藕洗净、切小块。
2. 将所有材料放入锅中，注入适量水。
3. 熬制20分钟后，取汁饮用。

[饮用方法]

代茶频饮，每日1~2剂。

冲泡时间
1 3 5 8 10
15 18 20 25 30

饮用宜忌

适宜脸上长痘、有痘痕的人饮用。风寒咳嗽痰多色白者忌饮。

养生功效

具有除痘淡疤、清热解毒的功效。

健康饮茶问与答

问 采花毛尖有哪些特征？

答 采花毛尖为新创名茶，属于绿茶类，产于湖北省五峰土家族自治县。采花毛尖的品质特征为：外形细秀匀直，色泽翠绿油润，香气高而持久，滋味鲜爽回甘，汤色清澈，叶底嫩绿明亮。富含硒、锌等微量元素及氨基酸、芳香物质，使茶叶形成香高、汤碧、味醇、汁浓的独特品质，对增强人体免疫力具有重要的功效。

菊花防风茶 排毒祛痘

[配方组成]

防风 8克  菊花 3朵 

[制作方法]

1. 将防风和菊花放入水杯中。
2. 先冲洗一下，再注入沸水。
3. 闷10分钟后即可饮用。

[饮用方法]

每日1~2剂，代茶温饮。

冲泡时间
1 3 5 8 10
15 18 20 25 30

养生功效

具有抗菌消炎、排毒祛痘的功效。

饮用宜忌

适合肌肤长痘的人群饮用。风热或湿热证、发热、舌苔黄者忌饮。

洛神洋参茶 提神养颜

[配方组成]

洛神花 8克  西洋参 8克 

[制作方法]

1. 将洛神花和西洋参放入水杯中。
2. 先冲洗一下，再注入沸水。
3. 闷10分钟后即可饮用。

[饮用方法]

每日1~2剂，代茶温饮。

冲泡时间
1 3 5 8 10
15 18 20 25 30

养生功效

具有提神养颜、润色补血的功效。

饮用宜忌

适合肤色暗淡、倦怠无神者饮用。胃酸过多者不宜多饮。

健康饮茶问与答

问 桂东玲珑茶有哪些特征？

答 桂东玲珑茶为恢复制作的历史名茶，属于绿茶类，产于湖南桂东铜罗乡的玲珑村。经过选芽摊放、杀青、清风、揉捻、初干、整形提毫、摊凉回潮、足火等八道工序制成。玲珑茶的品质特点是：外形条索紧细，状如环钩，色泽绿润，银毫披露；香气持久；汤色清亮，滋味浓醇。饮后甘爽清凉，余味无穷，一经品尝，无不交口赞美。

桃花柠檬草茶 润色活血

[配方组成]

桃花 10克 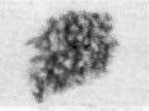
柠檬草 5克 

[制作方法]

1. 将桃花和柠檬草放入水杯中。
2. 先冲洗一下，再注入沸水。
3. 闷10分钟后即可饮用。

[饮用方法]

每日1~2剂，代茶温饮。

冲泡时间 1 3 5 8 10 15 18 20 25 30

饮用宜忌

适合色素沉积、血液不畅者饮用。孕妇不宜饮用。

养生功效

具有润色活血、净化皮肤的功效。

红巧梅白菊茶 美容消斑

[配方组成]

红巧梅 8克 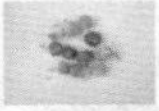
白菊花 3朵 

[制作方法]

1. 将红巧梅和白菊花放入水杯中。
2. 先冲洗一下，再注入沸水。
3. 闷10分钟后即可饮用。

[饮用方法]

每日1~2剂，代茶温饮。

冲泡时间 1 3 5 8 10 15 18 20 25 30

饮用宜忌

适合脸上有斑、皮肤暗沉者饮用。脾胃虚寒、腹泻者不宜多饮。

养生功效

具有美容消斑、美白皮肤的功效。

健康饮茶问与答

问 **汝白银针茶有哪些特征？**

答 汝白银针茶为新创名茶，属于绿茶类，产于湖南省汝城县九龙山一带。此茶在3月份下旬开采，采摘未展叶的肥壮芽头，芽长2~3厘米。其品质特征是，外形芽头长大重实，银毫满披隐翠；内质香气高雅，滋味鲜醇回甘，汤色杏绿晶亮，叶底肥嫩匀亮。冲泡时茶叶芽向上，柄向下，如春笋出土，品饮时赏心悦目。

迷迭香玉美人糖饮 收缩毛孔

[配方组成]

迷迭香 9克  玉美人 9克  冰糖 适量 

[制作方法]

❶ 将迷迭香和玉美人放入水杯中。
❷ 先冲洗一下，再注入沸水。
❸ 添加冰糖，闷10分钟后饮用。

冲泡时间
1 3 5 8 10
15 18 20 25 30

[饮用方法]

每日1~2剂，代茶温饮。

养生功效

具有清洁毛囊、收缩毛孔的作用。

饮用宜忌

适合毛孔粗大、有黑头者饮用。脾胃虚寒、腹泻者不宜多饮。

牛奶浓茶 润泽肌肤

[配方组成]

牛奶 适量  绿茶 8克  白糖 适量 

[制作方法]

❶ 先将适量绿茶放入茶壶中。
❷ 用沸水冲泡5分钟，将茶汁倒入杯中。
❸ 添加牛奶和白糖，混合均匀后饮用。

冲泡时间
1 3 5 8 10
15 18 20 25 30

[饮用方法]

每日1~2剂，代茶温饮。

养生功效

具有润泽肌肤、美白养胃的作用。

饮用宜忌

适合皮肤暗黄、胃寒者饮用。胃功能不全者慎饮。

健康饮茶问与答

问 **安仁毫峰茶有哪些特征？**

答 安仁毫峰茶为新创名茶，属于绿茶类，产于湖南省安仁毫山乡茶场。此茶在清明前后采制，以一芽一叶初展为制作材料。其品质特征是，独特的嫩栗香，滋味浓厚纯正，汤色鲜绿明亮；泡饮时，头泡香高、二泡味浓、三泡幽香犹存、四泡余味回甘。

西洋参红茶 增加皮肤弹性

[配方组成]

西洋参 10克  红茶 5克 

[制作方法]

❶ 将西洋参和红茶放入水杯中。
❷ 先冲洗一下，再注入沸水。
❸ 闷10分钟后饮用。

[饮用方法]

每日1~2剂，代茶温饮。

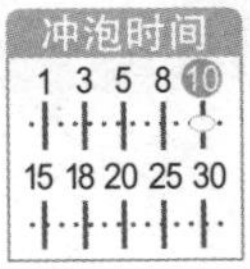

养生功效

可以调节皮肤的新陈代谢，增加皮肤的弹性。

饮用宜忌

适合皮肤粗糙、皮肤松弛者饮用。中阳衰微，胃有寒湿者忌饮。

薏米玫瑰饮 使皮肤有光泽、细腻

[配方组成]

薏米 10克 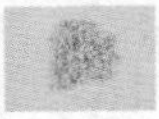 玫瑰 3~5朵 

[制作方法]

❶ 将薏米炒黄，玫瑰冲洗净。
❷ 一起放入水杯中，注入沸水。
❸ 加盖闷10分钟后饮用。

[饮用方法]

每日1~2剂，代茶温饮。

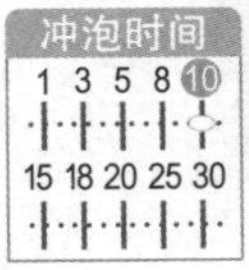

养生功效

具有祛湿美白、润泽肌肤的作用。

饮用宜忌

适合皮肤偏黑、粗糙、暗淡者饮用。孕妇不宜饮用。

健康饮茶问与答

问 **东山秀峰茶有哪些特征？**

答 东山秀峰茶为新创名茶，属于绿茶类，产于湖南石门县东山峰农场。采摘一芽一叶初展的鲜叶为原料，经过摊青、杀青、揉捻、理条、整形、提毫、木炭烘焙等工艺过程精制而成。其品质特征是：外形圆直，色泽翠绿，锋苗显露。冲泡后汤色清澈明亮，嫩香高长，滋味鲜爽，回味甘甜，叶底洁净绿嫩。

抗皱抗衰

■ 抗皱 ■ 抗衰 ■ 青春

每个女人最大的愿望就是拥有永远靓丽的容颜和永葆青春的身姿。但是衰老是生物的自然规律，没有人可以例外。在岁月的抚摸下，以及生活压力的打压下，魔“皱”会无情地爬上美丽的脸庞。此时，女性再也无法逃避眼部皱纹这道硬伤，现在的你最该做的事就是调整自己的生活节奏，良好的生活习惯将让你在抗老赛上拔得头筹。内调选择温和的小茶包，外在选对适合自己的去皱霜，让你的皮肤重回细滑、明亮，感受变年轻的惊喜。

珍珠绿茶 抗皱抗氧化

[配方组成]

珍珠粉 15克 

绿茶 5克 

[制作方法]

❶ 将绿茶放入水杯中。

❷ 加入适量水冲泡，闷5分钟左右。

❸ 将茶饮滤去，放入珍珠粉调匀饮用。

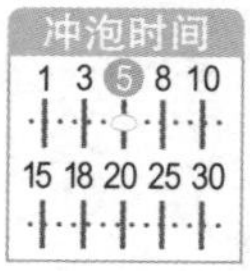

✿ 养生功效

具有减少皱纹、保持肌肤弹性的功效。

[饮用方法]

每日1剂，温饮。

饮用宜忌

适宜皮肤皱纹增多、没有弹性者饮用。

体质偏寒、胃寒和结石症患者慎饮。

养生小贴士

1. 皮肤内起着锁水功能的成分叫作保湿因子，会随着年龄增长而减少，所以要注重补水保湿。
2. 保养仅靠“脸面”功夫远不够，需要的是由内而外，通过内在的补充、调理来实现身体的健康、皮肤的美丽和延缓生理、皮肤的衰老。
3. 每天坚持涂抹防晒霜，可将肌肤的老化程度降低。
4. 蔬菜、水果在抗衰老过程中起着十分重要的作用，可多食用。

冰枣乌梅饮 润泽肌肤

[配方组成]

乌梅 15个  红枣 15颗  冰糖 30块 

[制作方法]

1. 红枣掰开，与其他茶材混合成10份。
2. 分别装入茶包袋中，每次冲泡1袋。
3. 先冲泡1遍，再次用沸水冲泡，闷20分钟。

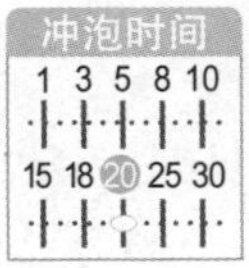

[饮用方法]

代茶温饮，每日2剂。

养生功效

具有清虚热、养气血、润泽肌肤的功效。

饮用宜忌

此款茶需要温饮，效果才好。处于经期或产后的女性慎饮。

薏米陈皮茶 抗衰、瘦脸

[配方组成]

薏米 20克  陈皮 20克 

[制作方法]

1. 将薏米放入无油锅，翻炒至发黄。
2. 将炒过的薏米和陈皮混合、打碎。
3. 每次取2匙，用沸水冲泡，闷20分钟后饮用。

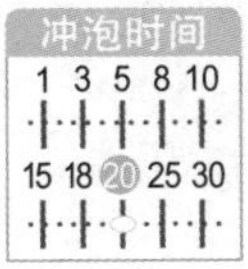

[饮用方法]

代茶饮用，每日1~2剂。

养生功效

具有清肺热、消水肿、瘦脸的功效。

饮用宜忌

适用于每天早晨起来出现面部水肿的人。脾胃虚弱、便溏腹泻者慎饮。

健康饮茶问与答

问 为什么饮茶能提神?

答 茶具有提神和养神两方面的作用。当茶叶刚泡开大约3分钟时，茶叶中大部分的咖啡因就已溶解到茶水中了。这时的茶就具有明显的提神功效。而再继续浸泡，茶叶中的鞣酸逐渐溶解到茶水中，抵消了咖啡因的作用，就不容易再使人有明显的生理上的兴奋。

山楂益母草茶　延缓肌肤衰老

[配方组成]

山楂 9克 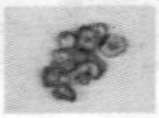　益母草 9克 

[制作方法]

❶ 将山楂、益母草放入水杯中。
❷ 先冲洗一下，再注入沸水。
❸ 闷10分钟后即可饮用。

[饮用方法]

每日1~2剂，代茶温饮。

冲泡时间：1 3 5 8 10 15 18 20 25 30（10）

养生功效

长期饮用可延缓皮肤衰老，使皮肤抵抗力增强。

饮用宜忌

适宜皮肤干瘪、无光泽者饮用。处于经期和孕期的女性慎饮。

薏米柠檬茶　增加皮肤弹性

[配方组成]

薏米 30克 　鲜柠檬 半个 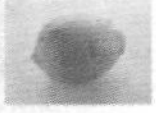　冰糖 适量 

[制作方法]

❶ 将薏米清洗干净，柠檬切片。
❷ 薏米下锅，加入适量水煮沸后转小火。
❸ 30分钟后，放入冰糖和柠檬片即可。

[饮用方法]

每日1~2剂，代茶温饮。

冲泡时间：1 3 5 8 10 15 18 20 25 30（30）

养生功效

具有消肿去肿、淡化色斑、增加皮肤弹性的功效。

饮用宜忌

适用于因长时间便秘所致的面部色斑者。脾胃虚弱、便溏腹泻者慎饮。

健康饮茶问与答

问　为什么饮茶能明目？

答　茶叶中所含的β－胡萝卜素在人体内可转化为维生素A，具有维持上皮组织正常功能的作用，并在视网膜内与蛋白质合成视紫红质，增强视网膜的感光性。茶叶中含量很高的B族维生素是维持视网膜正常功能必不可少的活性成分，对预防角膜炎、角膜混浊和视力衰退均有效。

红枣菊花茶 使面部肌肤红润

[配方组成]

红枣 21克 
菊花 15克 
冰糖 适量 

[制作方法]

1. 将红枣掰碎，与菊花、冰糖混合。
2. 均分成3份，分别装入茶包袋中。
3. 取1袋，用沸水冲泡10分钟。

[饮用方法]

代茶饮用，每日1~2剂。

冲泡时间：1 3 5 8 **10** / 15 18 20 25 30

✲ 养生功效

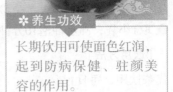

长期饮用可使面色红润，起到防病保健、驻颜美容的作用。

饮用宜忌

适用于肝郁气滞所致的面色枯黄、无血色之人。排便困难以及长期便秘的人不适合。

芪枣养颜饮 养血滋阴、滋润肌肤

[配方组成]

黄芪 10克 
红枣 5颗 

[制作方法]

1. 将红枣去核，跟黄芪一起下锅。
2. 放适量水大火煮开，小火煮30分钟。
3. 放到冰箱冷藏，分次取饮即可。

[饮用方法]

每次取1/10，加沸水调稀饮用。

冲泡时间：1 3 5 8 10 / 15 18 20 25 **30**

✲ 养生功效

气血双补，可增强体质、改善气色。

饮用宜忌

黄芪作为补气佳品，在春季饮用效果更佳。体内有热的人不宜饮用。

健康饮茶问与答

问 失眠者为什么不能喝浓茶？

答 茶叶中含有较高的咖啡因，其最明显的作用就是兴奋中枢神经。若晚上或临睡前喝茶，就会造成失眠者兴奋的程度更强烈，使人白天提不起精神，影响正常的工作和学习。因此，失眠者在早晨和上午适当喝点淡茶。到了下午则要控制饮茶，而晚上更要停止饮茶。

牛蒡枸杞茶 使皮肤保持细腻

[配方组成]

牛蒡 18克 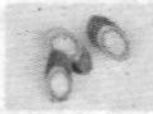　枸杞子 20克 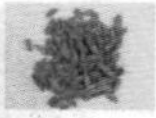

[制作方法]

❶ 将牛蒡炒好，与枸杞子混合。
❷ 分成5份，分别装入茶包袋中。
❸ 取1小袋，沸水冲泡10分钟后饮用。

冲泡时间：1 3 5 8 **10** 15 18 20 25 30

✲ 养生功效

可疏风散热，促进新陈代谢，使皮肤保持细腻。

[饮用方法]

代茶饮用，每日1剂。

饮用宜忌

适宜面部皮肤粗糙之人饮用。处于经期和孕期的女性不宜饮用。

瑰菊薄荷茶 抗衰、抗皱纹

[配方组成]

干玫瑰 3朵 　薄荷 5片 　菊花 1朵 

[制作方法]

❶ 将玫瑰、薄荷、菊花放入水杯中。
❷ 先用沸水冲洗一下，再注入沸水。
❸ 加盖闷5分钟即可饮用。

冲泡时间：1 3 **5** 8 10 15 18 20 25 30

✲ 养生功效

长期饮用可延缓肌肤皱纹的产生，使肌肤光滑、富有弹性。

[饮用方法]

每日1~2剂，代茶频饮。

饮用宜忌

平常以薄荷泡茶饮用，可清心明目。脾胃虚弱者需饭后饮用。

健康饮茶问与答

问 什么样的茶叶农药残留少？

答 一般来说，当年5月底前采制的春茶农残很少。春茶生长期间茶树一般无病虫害，不用使用农药，不会对茶叶造成污染。购买时观察茶叶的外形、色泽、品味和香气来鉴别春茶的真假。春茶的芽叶一般较肥壮厚实，有的还有较多毫毛，色泽鲜润，香气浓郁而新鲜。冲泡后，可通过闻香、尝味、看叶底来进一步做出判断。

杏仁人参茶 补气养颜

[配方组成]

杏仁 10克		人参 5克		冰糖 适量	

[制作方法]

❶ 将杏仁和人参洗净、捣碎。
❷ 放入水杯中，用沸水冲泡。
❸ 添加冰糖，闷10分钟后饮用。

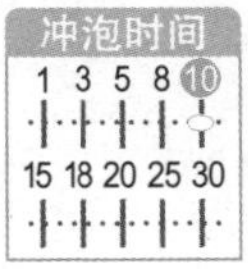

[饮用方法]

每日1~2剂，代茶温饮。

养生功效

可以调节皮肤的新陈代谢，增加皮肤的弹性。

饮用宜忌

适合气血停滞、虚劳、便秘者饮用。此茶需适量饮用。

玫瑰人参蜜茶 美肤抗衰

[配方组成]

玫瑰 3~5朵		人参 8克		蜂蜜 少许	

[制作方法]

❶ 将玫瑰和人参洗净、捣碎。
❷ 放入水杯中，用沸水冲泡。
❸ 闷10分钟后，添加蜂蜜饮用。

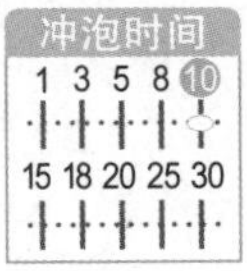

[饮用方法]

每日1~2剂，代茶温饮。

养生功效

具有行气活血、美肤抗衰的功效。

饮用宜忌

适合元气不足、免疫力低下者饮用。阴虚火旺者不宜长期、大量饮服。

健康饮茶问与答

问 洞庭春芽茶有哪些特征？

答 洞庭春芽为新创名茶，属于绿茶类，产于湖南岳阳县黄沙街。从一个芽头到一芽二、三叶初展，鲜叶采摘标准是：嫩度、长短、大小、色泽等一致。其品质特征是：外形条索紧直，芽叶肥硕匀齐，银毫满披隐翠；内质香气高鲜，滋味醇厚鲜爽，汤色黄绿清澈，叶底嫩绿明亮。

桑叶乌龙蜜茶 调理气血

[配方组成]

桑叶 10克		乌龙茶 5克		蜂蜜 适量	

[制作方法]

❶ 将桑叶和乌龙茶洗净。
❷ 放入水杯中，沸水冲泡10分钟。
❸ 待水变温，调入蜂蜜饮用。

[饮用方法]

每日1~2剂，代茶温饮。

养生功效

具有调理气血、养颜美容的功效。

饮用宜忌

适合眼睛红肿、贫血者饮用。风寒感冒而恶寒严重者不宜饮用。

芝麻洋参杏仁茶 排毒、抗老

[配方组成]

芝麻 10克		西洋参 5克		杏仁 10克	

[制作方法]

❶ 将芝麻炒黄，杏仁捣碎，西洋参洗净。
❷ 共同放入锅中，注入适量水。
❸ 熬制30分钟后，取汁饮用。

[饮用方法]

每日1剂，代茶温饮。

养生功效

具有解毒润肤、排毒抗老的功效。

饮用宜忌

适合肌肉衰弱、皮肤老化严重者饮用。中阳衰微，胃有寒湿者忌饮。

健康饮茶问与答

问 兰岭毛尖茶有哪些特征？

答 兰岭毛尖，又名兰岭绿之剑，为新创名茶，属于绿茶类，产于湖南湘阴。其品质特征是：外形条索扁直，翠绿显毫，全部由单芽制作，分粗、中、细三种规格，一致性好，压扁后的单芽成品茶根根似剑，去掉白毫显露原有绿色，外形、汤色、叶底均鲜绿明丽；内质汤色绿亮如新，香气清香持久，滋味醇爽回甘。

◀人参川七茶 减少皱纹

[配方组成]

人参 10克 

川七 5克 

蜂蜜 适量 

[制作方法]

❶ 将人参和川七洗净。
❷ 放入水杯中，沸水冲泡10分钟。
❸ 待水变温，调入蜂蜜饮用。

[饮用方法]

每日1~2剂，代茶温饮。

饮用宜忌

适合心绞痛、高胆固者饮用。脾胃虚寒的人不宜饮用。

✲ 养生功效

具有强心温肾、减少皱纹的功效。

◀玫瑰迷迭茶 延缓老化

[配方组成]

迷迭香 10克 

玫瑰 3~5朵 

[制作方法]

❶ 将迷迭香、玫瑰冲洗净。
❷ 一起放入水杯中，注入沸水。
❸ 加盖闷10分钟后饮用。

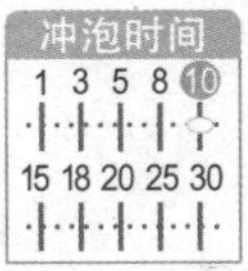

[饮用方法]

每日1~2剂，代茶温饮。

饮用宜忌

适合皮肤老化、神经衰弱者饮用。怀孕妇女不宜饮用。

✲ 养生功效

具有延缓老化、安神助眠的作用。

健康饮茶问与答

问 江华毛尖茶有哪些特征？

答 江华毛尖为历史名茶，属于绿茶类，产于湖南江华瑶族自治县。加工工艺分为杀青、摊凉、揉捻、复炒、摊凉、复揉、整形和足干等八道工序。其品质特征：外形条索肥厚，紧结卷曲，白毫显露，内质香气清高，汤色晶莹，滋味浓醇甘爽，叶底嫩绿。内含茶多酚、氨基酸、氮丰富。药用可治积热、久泻和心脾不舒。

萝卜洋参茶 防癌、抗老

[配方组成]

白萝卜 1/4个  西洋参 10克 

[制作方法]

❶ 将白萝卜洗净、切片，西洋参洗净。
❷ 一起放入锅中，注入适量水。
❸ 熬制30分钟后，取汁饮用。

[饮用方法]

每日1剂，代茶温饮。

饮用宜忌

适合免疫力低、皮肤衰老者饮用。胃有寒湿者不宜饮用。

养生功效

具有抗氧化、防癌抗老的作用。

瑰薰枸杞茶 减少皱纹

[配方组成]

薰衣草 10克  玫瑰 3~5朵  枸杞 10克 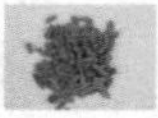

[制作方法]

❶ 将3种茶材冲洗净。
❷ 一起放入水杯中，注入沸水。
❸ 加盖闷10分钟后饮用。

[饮用方法]

每日1~2剂，代茶温饮。

饮用宜忌

适合皮肤衰老、脸上有皱纹者饮用。怀孕妇女不宜饮用。

养生功效

具有美容养颜、抗衰除皱的作用。

健康饮茶问与答

问 **高桥银峰茶有哪些特征？**

答 高桥银峰为新创名茶，属于绿茶类，产于湖南长沙市东郊玉皇峰下。在制作工艺上，有杀青、清风、初揉、初干、做条、提毫、摊凉、烘焙等8道工序，其中“提毫”是关键。其品质特征是：外形条索紧细微曲，色泽翠绿，周身银毫雪白竖立，内质香气鲜浓，滋味醇厚，汤色清亮，叶底嫩匀，饮后回味持久。

◀雪中情茶 抗衰老、祛皱纹

[配方组成]

雪中情 6克 
冰糖 适量 

[制作方法]

1. 将雪中情洗净，放入杯中。
2. 添加冰糖，注入沸水。
3. 加盖闷10分钟后饮用。

[饮用方法]

每日1~2剂，代茶温饮。

✲养生功效

具有抗衰老、防皱纹、增白皮肤的作用。

饮用宜忌

适合皮肤衰老、脸上有皱纹者饮用。怀孕妇女不宜饮用。

◀玫瑰茉莉绿茶 美白抗皱

[配方组成]

茉莉 5克 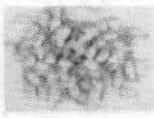
玫瑰 3~5朵 
绿茶 5克 

[制作方法]

1. 将3种茶材冲洗净。
2. 共同放入水杯中，注入沸水。
3. 加盖闷10分钟后饮用。

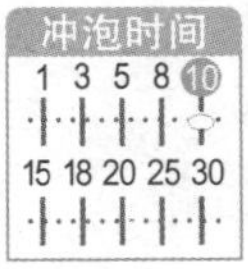

[饮用方法]

每日1~2剂，代茶温饮。

✲养生功效

具有美白抗皱，促进新陈代谢的作用。

饮用宜忌

适合肌肤色素沉着、有斑点、皱纹者饮用。怀孕妇女不宜饮用。

健康饮茶问与答

问 **仁化银毫茶有哪些特征？**

答 仁化银毫为新创名茶，属于绿茶类，产于广东省仁化县红山镇黄岭嶂。品质风格特点是：外形芽头肥壮挺直，披毫，色泽嫩绿鲜润，内质香气清纯芬芳，汤色明净，滋味鲜醇，叶底鲜艳明亮。随着制茶工艺的提高，保持芽硕、茸白、汤清、兰香、味醇的品质特色，成“外形美观，其味极佳”的畅销名茶。

花生豆浆糖饮 延缓衰老

[配方组成]

花生 10克 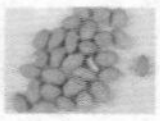 豆浆 适量  白糖 适量 

[制作方法]

❶ 将花生洗净。
❷ 用半杯沸水将花生冲泡10分钟。
❸ 再将豆浆和白糖调入饮用。

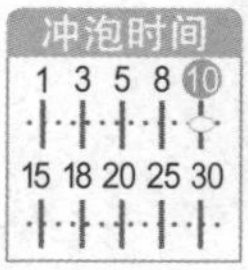

[饮用方法]

每日2剂，代茶温饮。

饮用宜忌

适合肌肤松弛、皱纹增多者饮用。怀孕妇女不宜饮用。

养生功效

具有延缓衰老，促进细胞生长的作用。

松子仁花生乌龙茶 养颜抗衰

[配方组成]

松子仁 8克  花生 8克 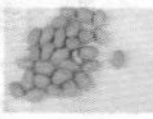 乌龙茶 5克 

[制作方法]

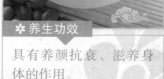

❶ 将松子仁、花生捣碎。
❷ 同乌龙茶放入杯中，注入沸水。
❸ 加盖闷10分钟后饮用。

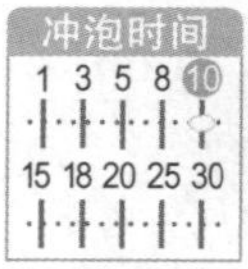

[饮用方法]

每日1~2剂，代茶温饮。

饮用宜忌

适合身体老化快、皮肤粗糙者饮用。孕妇不宜饮用。

养生功效

具有养颜抗衰、滋养身体的作用。

健康饮茶问与答

问 **桂平西山茶有哪些特征？**

答 桂平西山茶为历史名茶，属于绿茶类，产于广西桂平市西山一带。西山茶色泽翠绿乌润，汤色碧绿清澈，滋味幽香醇厚，香味芬芳。桂平西山茶条索紧细匀称，苗锋显露，色泽青黛，汤液碧绿，独具风味，被公认为绿茶中的上乘佳品。用西山乳泉水冲泡尤为清香爽口，提神消乏。

纤体减肥

■ 态度 ■ 减肥 ■ 健康

纤体减肥不只是一种对外形美的追求，也是对身体健康的追求，它代表了一种生活态度，一种积极提升自己的优质态度。也许你在羡慕别人的曼妙身姿，嫉妒穿在别人身上的漂亮衣服，但这都是无关痛痒的小烦恼，真正的大烦恼是惹人头痛的健康问题。体重超标不仅影响美观，还会带来各种健康问题，减肥除了营养膳食和适当运动之外，喝一点儿精心调配的小茶包，无疑是最便捷、最绿色、最健康的上佳选择。随心一包茶，纤体又健康。

金银花瘦身茶 祛脂、通便

[配方组成]

金银花 20克

菊花 20克
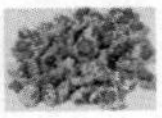

山楂 40克

蜂蜜 适量

[制作方法]

❶ 金银花、菊花、山楂以1：1：2的比例混合。
❷ 分成4份，分别装入4个茶包袋中。
❸ 每次取1袋，用沸水冲泡。

[饮用方法]

先冲泡1遍，再冲泡10分钟，加入蜂蜜后温饮。

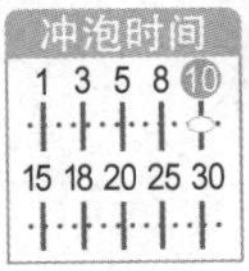

养生功效

具有消脂、通便的功效。

饮用宜忌

对于肉食积滞引起的腹胀非常有效，还适宜头昏头晕、口干作渴、多汗烦闷者饮用。腹泻便溏之人不可饮用。

养生小贴士

1. 早晨起来后喝一杯温开水，有助于疏通肠道、稀释血液黏度和降低血压。
2. 平衡饮食。早、午、晚餐均应吃，可多吃些蔬果、蛋奶类食物。
3. 无论吃任何食物都需细嚼慢咽，切忌暴饮暴食。
4. 规律生活。不能熬夜，不要抽烟、喝酒。
5. 适当运动。运动能帮助热量燃烧，增强机体代谢能力，减少脂肪堆积。

降脂乌龙茶 用于四肢肥胖

[配方组成]

何首乌 20克  乌龙茶 6克  干山楂 15克 

[制作方法]

1. 将何首乌、山楂捣碎，与乌龙茶混合。
2. 分成4等份，分别装入茶包袋中。
3. 取1袋，先冲洗一下，再冲泡10分钟。

冲泡时间 1 3 5 8 10 15 18 20 25 30（10）

[饮用方法]

代茶饮用，每日1剂。

养生功效

具有润肠通便、消脂、减肥、益寿的功效。

饮用宜忌

适宜四肢肥胖者饮用。大便溏泄者慎饮。

绞股蓝降脂茶 消除腰腹部赘肉

[配方组成]

绞股蓝 5克 

[制作方法]

1. 将绞股蓝放入水杯中。
2. 先用沸水冲洗一下，再注入沸水。
3. 加盖闷5分钟即可饮用。

冲泡时间 1 3 5 8 10 15 18 20 25 30（5）

[饮用方法]

每日1~2剂，代茶频饮，可反复冲泡。

养生功效

具有益气健脾、减肥、消脂的功效。

饮用宜忌

适用于腰腹部有赘肉者。极少数人饮用会出现不适的症状，可停饮、休养。

健康饮茶问与答

问 “洗茶”的好处？

答 一是为饮茶卫生而洗去茶中的杂质、尘垢。因散茶在采制贮藏的过程中，难免有灰尘、杂质混入茶叶中，通过清洗，去污存精。二是去掉茶叶中的阴湿之气。因茶叶有很强的吸湿性、陈化性和吸收异味性，内含多种亲水性的物质，故在贮放过程中极易吸收潮气和异味。通过洗茶时的热水浇淋，可去掉茶叶中的湿气、冷气。

山楂陈皮饮 消食、降脂

[配方组成]

山楂 8克 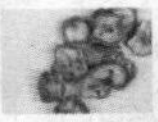 陈皮 9克  红糖 适量 

[制作方法]

❶ 将山楂、陈皮弄碎，与红糖混合。
❷ 均分成4份，分别装入茶包袋中。
❸ 取1袋，用沸水冲泡10分钟后饮用。

[饮用方法]

代茶温饮，每日1~2剂。

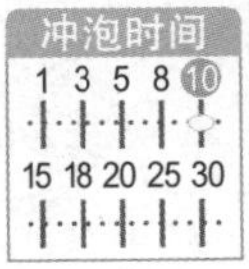

养生功效

具有消食、理气、降脂的功效。

饮用宜忌

体型偏胖、腹部胀满和肉食不化者尤其适合。胃酸过高，有胃溃疡者不可饮用。

黄芪茯苓茶 用于虚胖、易出汗

[配方组成]

黄芪 10克 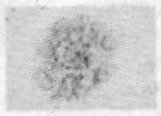 茯苓 15克 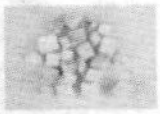

[制作方法]

❶ 将黄芪、茯苓放入砂锅中。
❷ 加入适量水，煮沸后改小火煎30分钟
❸ 滗出药汁，放入冰箱冷藏。

[饮用方法]

每次取出1/10，调稀温饮。

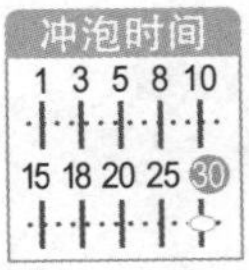

养生功效

可以有效改善身体虚胖、易出汗的现象。

饮用宜忌

适宜身体虚胖、易出汗者饮用。火气比较大的人慎饮。

健康饮茶问与答

问 品茶和喝茶有什么区别？

答 品茶与喝茶，不仅有量的差别，而且还有质的不同。喝茶，主要是为了解渴，以满足人体对水的生理需要。所以，喝茶重在数量，往往是急饮快咽地完成。而品茶重在意境，它把饮茶看作是一种艺术的欣赏，精神的享受，都喜欢在“品”字上下功夫，要细细品啜，徐徐体察。使饮者在美妙的色、香、味、形中，感情得到陶冶。

山楂荷叶茶 减肥消脂

[配方组成]

荷叶 15克 　山楂 18克 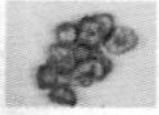

[制作方法]

❶ 将山楂切片，荷叶撕碎，混合均匀。
❷ 均分成3份，分别装入茶包袋中。
❸ 取1小袋，沸水冲泡10分钟后饮用。

[饮用方法]

每日1剂，代茶饮用。

养生功效

可减肥消脂，还有降血脂的功效。

饮用宜忌

适宜妇人产后饮用，尤其适宜肥胖症患者饮用。糖尿病患者不可饮用。

荷叶普洱茶 抑制小腹脂肪堆积

[配方组成]

荷叶 5克 　普洱 5克 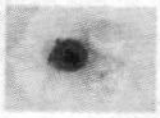

[制作方法]

❶ 将普洱茶、荷叶放入水杯中。
❷ 先冲洗一下，再注入沸水。
❸ 盖好盖，闷5分钟即可。

[饮用方法]

每日1剂，代茶温饮。

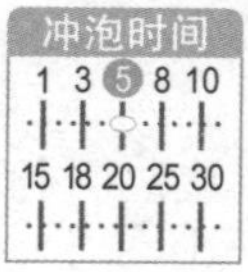

养生功效

可减肥、消脂，抑制小腹脂肪堆积。

饮用宜忌

荷叶凉性，不能单独喝，需要合理搭配其他原料。胃寒疼痛，或体虚气弱之人不可饮用。

健康饮茶问与答

问 春季宜饮什么茶？

答 春天大地回春，万物复苏，人体和大自然一样，处于舒发之际。此时宜喝茉莉、珠兰、玉兰、桂花、玫瑰等花茶，因为这类茶香气浓烈，香而不浮，爽而不浊，可帮助散发冬天积郁在体内的寒气，同时，浓郁的茶香还能促进人体阳气生发，令人精神振奋，从而有效地消除春困，提高办事效率。

荷叶陈皮茶 排毒减肥

[配方组成]

荷叶 1张 

陈皮 5克 

[制作方法]

❶ 将陈皮撕成小块，荷叶撕碎。

❷ 混合在一起，装入茶包袋中。

❸ 先冲泡1遍，再冲泡10分钟后饮用。

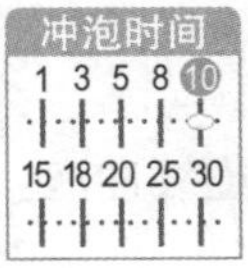

[饮用方法]

早晚各1次，代茶温饮。

饮用宜忌

适宜肥胖症、高脂血症患者饮用。体虚气弱之人不可饮用。

养生功效

具有健脾利湿、减肥的功效。

杜仲绿茶 促进新陈代谢和热量消耗

[配方组成]

杜仲 5克 

绿茶 5克 

[制作方法]

❶ 将绿茶和杜仲一同放入水杯中。

❷ 先冲洗一下，再注入沸水。

❸ 盖好盖，闷5分钟即可。

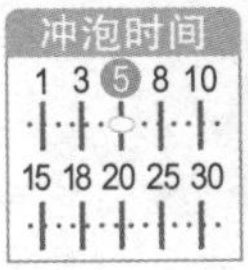

[饮用方法]

每日1剂，代茶频饮，杜仲可连续冲泡。

饮用宜忌

杜仲和荷叶搭配，也具有减肥的功效。阴虚火旺者不可饮用。

养生功效

可降低中性脂肪，促进新陈代谢和热量消耗。

健康饮茶问与答

问 夏季宜饮什么茶？

答 夏天骄阳似火，溽暑蒸人，大汗淋漓，人体内津液消耗大。此时宜饮龙井、毛峰、碧螺春、珠茶、珍眉、大方等绿茶。因为这类绿茶绿叶绿汤，清鲜爽口，略带苦寒味，可清暑解热，去火降燥，止渴生津，且绿茶又滋味甘香，富含维生素、氨基酸、矿物质等营养成分。所以，夏季常饮绿茶，既有消暑解热之功，又具有增添营养之效。

大黄消脂茶 降脂减肥

[配方组成]

大黄 2克 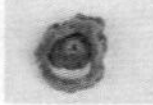　绿茶 5克 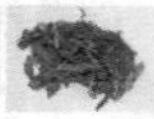

[制作方法]

❶ 将绿茶和大黄一同放入水杯中。
❷ 先冲洗一下，再注入沸水。
❸ 盖好盖，闷10分钟即可。

[饮用方法]

每日1剂，分2次饮用，大黄可连续冲泡。

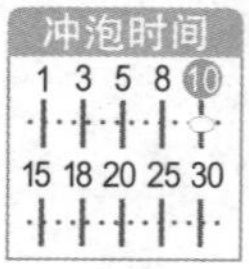

养生功效

有很好的清热、泻火、通便、降脂的作用。

饮用宜忌

此茶还可以搭配决明子。孕妇或者女性经期、哺乳期不可饮用。

菊花普洱茶 去油腻、清肠胃

[配方组成]

菊花 3朵 　普洱茶 5克 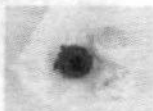

[制作方法]

❶ 将菊花和普洱茶一同放入水杯中。
❷ 先冲洗一下，再注入沸水。
❸ 盖好盖，闷5分钟即可。

[饮用方法]

每日2剂，代茶频饮。

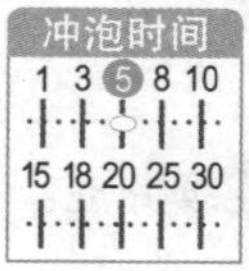

养生功效

具有去油腻、清肠胃的功效。

饮用宜忌

此茶还适合头昏、目赤肿痛、嗓子疼的人喝。过敏体质的人应先泡一朵试试，但即便没问题，也不应过量饮用。

健康饮茶问与答

问 秋季宜饮什么茶？

答 秋天天气干燥，“燥气当令”，常使人口干舌燥，此时宜喝铁观音、水仙、铁罗汉、大红袍等乌龙茶。因为青茶介于红、绿茶之间，不热不寒，常饮能润肤、益肺、生津、润喉，有效除体内余热，恢复津液，于金秋保健大有好处。

蜂蜜山楂饮 用于体形肥胖、口中黏腻

[配方组成]

鲜山楂 3个 
蜂蜜 适量 

[制作方法]

❶ 将山楂去籽、切片。
❷ 先冲洗一下，将水倒出。
❸ 再注入沸水，待温后调入蜂蜜饮用。

[饮用方法]

每日1~2剂，代茶温饮。

冲泡时间：1 3 **5** 8 10 15 18 20 25 30

养生功效

具有开胃、消食、降脂、减肥的功效。

饮用宜忌

此茶尤其适合消化不良、瘀血者。孕妇、胃酸过多的人不可饮用。

健美减肥茶 消肿减肥

[配方组成]

山楂 10克 
陈皮 10克 
茯苓 10克 
泽泻 10克 

[制作方法]

❶ 将所有茶材捣碎，分成3等份。
❷ 将每份装入茶包袋中。
❸ 取1小袋，用沸水冲泡10分钟后饮用。

[饮用方法]

代茶饮用，每日1次。

冲泡时间：1 3 5 8 **10** 15 18 20 25 30

养生功效

具有利尿除湿、降脂减肥的功效。

饮用宜忌

此茶还可以和葛根、薏米、荷叶搭配。
腹胀及小便多者不宜饮用。

健康饮茶问与答

问 冬季适合喝什么茶？

答 冬天气温骤降，人体生理机能减退，阳气渐弱，对能量与营养要求较高。养生之道，贵于御寒保暖，提高抗病能力。此时宜喝祁红、滇红、闽红、湖红、川红、粤红等红茶和普洱、六堡等黑茶。红茶干茶呈黑色，性味甘温，叶红汤红，含有丰富的蛋白质，可补益身体，善蓄阳气，生热暖腹，增强人体对寒冷的抗御能力。

乌龙减脂茶 用于血脂偏高、肥胖症

[配方组成]

乌龙茶 10克 
荷叶 10克 
紫苏叶 10克 
山楂 10克 

[制作方法]

1. 将所有茶材捣碎，混合均匀。
2. 分成4等份，将每份装入茶包袋中。
3. 取1袋，沸水冲泡，10分钟后饮用。

冲泡时间：1 3 5 8 **10** 15 18 20 25 30

养生功效

具有降脂通脉、纤体瘦身的功效。

[饮用方法]

代茶饮用，每日1剂。

饮用宜忌

尤其适合血脂偏高和肥胖症者。孕妇及脾胃虚弱者不宜饮用。

菊花罗汉茶 消脂瘦身

[配方组成]

菊花 10克 
罗汉果 10克 
普洱茶 10克 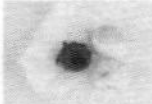

[制作方法]

1. 将罗汉果捣碎，将所有茶材混合均匀。
2. 分成3等份，将每份装入茶包袋中。
3. 取1袋，沸水冲泡5分钟后饮用。

[饮用方法]

代茶饮用，每日1剂。

饮用宜忌

适合高血压、高脂血、肥胖人群饮用。糖尿病很严重的人不适合饮用。

冲泡时间：1 3 **5** 8 10 15 18 20 25 30

养生功效

具有消脂、减肥、降压的功效。

健康饮茶问与答

问 口干舌燥为什么应求助乌龙茶?

答 乌龙茶属半发酵茶，在味道上乌龙茶既有绿茶的清香和天然花香，又有红茶醇厚的滋味，不寒不热，温热适中，因此有润肤、润喉、生津、清除体内积热的作用，可以让机体适应自然环境的变化。冬季室内空气干燥，人们容易口干舌燥、嘴唇干裂，这时泡上一杯乌龙茶，可以缓解干燥的苦恼。

◀贡菊普洱茶 美白瘦身

[配方组成]

贡菊 3朵 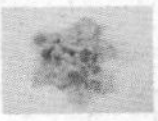
普洱茶 5克 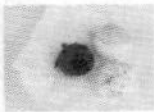

[制作方法]

❶ 将贡菊、普洱茶放入水杯中。
❷ 先冲洗一下，将水倒出。
❸ 再注入沸水，闷5分钟后饮用。

[饮用方法]

每日1~2剂，代茶温饮。

冲泡时间
1 3 5 8 10
15 18 20 25 30

✲ 养生功效

具有美白瘦身、清凉解毒的功效。

饮用宜忌

此茶尤其适合虚胖、上火者。气虚胃寒，食少泄泻者不可饮用。

◀薏米百合饮 清爽瘦身

[配方组成]

薏米 25克 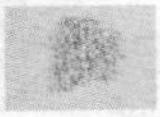
百合 5克 

[制作方法]

❶ 将薏米炒黄，百合洗净。
❷ 放入锅中，加水适量。
❸ 熬制30分钟，取汁饮用。

[饮用方法]

每日1剂，代茶温饮。

冲泡时间
1 3 5 8 10
15 18 20 25 30

✲ 养生功效

具有清爽瘦身、排除毒素的功效。

饮用宜忌

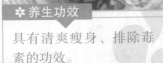

此茶尤其适合虚胖、上火者。脾湿便难及孕妇慎饮。

健康饮茶问与答

问 覃塘毛尖茶有哪些特征？

答 覃塘毛尖茶为新创名茶，属于绿茶类，产于广西贵港市覃塘区。其品质特点是：外形条索细直挺秀，白毫显露，色泽翠绿光润；内质汤色黄绿清澈，香气清高持久，滋味鲜醇回甘，叶底匀嫩明亮。具有提神醒脑，解暑降温，生津止渴，消食解腻，健身减肥，防癌抗癌，延年益寿之功效。

薰衣草陈皮茶 塑造腰部曲线

[配方组成]

薰衣草 10克 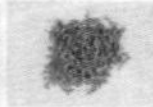 陈皮 8克 

[制作方法]

❶ 将薰衣草、陈皮洗净。
❷ 放入杯中，加入沸水。
❸ 闷10分钟，取汁饮用。

[饮用方法]

每日1剂，代茶温饮。

饮用宜忌

适宜腰部肥胖者饮用。孕妇不宜饮用。

养生功效

具有瘦身塑形、理气和胃的功效。

山楂果茶 瘦身排毒

[配方组成]

鲜山楂 5个 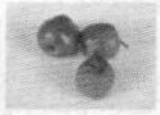 苹果 半个 

[制作方法]

❶ 将山楂和苹果洗净、切片。
❷ 放入锅中，加入适量水。
❸ 熬制20分钟，取汁饮用。

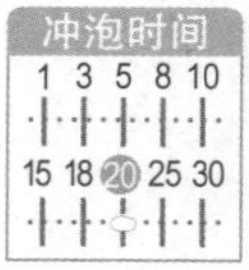

[饮用方法]

每日1剂，代茶温饮。

饮用宜忌

适宜肥胖、积食者饮用。胃酸过多、消化性溃疡者不宜饮用。

养生功效

具有排毒瘦身、消食化积的功效。

健康饮茶问与答

问 **桂林毛尖茶有哪些特征？**

答 桂林毛尖茶为新创名茶，属于绿茶类。清明前后采摘，标准为一芽一叶初展。其品质特征是：条索紧细，白毫显露，色泽翠绿，香气清高持久，滋味醇和鲜爽；冲泡后，条索松软，香气清高，叶底嫩绿明亮；饮后滋味醇厚鲜爽。而且，桂林毛尖还是富硒茶，有良好的保健作用。

玫瑰决明茶 消脂、瘦身

[配方组成]

玫瑰 3朵 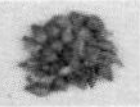 决明子 8克 

[制作方法]

❶ 将玫瑰、决明子洗净。
❷ 放入杯中，加入沸水。
❸ 闷10分钟，取汁饮用。

[饮用方法]

每日1剂，代茶温饮。

冲泡时间
1 3 5 8 10
15 18 20 25 30

养生功效

具有润肠通便、消脂瘦身的功效。

饮用宜忌

适宜大便燥结、身体肥胖者饮用。大便泄泻者不宜饮用。

陈皮车前子茶 消食、降脂

[配方组成]

车前子 10克  陈皮 10克 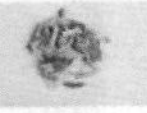 冰糖 5块 

[制作方法]

❶ 车前子炒熟，陈皮洗净。
❷ 同冰糖一起放入锅中，注入3碗水。
❸ 熬制30分钟后，取汁饮用。

[饮用方法]

每日1剂，代茶温饮。

冲泡时间
1 3 5 8 10
15 18 20 25 30

养生功效

具有消食降脂、清热瘦身的功效。

饮用宜忌

适宜高血压及肥胖症者饮用。肾虚精滑及内无湿热者慎饮。

健康饮茶问与答

问 桂江碧玉春茶有哪些特征？

答 桂江碧玉春茶为新创名茶，属于绿茶类，产于广西昭平县。此茶2月下旬开始采摘一芽一叶初展，芽长3厘米，以嫩、匀、净的鲜叶为制作材料。其品质特征为，外形扁直，色泽翠绿，毫峰显露；内质清香持久，带板栗香，汤色碧绿明亮，滋味鲜醇回甘，叶底嫩绿匀齐。

马鞭草冰糖茶 瘦腰瘦腿

[配方组成]

马鞭草 10克  冰糖 适量 

[制作方法]

❶ 将马鞭草洗净。
❷ 同冰糖放入杯中，加入沸水。
❸ 闷10分钟，取汁饮用。

[饮用方法]

每日1剂，代茶温饮。

养生功效

具有净化肠胃、去除油脂的功效。

饮用宜忌

适宜腰部肥胖、腿部粗壮者饮用。孕妇请勿饮用。

薏米荷叶茶 降脂瘦身

[配方组成]

薏米 15克  荷叶 15克 

[制作方法]

❶ 薏米炒黄，荷叶捣碎，混合均匀。
❷ 分成3份，分别装入茶包袋中。
❸ 取1袋，沸水冲泡10分钟饮用。

[饮用方法]

每日1剂，代茶温饮。

养生功效

具有降脂瘦身、通便泻火的功效。

饮用宜忌

适宜水肿型肥胖症者饮用。怀孕期间的妇女应避免饮用。

健康饮茶问与答

问 **漓江银针茶有哪些特征?**

答 漓江银针茶为新创名茶，属于绿茶类。这个名字的由来是因为它的成品多为芽头，全身满披白毫，干茶色白如银，外形纤细如针，所以取此雅名。新泡的茶，白茸茸的茶叶或漂浮，或沉中，一阵阵芳香扑鼻而来，沁透心肺。边品边赏，令人心旷神怡，回味无穷。

菊槐茉莉清火茶 清火、减肥

[配方组成]

菊花 2朵  槐花 5克  茉莉 8克 

[制作方法]

❶ 将3种茶材洗净。
❷ 一起放入杯中，加入沸水。
❸ 闷10分钟，取汁饮用。

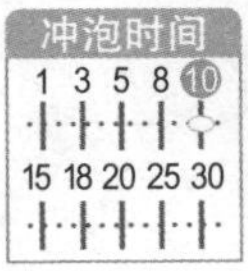

[饮用方法]

每日1剂，代茶温饮。

养生功效

具有清火减肥、通便祛脂的功效。

饮用宜忌

适宜肥胖、内火重者饮用。脾胃虚寒者不宜饮用。

苹果玫瑰花茶 养颜、瘦身

[配方组成]

苹果 半个  玫瑰 3朵 

[制作方法]

❶ 将苹果洗净、切块，玫瑰洗净。
❷ 一起放入杯中，加入沸水。
❸ 闷10分钟，取汁饮用。

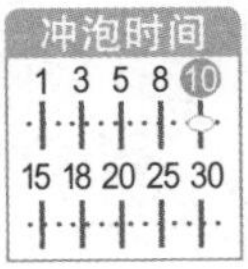

[饮用方法]

每日1剂，代茶温饮。

养生功效

具有消脂瘦身、美白养颜的功效。

饮用宜忌

适宜便秘、腰部肥胖、皮肤粗糙者饮用。阴虚火旺证者不宜饮用。

健康饮茶问与答

问 蒙顶甘露茶有哪些特征？

答 蒙顶甘露为历史名茶，属于绿茶类，产于地跨四川省名山、雅安两县的蒙山。每年春分时节采摘，标准为单芽或一芽一叶初展。其品质特点：紧卷多毫，叶嫩芽壮，芽叶纯整；内质香高而爽，味醇而甘，汤色黄中透绿，透明清亮，叶底匀整，嫩绿鲜亮；香馨高爽，味醇甘鲜，二泡时，越发鲜醇，使人齿颊留香。

苦瓜薄荷茶 去火、消脂

[配方组成]

苦瓜 3片 

薄荷叶 3片 

[制作方法]

❶ 将苦瓜洗净、切片，薄荷洗净。
❷ 一起放入杯中，加入沸水。
❸ 闷10分钟，取汁饮用。

[饮用方法]

每日1剂，代茶温饮。

饮用宜忌

适宜湿气重、身材肥胖者饮用。脾胃虚寒者不宜饮用。

养生功效

具有去火消脂、排毒瘦身的功效。

苹果绿茶 降脂、轻身

[配方组成]

苹果 半个 

绿茶 5克 

[制作方法]

❶ 将苹果洗净、切块，绿茶洗净。
❷ 一起放入杯中，加入沸水。
❸ 闷10分钟，取汁饮用。

[饮用方法]

每日1剂，代茶温饮。

养生功效

具有消脂瘦身、美白养颜的功效。

饮用宜忌

适宜便秘、腰部肥胖、皮肤粗糙者饮用。阴虚火旺证者不宜饮用。

健康饮茶问与答

问 **蒙顶石花茶有哪些特征？**

答 蒙顶石花为历史名茶，属于绿茶类，产于四川西南的雅安市名山县。其造型自然美观，如丛林古石上寄生的苔藓，形似花。其品质特征是：外形扁平匀直，嫩绿油润；茶汤颜色嫩绿，清澈明亮；香气浓郁，芬芳鲜嫩；滋味鲜嫩，浓郁回甘；叶底细嫩，芽叶匀整。

蒲公英苦瓜茶 清肠排毒

[配方组成]

苦瓜 3片  蒲公英 8克 

[制作方法]

❶ 将苦瓜洗净、切片，蒲公英洗净。

❷ 一起放入杯中，加入沸水。

❸ 闷10分钟，取汁饮用。

[饮用方法]

每日1剂，代茶温饮。

饮用宜忌

适宜便秘、腰部肥胖者饮用。脾胃虚寒者不宜饮用。

养生功效

具有清肠排毒、消脂瘦身的功效。

茵陈山楂荷叶茶 降脂减肥

[配方组成]

茵陈 18克 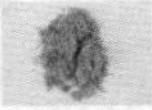 干山楂 18克  荷叶 18克 

[制作方法]

❶ 将3味茶材捣碎，混合均匀。

❷ 分成6份，分别装入茶包袋中。

❸ 取1袋，沸水冲泡10分钟饮用。

[饮用方法]

每日1剂，代茶温饮。

饮用宜忌

适宜肥胖症患者饮用。脾胃虚弱者慎饮。

养生功效

具有降脂减肥、清热利湿的功效。

健康饮茶问与答

问 天岗玉叶茶有哪些特征？

答 天岗玉叶为历史名茶，属于绿茶类，产于广西桂平市西山一带。一般3月上中旬采摘，采用中小叶种一芽一叶初展鲜叶精心加工而成。其品质特征是外形扁平挺直，翠绿显毫，肥壮匀整；内质栗香高爽持久，汤色黄绿明亮，滋味鲜醇，回味悠长，叶底匀齐嫩绿，饮后有心旷神怡之感。

丰胸排毒

■ 女性　■ 健康　■ 变美

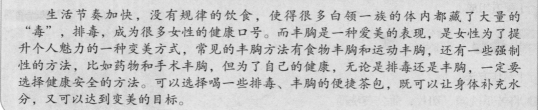

生活节奏加快，没有规律的饮食，使得很多白领一族的体内都藏了大量的“毒”，排毒，成为很多女性的健康口号。而丰胸是一种爱美的表现，是女性为了提升个人魅力的一种变美方式，常见的丰胸方法有食物丰胸和运动丰胸，还有一些强制性的方法，比如药物和手术丰胸，但为了自己的健康，无论是排毒还是丰胸，一定要选择健康安全的方法。可以选择喝一些排毒、丰胸的便捷茶包，既可以让身体补充水分，又可以达到变美的目标。

百合柠檬茶　促进新陈代谢、排毒降火

[配方组成]

干柠檬 1片 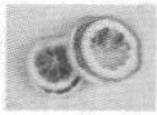

百合 5克 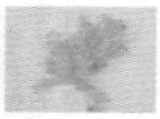

[制作方法]

❶ 将柠檬片、百合洗净。

❷ 放入水杯中。

❸ 再注入沸水，闷5分钟后饮用。

冲泡时间

1 3 5 8 10

15 18 20 25 30

✲ 养生功效

可以促进新陈代谢，有排毒、降火的功效。

[饮用方法]

每日1~2剂，代茶温饮。

饮用宜忌

尤其适合肝火旺、头晕、多梦者饮用。

怀孕妇女不宜饮用。

养生小贴士

1. 增加饮食中的蛋白质的摄取，可以促进乳房的正常发育。
2. 睡觉的时候最好是侧卧或者仰卧，尽量不要采取俯卧的睡姿，否则容易让乳房受到挤压，引起血液循环的不畅通。
3. 经常按摩胸部能有效促进胸部血液循环，改善乳房萎缩和下垂的现象。
4. 坚持运动，通过运动出汗是一个健康的排毒过程，同时运动也能放松人的身体。

山药蜜茶 塑上身曲线、护肠胃

[配方组成]

山药 1根 　蜂蜜 适量 

[制作方法]

❶ 将山药洗净、去皮、切薄片。
❷ 放入锅内，加水适量，用大火煎沸。
❸ 再改用小火煮30分钟，加入蜂蜜搅匀即可。

[饮用方法]

每日1剂，温服，饮汁食山药。

冲泡时间：1 3 5 8 10 15 18 20 25 30（30）

养生功效

可以保护肠胃、塑造上身曲线。

饮用宜忌

此茶还适用于糖尿病患者，以及腹胀者。大便燥结者及肠胃积滞者不宜饮用。

木耳白果茶 美胸丰胸

[配方组成]

黑木耳 30克 　白果 10粒 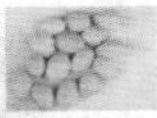

[制作方法]

❶ 先将白果去皮、洗净蒸熟
❷ 把黑木耳用冷水发开、洗净。
❸ 一起再倒入开水锅内，煮5分钟后即可。

[饮用方法]

每日1次，代茶温饮。

冲泡时间：1 3 5 8 10 15 18 20 25 30（5）

养生功效

具有活血祛瘀、美胸丰胸的功效。

饮用宜忌

尤其适合肺结核咳嗽、老人虚弱哮喘者。五岁以下的儿童不宜饮用。

健康饮茶问与答

问 抑郁的时候喝什么茶？

答 抑郁的时候选花茶。一般来说，花茶可以养肝利胆、强健四肢、疏通经脉。以茉莉花茶为例，可以清热解暑、健脾安神，对治疗痢疾和防止胃痛有良好效果。而金银花茶则可以清热解毒、提神解渴，并对咽喉肿痛等有较为理想的疗效。尤其是女性在更年期及经期前后容易心情抑郁、性情烦躁，不妨用喝花茶的方法来消解郁闷。

芦荟茶 排肠毒、止烟瘾

[配方组成]

新鲜芦荟 30克  冰糖 10粒 

[制作方法]

❶ 将芦荟冲洗干净、剥去绿皮、切小丁。
❷ 放入锅中，加适量水，煮开后转小火。
❸ 放入冰糖搅动，熬20分钟即可。

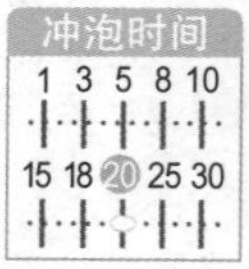

[饮用方法]

每次取2匙，放入水杯中，加纯净水稀释饮用。

饮用宜忌

适宜便秘、肥胖者饮用。脾胃虚寒、食少便溏及孕妇禁饮。

养生功效

具有排肠毒、止烟瘾的功效。

薏米枣茶 排毒、抗癌

[配方组成]

薏米 30克  红枣 25克 

[制作方法]

❶ 将薏米洗净，红枣洗净。
❷ 再倒入开水锅内，加入适量水。
❸ 煮沸后转小火煮20分钟。

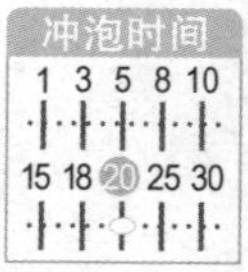

[饮用方法]

每日2次，代茶温饮。

饮用宜忌

尤其适合肌肤粗糙的女性饮用。孕妇应尽量避免饮用。

养生功效

具有排毒、抗癌的功效。

健康饮茶问与答

问 **上火时选什么茶？**

答 上火会带来便秘、口干舌燥，甚至口舌生疮等症状，这个时候就可以求助于绿茶。绿茶性寒，可清热，最能祛火、生津止渴、消食化痰，对轻度胃溃疡还有加速愈合的作用，并且能降血脂、预防血管硬化。因此容易上火的、平常爱抽烟喝酒的，还有体形较胖的人都比较适合饮用绿茶。

玫瑰红枣茶 排毒、塑形

[配方组成]

干玫瑰 3朵 
红枣 3颗 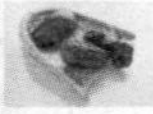

[制作方法]

1. 将红枣洗净，同玫瑰放入水杯中。
2. 先用沸水冲洗一下，再注入沸水。
3. 加盖闷5分钟即可饮用。

[饮用方法]

每日1~2剂，代茶频饮。

冲泡时间
1 3 5 8 10
15 18 20 25 30

养生功效

帮助排毒，有效抗癌。

饮用宜忌

此茶可和柠檬、柳橙、枸杞等搭配。阴虚火旺者不宜长期、大量饮服。

玫瑰黄芪茶 排毒

[配方组成]

干玫瑰 3朵 
黄芪 5克 

[制作方法]

1. 将黄芪、玫瑰放入水杯中。
2. 先用沸水冲洗一下，再注入沸水。
3. 加盖闷5分钟即可饮用。

[饮用方法]

每日1~2剂，代茶频饮，黄芪可反复冲泡。

冲泡时间
1 3 5 8 10
15 18 20 25 30

养生功效

具有排肠毒功效。

饮用宜忌

此茶还适合大便燥结、气虚便秘者饮用。

健康饮茶问与答

问 预防流感什么茶最在行？

答 红茶甘温，可养人体阳气，而且红茶中还含有丰富的蛋白质和糖，可生热暖腹，增强人体的抗寒能力，还可助消化、去油腻。常用红茶漱口或直接饮用还有预防流感的作用。此外，喝红茶对于预防骨质疏松、降低皮肤癌的发病也有独到的作用。冬季经常泡上一杯暖暖的红茶，不但可以暖身体，还可以起到防病的作用。

青木瓜玫瑰茶 促进乳腺畅通

[配方组成]

青木瓜 3片 
干玫瑰 3朵 
冰糖 适量 

[制作方法]

❶ 将青木瓜洗净、切片，同玫瑰放入水杯中。
❷ 先用沸水冲洗一下，再注入沸水。
❸ 加盖闷5分钟，放入冰糖搅匀即可。

[饮用方法]

每日1~2剂，代茶频饮。

冲泡时间：1 3 **5** 8 10 15 18 20 25 30

养生功效

帮助排毒，有效抗癌，还可以达到丰胸的目的。

饮用宜忌

尤其适合胸部干瘪的人饮用。阴虚火旺证者不宜长期、大量饮用。

桂枣木瓜茶 丰胸、润肤

[配方组成]

青木瓜 3片 
红枣 3颗 
桂圆 5粒 

[制作方法]

❶ 将木瓜洗净、切片，桂圆去皮，红枣掰开。
❷ 3种茶材一同放入砂锅中，加入适量水煮沸。
❸ 再转小火煎煮20分钟后饮用。

[饮用方法]

每日1剂，代茶频饮。

冲泡时间：1 3 5 8 10 15 18 **20** 25 30

养生功效

具有益心脾、补气血、丰胸养颜的功效。

饮用宜忌

还适宜食欲不振、心悸、失眠的人饮用。热盛所致的痰黄黏者不宜饮用。

健康饮茶问与答

问 如何鉴别染色茶叶？

答 在发觉茶叶颜色有异常时，可以先将茶水静置观察约半小时，如果茶水的颜色发生分层（茶水底部颜色偏深，上部偏淡），那么该茶叶就有可能掺有化学颜料；如果没有发生分层，再将白色餐巾纸浸入茶水，稍微浸泡后取出观察，如果餐巾纸上有明显的颜色，且在清水中不易冲除，那么该茶叶就有可能掺有化学染料。

蒲公英山药茶　帮助乳腺畅通

[配方组成]

山药 20克 　蒲公英 10克 

[制作方法]

❶ 山药洗净、去皮、切薄片，蒲公英洗净。
❷ 将山药、蒲公英放入锅内，加水适量。
❸ 用大火煎沸，再改用小火煮30分钟。

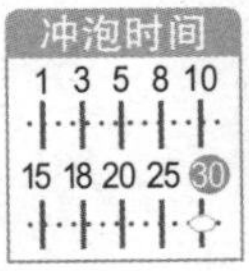

[饮用方法]

每日1剂，代茶温饮。

养生功效

和胃、补脾、排毒，帮助乳腺畅通。

饮用宜忌

适宜体热、脾胃不和的人饮用。脾胃虚寒者不可饮用。

当归芍药茶　让乳房更饱满

[配方组成]

白芍药 3朵 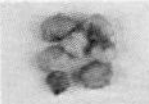　当归 2克 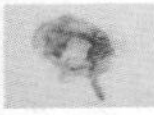

[制作方法]

❶ 将白芍药和当归放入杯中。
❷ 先冲洗一下，再加入沸水冲泡。
❸ 闷10分钟后饮用。

[饮用方法]

当茶饮用，每日2剂。

养生功效

有活血、促循环等作用，帮助乳房结缔组织更饱满。

饮用宜忌

此茶还适用于春季减肥。内热炽盛的人慎饮。

健康饮茶问与答

问 怎样挑选合格的绿茶？

答 首先是外观，正常的茶叶的颜色比较绿，比较润，形态比较均匀。比较差的茶叶里面有隔年的老梗，这是不允许的。其次品和闻，有没有清香和淡淡的甜，或是苦涩，但这苦涩也是正常的。最后是冲泡，优质的茶叶茶汤应该是清澈透明的，劣质的茶叶一泡出来就是很浑的。

菊花人参茶 清肠胃、排毒

[配方组成]

菊花 3朵  人参 3片 

[制作方法]

❶ 将菊花、人参放入杯中。
❷ 先冲洗一下，再加入沸水冲泡。
❸ 闷5分钟后饮用。

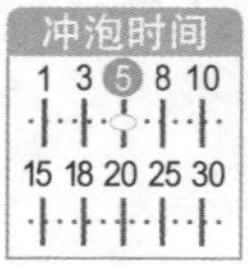

[饮用方法]

每日1剂，代茶温饮。

饮用宜忌

适宜体质虚弱的人饮用。饮此茶后不宜食用萝卜和各种海味。

养生功效

有活血、促循环等作用，帮助乳房结缔组织更饱满。

生姜桂皮茶 清脂去油腻

[配方组成]

桂皮 15克  生姜 25克 

[制作方法]

❶ 将桂皮和生姜洗净后控干水分。
❷ 桂皮切小条，生姜剁成丝，放入锅中。
❸ 注入适量水，煎煮30分钟后饮用。

[饮用方法]

每日1剂，代茶饮用。

饮用宜忌

适宜脾胃虚寒、血气胀痛的人饮用。阴虚有火者忌饮。

养生功效

清脂去油腻、清肠胃、排毒。

健康饮茶问与答

问 茶叶在存放中变质的原因？

答 茶叶在存放中变质的原因有很多，大概分为外因和内因。内因是变化的根据，外因是变化的条件。茶叶具有“后熟”的特点，即贮藏过程中茶叶的许多化学成分发生氧化作用，导致茶叶陈化和劣变。影响品质的化学成分主要是叶绿素、茶多酚、维生素、胡萝卜素、氨基酸以及多种香气成分等。

山楂洋参茶 排毒清肠

[配方组成]

山楂 3片 　西洋参 8克 

[制作方法]

1. 将山楂、西洋参洗净。
2. 一起放入杯中，加入沸水。
3. 闷10分钟，取汁饮用。

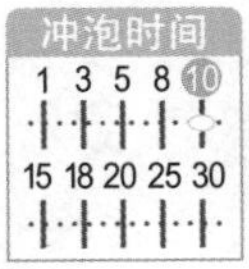

[饮用方法]

每日1剂，代茶温饮。

养生功效

具有排毒清肠、降低血脂的功效。

饮用宜忌

适宜皮肤衰老、有色斑者饮用。中阳衰微，胃有寒湿者忌饮。

马鞭鱼腥草茶 清除体内垃圾

[配方组成]

马鞭草 10克 　鱼腥草 6克 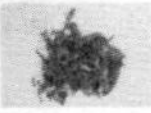

[制作方法]

1. 将马鞭草、鱼腥草洗净。
2. 一起放入锅中，加入适量水。
3. 熬制30分钟，取汁饮用。

[饮用方法]

每日1剂，代茶温饮。

养生功效

具有清除毒素、清热解毒的功效。

饮用宜忌

适宜经常食用垃圾食品的人饮用。脾肾两虚、气阴不足者不宜饮用。

健康饮茶问与答

问 缙云毛峰茶有哪些特征?

答 缙云毛峰茶为新创名茶，属于绿茶类，产于重庆市北碚区的缙云山。缙云毛峰是采摘国家级风景名胜区缙云山早春良种茶树幼嫩芽叶，用传统手工精制而成的优质名茶。缙云毛峰的外形重实，色泽绿润，满披白毫，条索匀齐伸直；内质香气清醇隽永，汤色黄绿，清澈明亮，滋味鲜醇爽口，叶底嫩匀、黄绿明亮。

马鞭草桂花茶 排除毒素

[配方组成]

马鞭草 8克  桂花 8克 

[制作方法]

1. 将马鞭草、桂花洗净。
2. 一起放入杯中，加入沸水。
3. 闷10分钟，取汁饮用。

[饮用方法]

每日1剂，代茶温饮。

养生功效

具有排毒清肠、降低血脂的功效。

饮用宜忌

适宜皮肤衰老、有色斑者饮用。中阳衰微，胃有寒湿者忌饮。

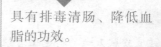

薰衣草洋甘菊茶 排毒、降压

[配方组成]

薰衣草 10克 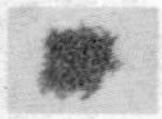 洋甘菊 12克 

[制作方法]

1. 将薰衣草、洋甘菊洗净。
2. 一起放入杯中，加入沸水。
3. 闷10分钟，取汁饮用。

[饮用方法]

每日1剂，代茶温饮。

养生功效

具有排毒降压、提高睡眠的功效。

饮用宜忌

适宜体内有宿便、睡眠质量差者饮用。孕妇不宜饮用此茶。

健康饮茶问与答

问 雷沼喷云茶有哪些特征？

答 雷沼喷云茶为新创名茶，属于绿茶类，产于河南省信阳市。采制一般集中在谷雨前后，采摘标准为一芽二叶初展，芽叶成朵，嫩匀整齐，不采雨叶、不采单片叶、不采病虫叶、不采紫色芽叶。雷沼喷云茶品质特征是，条索肥硕、匀齐、白毫显露、色泽翠绿、汤色清澈、香高芬芳、滋味鲜醇、叶底肥软绿匀。

青木瓜枸杞茶 促进胸部发育

[配方组成]

青木瓜 半个  枸杞 10克 

[制作方法]

❶ 将青木瓜洗净、切块，枸杞洗净。
❷ 一起放入锅中，加入适量水。
❸ 熬制20分钟，取汁饮用。

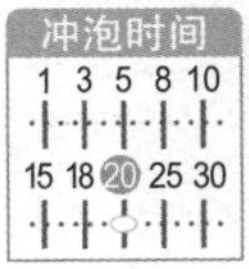

[饮用方法]

每日1剂，代茶温饮。

养生功效

具有促进胸部发育、排毒养颜的功效。

饮用宜忌

适宜胸部干瘪的人饮用。脾胃虚弱者不宜饮用。

红枣黑木耳茶 用于胸部扁平

[配方组成]

红枣 5颗  黑木耳 10克 

[制作方法]

❶ 将红枣洗净、掰开，黑木耳洗净、撕开。
❷ 一起放入锅中，加入适量水。
❸ 熬制30分钟，取汁饮用。

[饮用方法]

每日1剂，代茶温饮。

养生功效

具有气血双补、排毒丰胸的功效。

饮用宜忌

适宜胸部扁平的人饮用。胃肠热证者不宜饮用。

健康饮茶问与答

问 清江绿有哪些特征？

答 清江绿为新创名茶，属于绿类，产于贵州省湄潭县马山镇清江。炒制工艺包括：摊放、杀青、锅揉炒坯、搓条做型、提香定型、干燥。其品质特征是：外形紧细，色泽翠绿润亮显毫，汤色碧绿明净，香气鲜醇持久，滋味醇厚甘爽，叶底黄绿柔和。

山药白萝卜饮 丰胸防皱

[配方组成]

山药 1/3个  白萝卜 1/4个 

[制作方法]

❶ 将山药和白萝卜洗净、切块。
❷ 一起放入锅中，加入适量水。
❸ 熬制30分钟，取汁饮用。

[饮用方法]

每日1剂，代茶温饮。

冲泡时间
1 3 5 8 10
15 18 20 25 30

养生功效

具有丰胸塑形、抗衰除皱的功效。

饮用宜忌

适宜胸部下垂、皱纹增多的人饮用。大便燥结者不宜饮用。

山药酸奶饮 丰胸、美胸

[配方组成]

山药 1/3个  酸奶 适量 

[制作方法]

❶ 将山药洗净、切块，放入锅中。
❷ 加水熬制30分钟，取汁。
❸ 将汁液和酸奶混合后饮用。

[饮用方法]

每日1剂，代茶温饮。

冲泡时间
1 3 5 8 10
15 18 20 25 30

养生功效

具有丰胸、美胸的功效。

饮用宜忌

适宜胸部干瘪、胸部下垂的人群饮用。大便燥结者不宜饮用。

健康饮茶问与答

问 壁渡剑毫有哪些特征?

答 壁渡剑毫为新创名茶，属于绿茶类，产于河南省商城县壁渡村一带。清明前后采摘全芽或一芽一叶初展的幼嫩芽叶，制作工艺包括杀青、做形、摊放、整形、烘干。壁渡剑毫品质特征是，壁渡剑毫外形扁平似剑，色泽翠绿，隐毫；香气嫩香持久；汤色嫩绿明亮；滋味鲜醇；叶底匀齐。

玫瑰木瓜冰糖饮 促进胸部腺体发育

[配方组成]

玫瑰 8克  木瓜 20克  冰糖 适量 

[制作方法]

❶ 将玫瑰洗净，木瓜捣碎。
❷ 2种茶材一起放入锅中。
❸ 加入500毫升水煮25分钟后饮用。

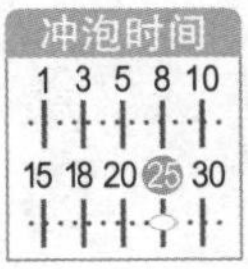

[饮用方法]

每日1剂，代茶温饮。

养生功效

饮用此茶可以促进胸部腺体的发育。

饮用宜忌

适宜胸部发育晚或不良者饮用。感冒引起的多汗症者慎饮。

红枣木瓜饮 缓解乳房经络不畅通

[配方组成]

红枣 5颗  木瓜 半个 

[制作方法]

❶ 将2味茶材洗净，木瓜切片。
❷ 材料一起下锅，加入适量水。
❸ 熬制30分钟后，取汁饮用。

[饮用方法]

每日1剂，代茶温饮。

养生功效

饮用此茶可以缓解乳房经络不畅通。

饮用宜忌

适宜胸部疼痛、乳腺不通者饮用。感冒引起的多汗症者慎饮。

健康饮茶问与答

问 恩施玉露有哪些特征？

答 恩施玉露为历史名茶，属于绿茶类，是中国现存历史名茶中稀有的传统蒸青绿茶。产于湖北省恩施市五峰山一带。恩施玉露选用叶色浓绿的一芽一叶或一芽二叶鲜叶经蒸汽杀青制作而成。其品质特征是：条索紧细、圆直，外形白毫显露，色泽苍翠润绿，形如松针，汤色清澈明亮，香气清鲜，滋味醇爽，叶底嫩绿匀整。

山药黑芝麻茶 帮助乳腺畅通

[配方组成]

山药 1/3个  黑芝麻 15克 

[制作方法]

❶ 山药洗净、切块，黑芝麻炒熟。
❷ 一起放入锅中，加入适量水。
❸ 熬制30分钟，取汁饮用。

[饮用方法]

每日1剂，代茶温饮。

养生功效

饮此茶可以帮助乳腺畅通。

饮用宜忌

适宜乳腺不通、胸部小的人饮用。大便燥结者不宜饮用。

红枣牛奶茶 养颜、丰胸

[配方组成]

红枣 5个  牛奶 适量 

[制作方法]

❶ 将红枣洗净、掰开，放入锅中。
❷ 加水熬制20分钟，取汁。
❸ 将汁液和牛奶混合后饮用。

[饮用方法]

每日1剂，代茶温饮，可以添加蜂蜜饮用。

养生功效

具有美容养颜、丰胸塑形的功效。

饮用宜忌

适宜皮肤暗黄、胸部干瘪的人群饮用。胃肠热证者不宜饮用。

健康饮茶问与答

问 碧涧茶有哪些特征？

答 碧涧茶为恢复的历史名茶，属于绿茶类，产于湖北松滋市。此茶采摘期在清明前后，采一芽一叶和一芽二叶初展的嫩芽叶。碧涧茶的品质风韵独特而稳定，既有松针挺直的风韵，又有毛尖显毫的风貌；内质清香持久，滋味甘醇，汤色碧绿明亮，叶底嫩绿匀整；冲泡后芽叶徐徐舒展，翩然有韵；饮上一口，唇齿溢香，回味隽厚。

美发护发

■ 头发 ■ 养护

头发对于我们来说也是非常重要的，头发与皮肤一样，有油性、中性和干性的分别，要视皮脂膜的分泌量而定。拥有一头闪亮滑润的头发，是每个女人都梦寐以求的事，因为柔亮的头发会给人明朗、健康的感觉。因此人们更注重头发的质量，美发护发也就随着现行社会所发展的时尚潮流而更受关注。三千发丝养护需谨慎，频繁染烫、熬夜会导致脱发、掉发、干枯、头屑等头发问题，因此爱美的你要选择一些健康的方法来呵护头皮、滋养秀发。

枸杞红枣茶 防止脱发、白发、黄发

[配方组成]

枸杞 10粒 

红枣 3颗 

[制作方法]

❶ 将红枣掰开，同枸杞子放入水杯中。

❷ 先用沸水冲洗一下，再注入沸水。

❸ 加盖闷5分钟即可饮用。

冲泡时间

1 3 5 8 10

15 18 20 25 30

✲ 养生功效

滋补肝肾，有效防止脱发、白发、黄发。

[饮用方法]

每日1~2剂，代茶频饮。

饮用宜忌

适宜肝肾阴虚、脱发、白发之人饮用。

气虚胃寒、食少泄泻者宜少量饮用。

健康饮茶问与答

问 挪园青峰有哪些特征？

答 挪园青峰为新创名茶，属于绿茶类，产于湖北省黄梅县挪步园茶场。早在唐代就是宫廷贡品。此茶采摘鲜叶要求细嫩、纯净、新鲜、匀齐。在谷雨前后采一芽一叶初展鲜叶，芽长叶短。其品质特征是，外形条索紧秀匀齐，色泽翠绿油润，白毫显露；内质香气清高持久，汤色清澈明亮，滋味鲜爽甘醇。

芝麻茶 防脱发、须发早白

[配方组成]

黑芝麻 30克 　绿茶 3克 

[制作方法]

❶ 芝麻在无油锅中炒熟。
❷ 放凉后倒入密封的玻璃容器中保存。
❸ 取2克芝麻、3克茶叶，用沸水冲泡5分钟。

[饮用方法]

代茶饮用，每日1~2剂。

养生功效

缓和日益渐长的白发与衰老的记忆力。

饮用宜忌

适宜脱发、须发早白的人饮用。热燥性咳嗽、喉咙肿痛者不宜饮用。

首乌生地茶 用于青年白发

[配方组成]

何首乌 10克 　生地 10克 

[制作方法]

❶ 将何首乌和生地放入水壶中。
❷ 先用沸水冲洗一下，再次冲泡。
❸ 闷10分钟后饮用，可添加冰糖调味。

[饮用方法]

每日1剂，代茶温饮，可反复冲泡。

养生功效

强心、养肾，可治疗青年白发。

饮用宜忌

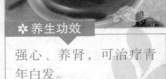

适宜失眠、少白头的人饮用。胃下垂、月经过多者及孕妇不宜饮用。

健康饮茶问与答

问 哪类人群不适合饮茶？

答 饮茶一定要适量。胃寒的人，不宜过多饮茶，特别是绿茶，否则等于“雪上加霜”，越发引起肠胃不适；再如神经衰弱者和患失眠症的人，睡眠以前不宜饮茶，更不能饮浓茶，不然会加重失眠症；正在哺乳的妇女也要少饮茶，因为茶对乳汁有收敛作用。

当归首乌茶 养血凉血、乌发益肾

[配方组成]

何首乌 20克 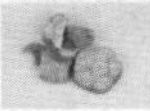 当归 20克 

[制作方法]

❶ 将何首乌和当归放入水壶中。
❷ 先用沸水冲洗一下，再次冲泡。
❸ 闷10分钟后饮用，可添加冰糖调味。

冲泡时间
1 3 5 8 10
15 18 20 25 30

养生功效

具有养血凉血、乌发益肾的功效。

[饮用方法]

每日1剂，代茶温饮，可反复冲泡。

饮用宜忌

适宜血虚不足、须发早白的人饮用。湿盛中满及大便溏泄者慎饮。

茯苓芝麻茶 益肾清脑、祛湿生发

[配方组成]

黑芝麻 30克  茯苓 20克 

[制作方法]

❶ 将黑芝麻先炒熟，与茯苓放入砂锅中。
❷ 加入适量水，煮沸后改小火煎30分钟
❸ 滗出药汁，放入冰箱冷藏。

冲泡时间
1 3 5 8 10
15 18 20 25 30

养生功效

具有益肾清脑、祛湿生发的功效。

[饮用方法]

每次取出适量，调稀温饮。

饮用宜忌

尤其适宜心悸焦虑、心神不宁的人饮用。腹胀及小便多者不宜饮用。

健康饮茶问与答

问 美发乌发茶对身体有副作用吗？

答 美发乌发茶在调理身体上，是非常温和的，没有西药的激烈作用，也没有西药的副作用。美发乌发茶能够激活人体内疲劳的细胞组织，让身体重新焕发青春的风采，因为美发乌发茶中富含各种营养元素，能够修复受损的细胞组织，改善微循环，特别是针对头部的微循环，乌发养颜茶更具有优势。

黑芝麻核桃茶 用于头发枯黄、脱发

[配方组成]

黑芝麻 10克 
核桃仁 10克 

[制作方法]

❶ 将黑芝麻、核桃仁一同拍碎。
❷ 将糖放入沸水锅中搅拌大约5分钟。
❸ 待糖熔化后拌入茶材，放凉，装入容器。

[饮用方法]

每次取适量，用开水调稀饮用，每日2次。

冲泡时间
1 3 **5** 8 10
15 18 20 25 30

✲ 养生功效

滋补肝肾、养血滋阴，可改善脱发、头发枯黄的现象。

饮用宜忌

适宜脱发、便秘的人饮用。热燥性咳嗽、喉咙肿痛者不宜饮用。

生姜半夏茶 去湿生发

[配方组成]

生姜 5片 
红糖 10克 
半夏 5克 

[制作方法]

❶ 将生姜切片，与半夏、红糖放入砂锅中。
❷ 加入适量水，煮沸后改小火煎30分钟
❸ 滗出药汁，放入冰箱冷藏。

[饮用方法]

每次取适量，调稀温饮。

冲泡时间
1 3 5 8 10
15 18 20 25 **30**

✲ 养生功效

具有燥湿化痰、去湿生发的功效。

饮用宜忌

治痰多咳嗽，又常与贝母配伍饮用。胃阴不足之呕吐症不宜饮用。

健康饮茶问与答

问 **茶叶中的芳香类物质对人体有什么保健作用?**

答 茶叶中的茶黄烷醇能够抗辐射；酸类化合物有抑制和杀灭酶菌和细菌的作用，对于黏膜、皮肤及伤口有刺激作用，并有溶解角质的作用；茶叶中的叶酸有补血的作用，特别是经过发酵及类似过程的茶叶，治疗贫血症有一定效果。茶叶中的芳香类物质所挥发出的香气，还能使人心旷神怡，使口气清新。

甘杞首乌茶 益肾、生发、黑发

[配方组成]

甘草 15克 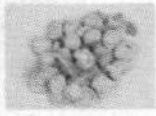
首乌 15克 
枸杞 15克 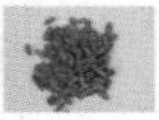

[制作方法]

❶ 将首乌捣碎。
❷ 3种茶材分成3等份，分别放入茶包袋中。
❸ 取1小袋，沸水冲泡，闷20分钟后饮用。

冲泡时间 1 3 5 8 10 15 18 20 25 30

[饮用方法]

代茶饮用，每日1剂。

养生功效

具有滋补肝肾、生发、黑发的功效。

饮用宜忌

适宜肝肾两虚、精血不足的人饮用。脾虚泄再者禁止饮用。

香菜根茶 用于头发多屑、发痒

[配方组成]

香菜根 6根 

[制作方法]

❶ 将香菜根洗净，放入砂锅中。
❷ 加入适量水，煮沸后改小火煎20分钟
❸ 滗出药汁，放入冰箱冷藏。

冲泡时间 1 3 5 8 10 15 18 20 25 30

[饮用方法]

每次取适量，调稀温饮。

养生功效

促进血液循环，改善头发多屑、发痒的症状。

饮用宜忌

脾胃虚寒者尤其适合饮用。患口臭、胃溃疡者应少饮用。

健康饮茶问与答

问 **饮茶可以防治口臭吗?**

答 如不注意口腔卫生，使存留在口腔内的食物发酵，产生酸性物质，对牙齿釉质有腐蚀作用，久之则产生空洞即龋齿。细菌的作用和食物发酵，均可产生难闻的气味；有些人患有消化不良时，也可发生口臭。饮茶可以抑制细菌生长繁殖，帮助消化吸收，更能防止或消除由于消化不良而引起的口臭。

女贞枸杞茶 乌发明目

[配方组成]

女贞子 8克  枸杞 8克 

[制作方法]

❶ 将女贞子、枸杞洗净。
❷ 一起放入杯中，加入沸水。
❸ 闷10分钟，取汁饮用。

冲泡时间 1 3 5 8 10 15 18 20 25 30

[饮用方法]

每日1剂，代茶温饮。

养生功效

具有乌发明目、滋补肝肾的功效。

饮用宜忌

适宜须发早白、目暗不明者饮用。脾胃虚寒泄泻者慎饮。

黑豆红糖茶 补肾乌发

[配方组成]

黑豆 10克  红糖 适量 

[制作方法]

❶ 黑豆浸泡，放入锅中。
❷ 加入红糖与水。
❸ 熬制30分钟后，取汁饮用。

冲泡时间 1 3 5 8 10 15 18 20 25 30

[饮用方法]

代茶温饮，每日1剂。

养生功效

具有滋补肝肾、美容乌发的功效。

饮用宜忌

适宜肾虚、头发少、头发黄的人饮用。消化功能不好的人不宜饮用。

健康饮茶问与答

问 通江罗村茶有哪些特征?

答 通江罗村茶为恢复制作的历史名茶，属于绿茶类，产于四川省通江县铁溪罗村。其工艺流程是：拣剔、摊青、杀青、抖散（清风）、初干、做形、回潮、烘焙、分级包装。通江罗村茶的品质特征是：外形扁平、直、匀整、色泽嫩绿、香气清香持久、汤色嫩绿明亮、滋味鲜醇回甘、叶底黄绿匀亮。

◀茉莉桂圆茶 养肾乌发

[配方组成]

茉莉 8克 
桂圆肉 8克 

[制作方法]

❶ 将茉莉、桂圆洗净。
❷ 一起放入杯中，加入沸水。
❸ 闷10分钟，取汁饮用。

[饮用方法]

每日1剂，代茶温饮。

冲泡时间：1 3 5 8 10 15 18 20 25 30（10）

养生功效

具有养肾乌发、固精养虚的功效。

饮用宜忌

适宜头晕目眩、头发无光泽者饮用。脾胃虚弱以及处于经期的女性不宜饮用。

◀首乌玉竹茶 用于须发枯燥

[配方组成]

首乌 10克 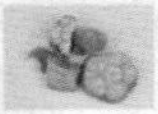
玉竹 10克 

[制作方法]

❶ 将首乌、玉竹洗净。
❷ 一起放入锅中，加入适量水。
❸ 熬制30分钟，取汁饮用。

[饮用方法]

每日1剂，代茶温饮。

冲泡时间：1 3 5 8 10 15 18 20 25 30（30）

养生功效

具有润肤乌发、健身益寿的功效。

饮用宜忌

适宜须发枯燥、容颜憔悴者饮用。泄泻便稀、腹胀者不宜饮用。

健康饮茶问与答

问 天岗银芽茶有哪些特征?

答 天岗银芽为新创名茶，属于绿茶类，天岗银芽产于四川通江县火天岗。此茶在清明谷雨季节采制，一芽一叶初展和一芽一叶开展的幼嫩芽为制作原料，要求芽叶肥壮完整。其品质特征是，外形扁平挺秀匀整，黄绿油润，满身披毫，香气馥郁持久，汤色清澈明亮，滋味甘醇鲜爽，叶底嫩匀成朵鲜亮。

枸杞生地茶 补肾清火

[配方组成]

枸杞 10克  生地 8克 

[制作方法]

❶ 将枸杞洗净，生地洗净、切片。
❷ 一起放入杯中，加入沸水。
❸ 闷10分钟，取汁饮用。

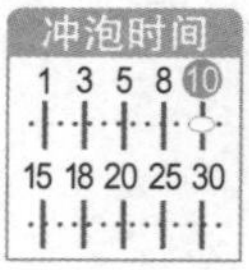

[饮用方法]

每日1剂，代茶温饮。

饮用宜忌

适宜乌发早白、头晕目眩者饮用。脾胃虚弱，及妇女不宜饮用。

养生功效

具有乌发固精、补肾清火的功效。

菊杞桂圆茶 补肾安神

[配方组成]

枸杞 10克  菊花 8克  桂圆肉 3粒 

[制作方法]

❶ 将3种茶材洗净。
❷ 一起放入杯中，加入沸水。
❸ 闷10分钟，取汁饮用。

[饮用方法]

每日1剂，代茶温饮。

饮用宜忌

适宜乌发早白、头晕目眩者饮用。脾胃虚弱，及妇女不宜饮用。

养生功效

具有乌发固精、补肾清火的功效。

健康饮茶问与答

问 鹤林仙茗有哪些特征？

答 鹤林仙茗为新创名茶，属于绿茶类，产于四川省邛崃市城郊鹤林禅院周边山地。此茶春分至谷雨季节采摘，以一芽一叶初展为主，芽长2~2.5厘米。鹤林仙茗的品质特征是：外形条索紧细，微曲多毫，色泽嫩绿油润；茶香浓郁持久，汤色碧绿清澈，滋味鲜醇爽口回甘，叶底嫩绿匀亮。

首乌桑枣茶 用于须发早白、秃顶

[配方组成]

首乌 9克 
桑叶 10克 
红枣 5颗 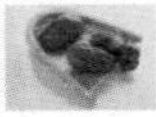

[制作方法]

❶ 将3味茶材洗净。
❷ 一起放入锅中，加入适量水。
❸ 熬制30分钟，取汁饮用。

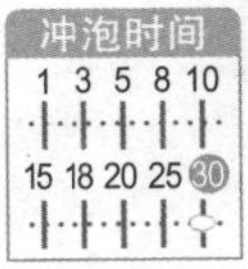

[饮用方法]

每日1剂，代茶温饮。

✲ 养生功效

具有固精养须、补肾乌发的功效。

饮用宜忌

适宜须发早白、秃顶者饮用。泄泻便稀、腹胀者不宜饮用。

菟丝子女贞茶 补肾乌发

[配方组成]

菟丝子 10克 
女贞子 10克 
冰糖 4块 

[制作方法]

❶ 将3种材料混合均匀。
❷ 分为3份，分别放入茶包袋中。
❸ 取1小袋，沸水冲泡15分钟后饮用。

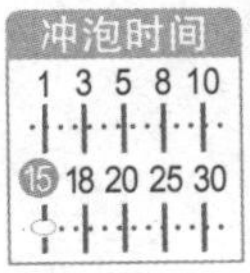

[饮用方法]

代茶饮用，每日1剂。

✲ 养生功效

具有滋补肝肾、乌发美颜的功效。

饮用宜忌

适宜阳痿遗精、消渴、发少者饮用。肾脏有火、阴虚火动者不宜饮用。

健康饮茶问与答

问 景星碧绿茶有哪些特征？

答 景星碧绿茶为新创名茶，属于绿茶类，产于四川省重庆市南桐区的高山茶园景星台、九锅箐。其品质特征是：香气浓郁高锐，滋味醇厚鲜爽，汤色清澈碧绿，芽叶嫩绿，条形细紧匀衬，色泽绿翠光润。用顶芽和幼嫩的一芽一叶制成，香气清高，滋味鲜醇爽口。

玉竹枸杞当归茶 润肤乌发

[配方组成]

枸杞 20克 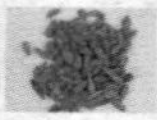
玉竹 15克 
当归 15克 

[制作方法]

❶ 枸杞洗净，玉竹和当归洗净、切片。
❷ 一起放入锅中，加入适量水。
❸ 熬制30分钟，取汁饮用。

[饮用方法]

每日1剂，代茶温饮。

养生功效

具有润肤乌发、补肾养精的功效。

饮用宜忌

适宜须发早白、腰膝无力者饮用。泄泻便稀、腹胀者不宜饮用。

桑叶枸杞茶 乌发明目

[配方组成]

枸杞 9克 
桑叶 9克 

[制作方法]

❶ 将枸杞、桑叶洗净。
❷ 一起放入杯中，加入沸水。
❸ 闷10分钟，取汁饮用。

[饮用方法]

每日1剂，代茶温饮。

养生功效

具有补肾益精、乌发明目的功效。

饮用宜忌

适宜毛发干燥、视力减退者饮用。燥性咳嗽、喉咙肿痛，或皮肤痒者不宜饮用。

健康饮茶问与答

问 神禹苔茶有哪些特征？

答 神禹苔茶为新创名茶，属于绿茶类，创制于1989年，产于四川省北川县擂鼓镇。此茶在3月底采摘，以一芽一叶初展至一芽二叶初展的鲜叶为制作原料。神禹苔茶的品质特征是绿润显毫，色泽嫩绿油润；内质香气清香持久、汤色嫩绿明亮、滋味鲜醇回甘、叶底黄绿匀亮。

第五章

出差旅行应急茶包

水土不服

■ 食欲缺乏　■ 吐泻　■ 精神不振　■ 失眠

水土不服，即人的某些生理机能不能调整到与其所处气候环境相适应的最佳状态。不是一种病，而是一种综合征。其病程虽短，但有时也会伤身误事。水土不服主要表现为胃肠不适、食欲缺乏、吐泻、易着凉、精神不振、失眠等，我国古代很重视水土不服的预防，外出到异地他乡，往往带上一把故乡土，到异地煮水饮用，以避免水土不服现象。其实，真正有效的预防办法，是提高机体对外界的适应能力，平时可以饮用一些防治水土不服的温和小茶包。

黄连姜草茶　用于抑制恶心呕吐

[配方组成]

甘草 15克 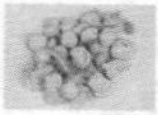　生姜 15克 　黄连 15克 

[制作方法]

1. 将甘草和生姜切碎，同黄连混合。
2. 分为3等份，分别放入茶包袋中。
3. 取1小袋，沸水冲泡15分钟后饮用。

[饮用方法]

代茶饮用，每日1剂。

饮用宜忌

适宜体内火重的人饮用。
阴虚烦热、胃虚呕恶、脾虚泄泻者慎饮。

冲泡时间：1 3 5 8 10 15 18 20 25 30（15）

养生功效

缓解水土不服导致的恶心呕吐。

养生小贴士

1. 饮食上须有所节制。先吃点当地易于消化的食物，使肠胃慢慢适应当地的饮食。
2. 饮水要保持卫生。尽量选择密封妥善的纯净水，或煮沸的水。
3. 发生水土不服后可以饮用蜂蜜、酸奶、茶水，来改善。
4. 要根据天气增减衣服，做到饮食有节、起居有度、生活有序。
5. 勿太劳累，保持充足的睡眠，才能使生理机能保持正常而有良好的免疫力。

茯苓导水茶 用于下肢浮肿

[配方组成]

茯苓 20克 

[制作方法]

❶ 将茯苓放入砂锅中。
❷ 加入适量水，煮沸后改小火煎30分钟
❸ 滗出药汁，放入冰箱冷藏。

[饮用方法]

每次取出适量，调稀温饮。

冲泡时间 1 3 5 8 10 15 18 20 25 30（30）

养生功效

具有行气化湿、利水消肿的作用。

饮用宜忌

适宜因水土不服而下肢水肿的人饮用。虚寒精滑或气虚下陷者不宜饮用。

陈皮紫苏茶 用于食欲差、胃胀

[配方组成]

陈皮 20克 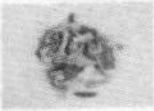 紫苏叶 20克 

[制作方法]

❶ 先将陈皮、紫苏叶捣碎，混合混匀。
❷ 分成4份，分别将每份放入茶包袋中。
❸ 取1小袋，用沸水冲泡，闷10分钟后饮用。

[饮用方法]

代茶饮用，每日1剂。

冲泡时间 1 3 5 8 10 15 18 20 25 30（10）

养生功效

缓解因水土不服导致的食欲差、胃胀等状况。

饮用宜忌

适宜感冒风寒、食欲不振的人群饮用。温病及气弱者不宜饮用。

健康饮茶问与答

问 胃病患者为什么不宜过量饮茶?

答 饮茶具有消食除积、除烦去腻等作用。通常胃内的磷酸二酯酶可抑制胃内的胃酸分泌。但茶中的茶碱对此酶有抑制作用，使胃酸分泌增多，刺激胃壁的创面或溃疡面，引起疼痛，并影响溃疡的愈合。因此，胃病患者不宜过量饮茶，若在茶汤中加牛奶和糖，可降低饮茶引起的促进胃酸分泌的作用。

黄豆绿豆茶 收敛止泻

[配方组成]

黄豆 20克  绿豆 20克 

[制作方法]

1. 先将黄豆和绿豆洗净、浸泡。
2. 连同浸泡的水一同下锅。
3. 熬制30分钟后，取汁饮用。

[饮用方法]

代茶饮用，每日1剂。

冲泡时间
1 3 5 8 10
15 18 20 25 30

养生功效

具有收敛止泻、保护肠胃的作用。

饮用宜忌

适宜因水土不服而腹泻的人饮用。腹胀、腹泻便稀等症状者不宜饮用。

乌梅冰糖茶 开胃、顺气

[配方组成]

乌梅 10克  冰糖 3块 

[制作方法]

1. 将乌梅掰开，放入水杯中。
2. 先用沸水冲洗一下，再注入沸水。
3. 闷5分钟后，加入冰糖搅匀饮用。

[饮用方法]

每日1~2剂，代茶频饮。

冲泡时间
1 3 5 8 10
15 18 20 25 30

养生功效

开胃、顺气，缓解因水土不服导致的胃胀气。

饮用宜忌

适宜虚热口渴、胃呆食少、胃酸缺乏者饮用。胃酸过多者、处于经期女性不宜饮用。

健康饮茶问与答

问 头晕的人为什么不宜过量饮茶？

答 茶叶中含有多种能兴奋中枢和周围神经系统的成分，如咖啡因等。如过量饮茶，特别是浓茶，会使饮茶者中枢神经系统及全身兴奋，使心跳加速、血流加快、使人久久不能入睡。因此，患有神经衰弱或头晕的人，不宜过量饮茶，特别是浓茶，应适当饮茶，注意饮茶的浓度和时间。

冬瓜皮茶 利水消肿

[配方组成]

冬瓜皮 5条  荷叶 1/4张 

[制作方法]

1. 将冬瓜洗净，留下皮，切小条。
2. 与荷叶放入水杯中，再注入沸水冲泡。
3. 闷10分钟后，加入冰糖搅匀饮用。

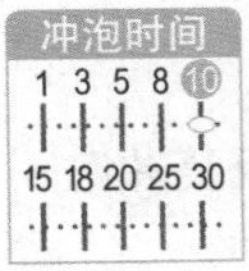

[饮用方法]

每日1剂，代茶频饮。

养生功效

具有清热利水、消肿、通小便的功效。

饮用宜忌

适宜腿部水肿的人饮用。体质虚寒的人不建议吃。

花椒红茶 温中散寒、止呕

[配方组成]

花椒粒 20克  红茶 20克 

[制作方法]

1. 将花椒和红茶分别装入茶包袋中。
2. 取1小袋，用沸水冲泡，闷10分钟饮用。

[饮用方法]

代茶饮用，每日1剂。

养生功效

温中散寒，缓解因水土不服导致的恶心、呕吐。

饮用宜忌

适宜胃部及腹部冷痛、呕吐清水的人饮用。孕妇、阴虚火旺者不宜饮用。

健康饮茶问与答

问 空腹能否喝浓茶？

答 饮浓茶对胃黏膜细胞有刺激作用，特别是胃部有炎症或溃疡者，更不宜空腹饮茶。此外，空腹为饭前，此时如果饮茶过多，会冲淡消化液，使消化功能降低，从而影响食欲或消化吸收，因此空腹时忌饮浓茶。适量饮茶，即浓度适量，或量不太多，都会促进食欲，增加消化、吸收功能，有益于健康。

荷叶枸杞茶 止呕、开胃

[配方组成]

干荷叶 15克 
枸杞 8克 
冰糖 适量 

[制作方法]

❶ 将枸杞与荷叶放入茶壶中。
❷ 先用沸水冲洗一下，再注入沸水。
❸ 闷5分钟后，加入冰糖搅匀饮用。

[饮用方法]

每日1剂，代茶频饮，荷叶可反复冲泡。

养生功效

开胃、止呕，缓解因水土不服导致的食欲不振、大便燥结。

饮用宜忌

适宜在饭后半小时喝荷叶茶，以便促进食物消化。女性处于经期、孕期不宜饮用。

红糖木耳茶 缓解眩晕

[配方组成]

黑木耳 50克 
红糖 100克 
枸杞 10克 

[制作方法]

❶ 将黑木耳用冷水发开、洗净。
❷ 再倒入开水锅内，同时加入红糖、枸杞。
❸ 煮10分钟后关火盛出。

[饮用方法]

每日2次，饮汁食木耳。

养生功效

具有活血祛瘀、缓解眩晕的功效。

饮用宜忌

此茶还适合夜眠不酣的人群。怀孕妇女不宜饮用。

健康饮茶问与答

问 茶叶中的脂多糖类对人体有什么保健作用?

答 脂多糖主要由葡萄糖、阿拉伯糖、核糖、半乳糖等所组成。茶叶中的脂多糖含量只占5%左右，粗老茶比细嫩茶含量高。但脂多糖具有独特的药效，有降低血糖的作用，对糖尿病有很好的预防和治疗作用。中国民间有采用粗老茶治疗糖尿病的传统。

甘草麦红茶 用于心神不定、失眠

[配方组成]

甘草 20克 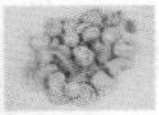 大麦 20克 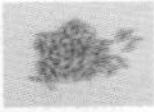 红枣 10粒 

[制作方法]

❶ 将红枣、甘草切碎，与大麦混合。
❷ 分成5份，分别装入茶包袋中。
❸ 取1小袋，用沸水冲泡，闷10分钟后饮用。

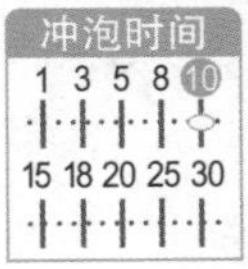

✲ 养生功效

养心除烦，缓解因水土不服而失眠的状况。

[饮用方法]

代茶饮用，每日1剂。

饮用宜忌

还适宜心火旺盛引起的失眠的人饮用。发热、尿赤、舌苔黄者不宜饮用。

玫瑰柠檬菊花茶 开胃降火

[配方组成]

干玫瑰 2朵  干柠檬 1片 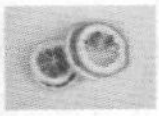 干菊花 2朵 

[制作方法]

❶ 将玫瑰、柠檬、菊花放入水杯中。
❷ 先用沸水冲洗一下，再注入沸水。
❸ 加盖闷5分钟即可饮用。

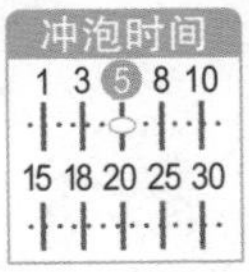

✲ 养生功效

具有清凉降火、祛除胃火、改善食欲的功效。

[饮用方法]

每日1~2剂，代茶温饮。

饮用宜忌

适宜中暑烦渴、食欲不振的人饮用。不宜搭配海鲜饮用，以防止食物中毒。

健康饮茶问与答

问 为什么坚持饮茶可以延年益寿?

答 古代医学认为，茶能清心神、醒睡除烦；凉肝胆，涤热清痰；益肺胃，明目解温。事实证明，人的衰老与体内不饱和脂肪酸的过度氧化作用有关，而这种氧化又和一种叫自由基的物质有关。茶叶中的多酚类化合物和咖啡因及维生素C、维生素E等对自由基有着很强的清除效果，这便是茶能养生益寿的奥秘所在。

莲心竹叶茶 用于失眠、心烦

[配方组成]

莲心 10克  竹叶 11克 

[制作方法]

❶ 将莲心、竹叶放入水杯中。
❷ 先用沸水冲洗一下，再注入沸水。
❸ 加盖闷10分钟即可饮用。

[饮用方法]

每日1剂，代茶温饮。

养生功效

具有清热除烦、舒缓压力的功效。

饮用宜忌

适宜心情烦躁、失眠心悸者饮用。肾不好的人应少服。

陈皮竹茹茶 用于火气大、呕吐

[配方组成]

陈皮 10克 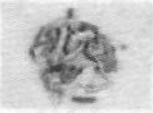 竹茹 11克 

[制作方法]

❶ 将陈皮、竹茹冲洗净。
❷ 放入锅中，注入沸水。
❸ 熬制30分钟后，取汁饮用。

[饮用方法]

每日1剂，代茶温饮。

养生功效

具有降逆止呕、益气清热的功效。

饮用宜忌

适宜火气大、呕吐者饮用。胃虚或寒湿伤胃者慎饮。

健康饮茶问与答

问 龙佛仙茗有哪些特征？

答 龙佛仙茗为新创名茶，属于绿茶类，产于重庆江津南部山区的天然富硒富锌地带。此茶在清明前20天左右至清明后10天采摘一芽一叶初展或单芽为制作原料。龙佛仙茗的品质特征是，外形扁平、挺直、匀整、有苗锋、茸毫披露；内质香气清爽、毫香浓郁、汤色黄绿明亮、滋味鲜醇回甘、叶底黄绿匀亮。

酸枣仁桂圆茶 养心安神

[配方组成]

酸枣仁 10克  桂圆肉 3粒 

[制作方法]

❶ 将酸枣仁、桂圆放入水杯中。
❷ 用沸水冲洗一遍，再注入沸水。
❸ 加盖闷10分钟即可饮用。

冲泡时间
1 3 5 8 10
15 18 20 25 30

[饮用方法]

每日1剂，代茶温饮。

✲ 养生功效

具有滋补肝肾、养心安神的功效。

饮用宜忌

适宜心情烦躁、失眠心悸者饮用。孕妇不宜饮用。

当归桂圆茶 用于失眠多梦

[配方组成]

当归 4片  桂圆肉 3粒 

[制作方法]

❶ 将当归、桂圆放入水杯中。
❷ 用沸水冲洗一遍，再注入沸水。
❸ 加盖闷10分钟即可饮用。

冲泡时间
1 3 5 8 10
15 18 20 25 30

[饮用方法]

每日1剂，代茶温饮。

✲ 养生功效

具有补脾健胃、养血安神的功效。

饮用宜忌

适宜失眠多梦、心神不宁者饮用。怀孕的妇女不宜饮用。

健康饮茶问与答

问 **苏香春绿茶有哪些特征?**

答 苏香春绿茶为新创名茶，属于绿茶类，产于四川省北川擂鼓镇苏宝沟。此茶在3月上旬至4月下旬采摘，特级茶只采单叶，一级茶采单叶和一芽一叶、一芽二叶。苏香春绿茶的品质特征是，外形匀整、紧细显毫色泽嫩绿；内质香气鲜灵持久、汤色黄绿明亮、滋味醇厚鲜爽回甘、叶底嫩绿鲜亮。

苍术佩兰薏米茶 用于头晕体倦

[配方组成]

苍术 9克  佩兰 9克  薏米 20克 

[制作方法]

1. 将薏米炒黄，苍术、佩兰洗净。
2. 放入锅中，注入沸水。
3. 熬制30分钟后，取汁饮用。

[饮用方法]

每日1剂，代茶温饮。

饮用宜忌

适宜恶心呕吐、大便稀烂者饮用。阴虚内热、气虚多汗者慎饮。

养生功效

具有补气健脾、化湿和中的功效。

党参茯苓当归饮 用于食欲不振

[配方组成]

党参 9克  茯苓 9克  当归 9克 

[制作方法]

1. 将3种茶材洗净。
2. 放入锅中，注入沸水。
3. 熬制30分钟后，取汁饮用。

[饮用方法]

每日1剂，代茶温饮。

饮用宜忌

适宜大便溏薄、神疲无力者饮用。腹胀及小便多者慎饮。

养生功效

具有补气健脾、消食和胃的功效。

健康饮茶问与答

问 匡山翠绿有哪些特征?

答 匡山翠绿为新创名茶，属于绿茶类，产于四川省江油市匡山。此茶清明至谷雨期间采摘一芽一叶初展至一芽二叶初展，芽叶长为3厘米左右的鲜叶为制作原料。匡山翠绿的品质特征是，外形条索紧结，色泽中翠绿显毫；香气浓郁持久，汤色黄绿明亮，滋味醇和鲜爽，叶底黄绿明亮匀整。

鸡血藤木瓜饮 用于关节酸痛、肿胀

[配方组成]

木瓜 1/4个 
鸡血藤 15克 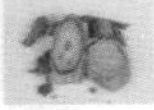
冰糖 20克 

[制作方法]

1. 木瓜洗净、切片，鸡血藤洗净。
2. 一同放入杯中，加入冰糖，注入沸水。
3. 闷20分钟即可。

[饮用方法]

每日1剂，代茶频饮。

饮用宜忌

适宜关节酸痛、肿胀者饮用。气虚血弱、无风寒湿邪者忌饮。

养生功效

具有补血、活血、通络的作用。

杜仲当归茶 用于腰腿酸软

[配方组成]

当归 4片 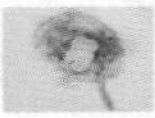
杜仲 3片 

[制作方法]

1. 将当归、杜仲放入水杯中。
2. 用沸水冲洗一遍，再注入沸水。
3. 加盖闷10分钟即可饮用。

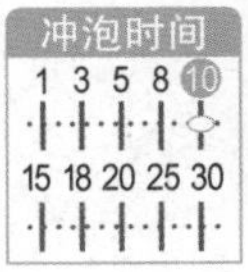

[饮用方法]

每日1剂，代茶温饮。

饮用宜忌

适宜腰腿酸软、疲劳倦怠者饮用。阴虚火旺者慎饮。

养生功效

具有补肝肾、强筋骨、降血压的功效。

健康饮茶问与答

问 文君绿茶有哪些特征？

答 文君绿茶为新创名茶，属于绿茶类，产于四川省邛崃市。文君茶，以采摘一芽一叶或一芽二叶初展，经杀青、初揉、烘二青、复揉、炒三青、做形提毫、烘焙等七道工序精制而成。文君绿茶的品质特征是，外形条索紧细卷曲、色泽翠绿油润、芽毫显露；内质嫩香浓郁持久、汤色碧绿清亮、滋味鲜醇回甘、叶底黄绿匀亮。

当归红花地黄茶 用于关节酸软、心悸

[配方组成]

当归 4片  红花 5克 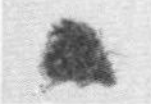 熟地黄 8克 

[制作方法]

1. 将当归、红花洗净，熟地黄捣碎。
2. 放入锅中，注入适量水。
3. 熬制30分钟后饮用。

冲泡时间
1 3 5 8 10
15 18 20 25 30

[饮用方法]

每日1剂，代茶温饮。

饮用宜忌

适宜关节酸软、心悸者饮用。脾胃虚弱，气滞痰多者不宜饮用。

养生功效

具有补血滋润、益精填髓的功效。

山楂白术茶 用于神疲乏力

[配方组成]

山楂 4片  白术 10克 

[制作方法]

1. 将山楂、白术放入水杯中。
2. 用沸水冲洗一遍，再注入沸水。
3. 加盖闷10分钟即可饮用。

冲泡时间
1 3 5 8 10
15 18 20 25 30

[饮用方法]

每日1剂，代茶温饮。

饮用宜忌

适宜脾虚食少、神疲乏力者饮用。阴虚燥渴、气滞胀闷者忌饮。

养生功效

具有健脾益气、解烦除乏的功效。

健康饮茶问与答

问 兰溪毛峰茶有哪些特征?

答 兰溪毛峰茶为新创名茶，属于绿茶类，产于兰溪市的下陈、新宅、蟠山等地。其品质特征是：形肥壮扁形成条，银毫遍布全叶，色泽黄绿透翠，叶底绿中呈黄，沏泡后即还其茶芽之原形，汤色碧绿如茵，清沏甘爽明亮，旗枪交错杯中，香气芬芳扑鼻，清高幽远鲜爽，品茗滋味醇和，饮后有回甜，香流齿颊间，清妙不可言。

苍术白术陈皮茶 用于倦怠无力

[配方组成]

苍术 15克  白术 15克  陈皮 20克 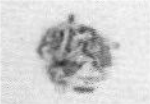

[制作方法]

1. 将3种茶材洗净、混合均匀。
2. 分成5份待用。
3. 取1份，沸水冲泡10分钟后饮用。

冲泡时间 1 3 5 8 10 15 18 20 25 30

[饮用方法]

每日1剂，代茶频饮。

养生功效

具有健胃利尿、行气和胃的功效。

饮用宜忌

适宜脘腹胀满、倦怠无力者饮用。阴虚内热，气虚多汗者忌饮。

红花山楂茶 用于胸痛时作

[配方组成]

红花 8克  山楂 3片 

[制作方法]

1. 将红花、山楂放入水杯中。
2. 用沸水冲洗一遍，再注入沸水。
3. 加盖闷10分钟即可饮用。

冲泡时间 1 3 5 8 10 15 18 20 25 30

[饮用方法]

每日1剂，代茶温饮。

养生功效

具有活血止痛、行气安神的功效。

饮用宜忌

适宜胸痛时作、心神不宁者饮用。怀孕的妇女不宜饮用。

健康饮茶问与答

问 峡州碧峰茶有哪些特征？

答 峡州碧峰为新创名茶，属于绿茶类，产于长江西陵峡北岸的宜昌市高山区。制作分为八道工序。采摘时一级碧峰为一芽二叶初展，二级碧峰为一芽二叶，均要求芽叶完整，老嫩一致，大小均匀。其品质特征是，外形条索紧秀显毫，色泽翠绿油润，内质香高持久，滋味鲜爽回甘，汤色黄绿明亮，叶底嫩绿匀整。

枸杞麦冬柴胡茶 用于大便干燥

[配方组成]

枸杞 18克  麦冬 18克  柴胡 18克 

[制作方法]

1. 将3种茶材捣碎，混合在一起。
2. 分成3份，分别将每份放入茶包袋中。
3. 取1小袋，沸水冲泡10分钟后饮用。

[饮用方法]

代茶饮用，每日1剂。

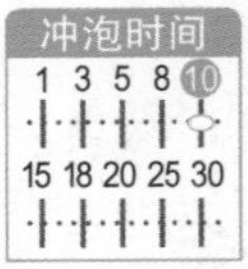

养生功效

具有清热消火、疏肝解郁的功效。

饮用宜忌

适宜内火重、大便干燥的人饮用。肝阳上亢、脾胃虚弱者不宜饮用。

柴胡生地饮 用于神疲乏力

[配方组成]

柴胡 9克  生地 9克 

[制作方法]

1. 将柴胡、生地放入水杯中。
2. 用沸水冲洗一遍，再注入沸水。
3. 加盖闷10分钟即可饮用。

[饮用方法]

每日1剂，代茶温饮。

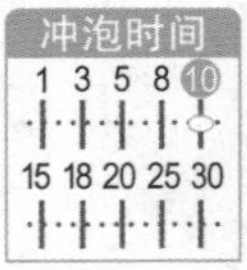

养生功效

具有养阴生津、提神除烦的功效。

饮用宜忌

适宜神疲乏力、疲劳倦怠者饮用。阳虚体质及脾胃有湿者慎饮。

健康饮茶问与答

问 环山春茶有哪些特征?

答 环山春茶为新创名茶，属于绿茶类，产于重庆市渝北区石坪镇。该茶采用春分至谷雨期间采摘的中小叶群体种茶树的细嫩芽叶为原料，经杀青、揉捻、做形、烘干、精选等工艺加工而成。其外形紧细卷曲、银绿隐翠；内质香气清爽，馥郁持久；汤色嫩绿清澈、滋味鲜醇回甘、叶底黄绿匀亮。

旅途中应急

■ 腹痛　■ 牙痛　■ 便秘　■ 腹泻

在旅途当中，每个人都会遇到不同的困难，但是如果是身体上出现了小状况，如路途便秘、旅途腹痛、旅途牙痛、旅途腹泻等，看似小事，可偏偏就能让人束手无策，在慌忙中乱投医。人在旅途，茶为必备之品，既可以防范身体的意外小状况，又可以缓解饥渴倦怠之苦。旅途中饮一杯清茶，常能令人神清气爽、周体通泰。所以，即将踏上旅途的人们，可以随身携带便利的小茶包，可解渴、保健、提神、解酒，而且营养更加充分。

大蒜绿茶　杀菌、止痛、止泻

[配方组成]

大蒜 半头 

绿茶 15克 

[制作方法]

1. 将大蒜捣成蒜泥。
2. 与绿茶放入杯里，注入沸水。
3. 闷5分钟后即可饮用。

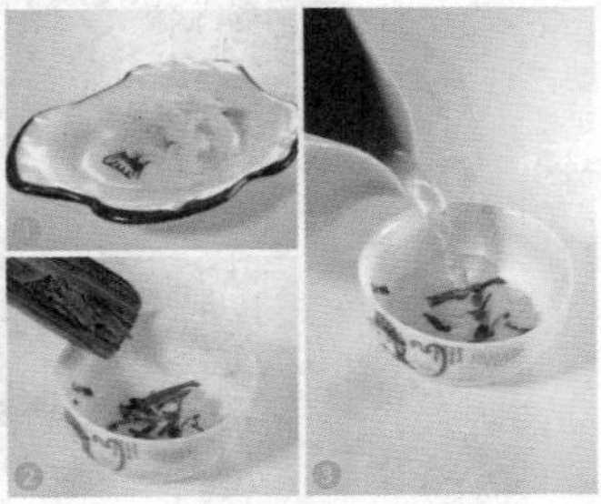

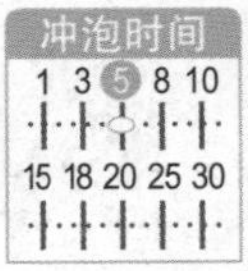

养生功效

具有杀菌、止痛、止泻的功效。

[饮用方法]

每日1剂，温热服下。

饮用宜忌

还适宜高血压、动脉硬化患者饮用。
大蒜有辣性气味，不喜欢此茶味道的人慎饮。

养生小贴士

1. 出行前要保证充足的睡眠，出行当天上午不要吃得太饱；最好坐在车辆的中部，靠近窗口。
2. 出行前，要喝适量的淡盐水，可补充机体需要，同时也可防电解质紊乱。
3. 过长时间的运动时，适当喝些糖水，以及时补充体内能量消耗。切不要喝生水，以免感染疾病。
4. 旅途口渴不能一次猛喝，应分多次喝水，每小时喝水不能超过1升。

茴香止痛茶 用于旅途中腹痛

[配方组成]

小茴香 1匙 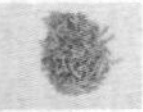 食盐 适量 

[制作方法]

1. 把小茴香放入随身杯。
2. 冲入沸水，1分钟后倒掉水。
3. 再次冲入沸水，加入盐，闷20分钟。

冲泡时间 1 3 5 8 10 15 18 20 25 30（20）

[饮用方法]

每次喝1杯，可反复冲泡。

养生功效

散寒、暖胃、止痛，调理受寒引起的下腹疼痛。

饮用宜忌

适宜中焦有寒、腹部冷痛的人饮用。不宜单次大量饮用。

白胡椒鸡蛋茶 用于旅途中牙痛

[配方组成]

胡椒粉 30克 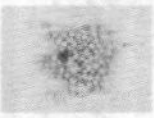 生鸡蛋 1个 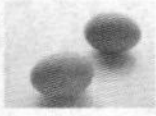

[制作方法]

1. 准备一个随身杯，把鸡蛋打散。
2. 放入胡椒粉，搅匀，冲入沸水。
3. 一边冲一边搅拌约5分钟，将鸡蛋冲熟即可。

冲泡时间 1 3 5 8 10 15 18 20 25 30（5）

[饮用方法]

每次1剂，代茶温饮。

养生功效

引火归原，调理受寒引起的虚火牙痛。

饮用宜忌

还适宜心火旺盛引起的失眠的人饮用。发热、尿赤、舌苔黄者不宜饮用。

健康饮茶问与答

问 为什么说“茶叶是肠道疾病的良药”？

答 茶中的多酚类物质，能使蛋白质凝固沉淀。茶多酚与单细胞的细菌结合，能凝固蛋白质，将细菌杀死。如把危害严重的霍乱菌、伤寒杆菌、大肠杆菌等，放在浓茶汤中浸泡几分钟，多数会失去活动能力。而用水泡茶时，如果饮用水不洁，茶叶能吸收水中的杂质，并使之沉淀，有净化、消毒的作用，对预防肠道传染病有好处。

川芎茶 用于旅途中偏头痛

[配方组成]

川芎 18克 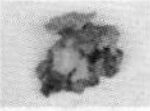

[制作方法]

1. 先将川芎捣碎，分成6份。
2. 分别将每份放入茶包袋中。
3. 取1小袋，沸水冲泡10分钟后饮用。

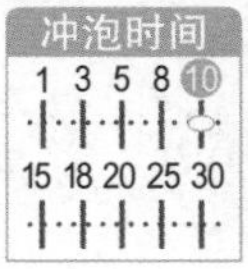

[饮用方法]

代茶饮用，每日1剂。

养生功效

具有祛风解表、散寒止痛的功效。

饮用宜忌

适宜风寒感冒、头痛、牙痛的人饮用。阴虚血热者不宜饮用。

苦参明矾茶 用于旅途中跌打损伤

[配方组成]

苦参 20克 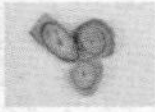　明矾 10克 　绿茶 25克 

[制作方法]

1. 将苦参、明矾、绿茶混合。
2. 均分成5份，分别放入茶包袋中。
3. 取1小袋，沸水冲泡 20分钟后饮用。

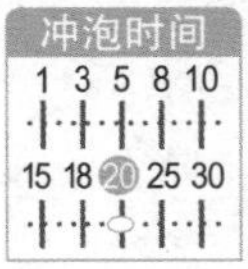

[饮用方法]

代茶饮用，每日1剂。

养生功效

清热、燥湿、解毒。可治疗旅途中的跌打损伤。

饮用宜忌

还适宜皮肤瘙痒、起红斑水泡的人饮用。阴虚胃弱、无湿热者不宜饮用。

健康饮茶问与答

问 饮茶对老年人有哪些养生保健作用?

答 茶为中老年人的最佳饮料。因为茶叶含有蛋白质、脂肪、维生素，还有茶多酚、咖啡因和脂多糖等近300种保健成分，能防止人体内胆固醇升高、防治心肌梗死，茶多酚还能清除机体过量的自由基。此外，茶还有提神、消除疲劳、抗菌等作用，这对老年人来说是必需的。

红糖浓茶 收敛、止痛

[配方组成]

绿茶 5克  红糖 10克 

[制作方法]

❶ 将绿茶放入随身杯里。
❷ 先冲洗一下，再注入沸水。
❸ 放入红糖，闷15分钟即可。

[饮用方法]

每日1~2剂，温热服下。

养生功效

收敛、消积、止痛，调理旅途中出现的腹痛。

饮用宜忌

尤其适宜贫血、体虚的妇女饮用。夏季应减少饮用次数。

炒盐茶 缓解腹部绞痛

[配方组成]

食盐 10克 

[制作方法]

❶ 将食盐放入锅内翻炒至焦黄。
❷ 放入水杯中，注入沸水。
❸ 闷5分钟后饮用。

[饮用方法]

代茶温饮，每日1剂。

养生功效

可以迅速缓解腹部绞痛。

饮用宜忌

适宜旅途中突然腹痛的人饮用。高血压患者不宜饮用。

健康饮茶问与答

问 饮茶能预防冠心病吗?

答 冠心病现在已成为都市头号杀手，每年都会夺去无数生命。茶叶具有抗凝血和促进纤维蛋白溶解的作用，有助于改善心脏功能。茶叶中的咖啡因和茶碱可以直接兴奋心脏，扩张冠状动脉，使血液输入心脏流畅，确保心脏健康。所以，所有的老年人，平时应多饮些淡茶水，对预防冠心病有一定好处。

山楂红糖茶 缓解伤食腹痛

[配方组成]

山楂 5片  红糖 15克  红茶 5克 

[制作方法]

❶ 将山楂和红茶放入随身杯里。
❷ 先冲洗一下，再注入沸水。
❸ 放入红糖，闷10分钟即可。

[饮用方法]

每日1~2剂，温热服下。

冲泡时间
1 3 5 8 10
15 18 20 25 30

养生功效

开胃消食，可缓解旅途中出现的伤食腹痛。

饮用宜忌

适宜消化不良、腹胀腹痛的人饮用。胃酸过多、消化性溃疡和龋齿者不宜饮用。

蜂蜜红枣绿茶 收敛止泻

[配方组成]

红枣 5颗 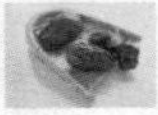 绿茶 6克  蜂蜜 适量 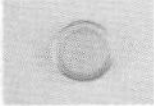

[制作方法]

❶ 将红枣掰开，与绿茶放入随身杯里。
❷ 先冲洗一下，再注入沸水。
❸ 闷5分钟后，放入蜂蜜饮用。

[饮用方法]

每日1~2剂，温热服下。

冲泡时间
1 3 5 8 10
15 18 20 25 30

养生功效

具有滋阴润肺、收敛止泻的功效。

饮用宜忌

适宜旅途中出现腹泻的人饮用。脾胃虚寒的人不要空腹饮用。

健康饮茶问与答

问 **晚上适宜喝什么茶?**

答 晚上最好喝红茶。因为绿茶属于不发酵茶，茶多酚含量较高，刺激性比较强；红茶是全发酵茶，茶多酚含量虽然少，刺激性弱，较为平缓温和，适合晚间饮用。尤其对脾胃虚弱的人来说，喝红茶时加点奶，可以起到一定的温胃作用。但对于比较敏感或睡眠状况欠佳的人，晚上还是以少饮或不饮茶为宜。

生姜山楂茶 快速止泻

[配方组成]

鲜山楂 20克 
生姜 1块 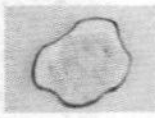
绿茶 10克 

[制作方法]

1. 每个山楂去核、切片，生姜切片。
2. 10克山楂搭配2片生姜，5克绿茶。
3. 装入茶包袋中，用沸水冲泡，闷10分钟。

冲泡时间
1 3 5 8 10
15 18 20 25 30

[饮用方法]

代茶温饮，每日1~2剂。

养生功效

和胃止泻，调理旅途中出现的腹泻状况。

饮用宜忌

适宜痢疾、细菌性中毒的患者饮用。重症感冒发热较高者不宜饮用。

冰糖莲子茶 和胃、涩肠、健脾

[配方组成]

莲子 30克 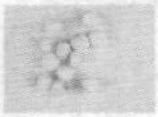
绿茶 15克 
冰糖 30克 

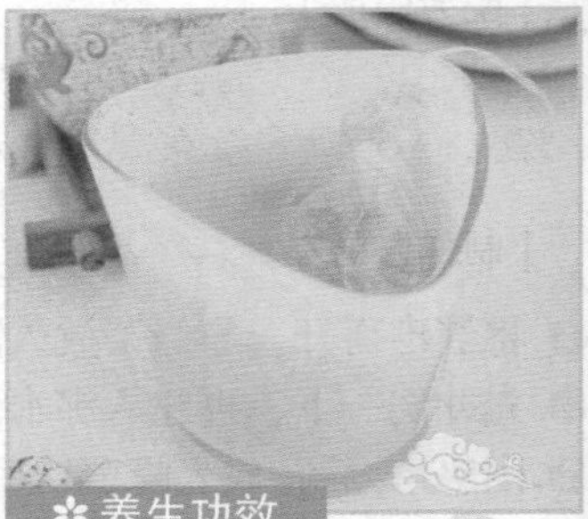

[制作方法]

1. 莲子用水浸泡2小时后煮熟、晾干。
2. 将材料混合，分成5份，分别装入茶包袋中。
3. 取1小袋，用沸水冲泡，闷10分钟后饮用。

冲泡时间
1 3 5 8 10
15 18 20 25 30

[饮用方法]

代茶饮用，每日1剂。

养生功效

和胃、健脾，缓解旅途中出现的腹泻状况。

饮用宜忌

适宜体质虚弱、失眠多梦、腹泻的人饮用。大便燥结者不宜饮用。

健康饮茶问与答

问 冠心病可以喝绿茶吗?

答 冠心病，表现以心绞痛、心律不齐为主，如果冠状动脉因血栓而闭塞，就会出现严重的心肌梗死和心力衰竭。绿茶有助于抑制心血管疾病，茶多酚对人体脂肪代谢有着重要作用。人体的胆固醇、三酸甘油酯等含量高，血管内壁脂肪沉积，血管平滑肌细胞增生后形成动脉粥样化斑块等心血管疾病。所以，适当的饮用对疾病有好处。

芝麻核桃玫瑰茶 用于旅途中便秘

[配方组成]

芝麻 15克 
核桃 20克 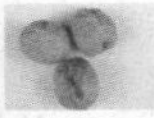
玫瑰 15克 

[制作方法]

❶ 将核桃仁捣碎，与其他材料混合。
❷ 分成3份，分别将每份放入茶包袋中。
❸ 取1小袋，用沸水冲泡，闷10分钟后饮用。

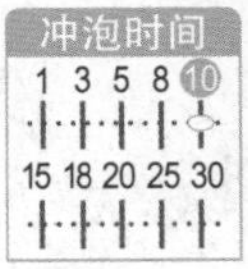

[饮用方法]

代茶饮用，每日2剂。

养生功效

有效缓解旅途中发生便秘的状况。

饮用宜忌

此茶还适宜和红枣搭配。正在上火、腹泻的人不宜饮用。

甘竹茶 治疗急性尿路感染

[配方组成]

甘草 20克 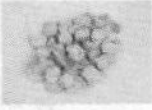
竹叶 20克 

[制作方法]

❶ 将竹叶、甘草切碎，混合，分成5份。
❷ 将每份分别放入茶包袋中。
❸ 取1袋，沸水冲泡10分钟后饮用。

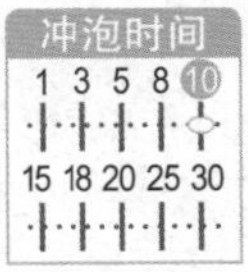

[饮用方法]

每日1剂，代茶频饮。

养生功效

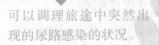

可以调理旅途中突然出现的尿路感染的状况。

饮用宜忌

适宜脾胃积热、虚火上升的人饮用。风寒型感冒、恶寒明显者不宜饮用。

健康饮茶问与答

问 喝茶可以让人安神镇静吗？

答 咖啡因是众所周知的兴奋剂，茶叶中咖啡因含量高于咖啡豆，但是人们在饮茶时感到平静、心境舒畅，而不像喝咖啡那样兴奋亢进。主要是茶氨酸抵消了咖啡因的不良效果，起到了镇静的作用。同时据科学资料显示，茶氨酸的镇静作用对容易不安、烦躁的人更有效。现在，茶氨酸对自律神经失调症、失眠症等的预防治疗正在研究中。

薰衣草柠檬茶 消除胃胀气

[配方组成]

薰衣草 20克 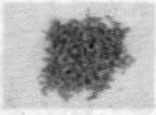 干柠檬 20克  冰糖 12块 

[制作方法]

1. 将3种茶材捣碎、混合，均分成6份。
2. 将每份分别放入茶包袋中。
3. 取1袋，沸水冲泡10分钟后饮用。

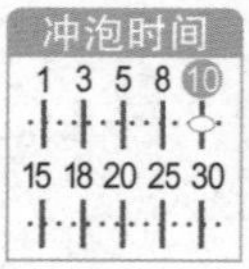

[饮用方法]

每日1剂，代茶频饮。

养生功效

具有提神醒脑、行气和胃的功效。

饮用宜忌

适宜胃胀气、头晕脑涨者饮用。怀孕的女性不宜饮用。

菊花大青叶茶 抗菌消炎

[配方组成]

菊花 25克 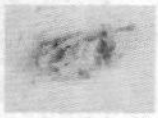 大青叶 20克  冰糖 10块 

[制作方法]

1. 将3种茶材混合，均分成5份。
2. 放入冰箱中冷藏。
3. 取1份，沸水冲泡10分钟后饮用。

[饮用方法]

每日1剂，代茶频饮。

养生功效

具有抗菌消炎、去火解毒的功效。

饮用宜忌

适宜患有妇女病、上焦有火者饮用。脾胃虚寒者不宜饮用。

健康饮茶问与答

问 鸡鸣贡茶有哪些特征？

答 鸡鸣贡茶为恢复制作的历史名茶，属于绿茶类，是明清贡品。产于重庆市城口县地处大巴山脉南麓。该茶在清明前10天采一芽一叶至一芽二叶初展，芽叶长度为2.5厘米左右。鸡鸣贡茶的品质特征是，外形扁平匀直、色泽黄绿匀润；内质香气栗香持久；汤色黄绿清澈、滋味鲜醇回甘、叶底黄绿匀亮。

鱼腥草薄荷茶 清热化脓

[配方组成]

鱼腥草 5克  薄荷 8克  冰糖 3块 

[制作方法]

1. 将3种茶材放入水杯中。
2. 先用沸水冲泡一遍，再注入沸水。
3. 冲泡10分钟后饮用。

[饮用方法]

每日1~2剂，代茶频饮。

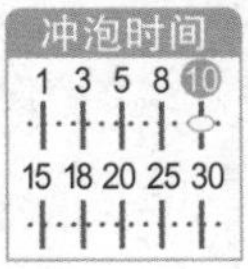

养生功效

具有清热化脓、利水消肿的功效。

饮用宜忌

适宜下身水肿、伤口化脓者饮用。虚寒症及阴性外疡者不宜饮用。

桂花佩兰竹叶茶 用于咽喉不适

[配方组成]

桂花 15克  佩兰 15克  竹叶 15克 

[制作方法]

1. 将3种茶材放入水杯中。
2. 先用沸水冲洗一遍，再注入沸水。
3. 冲泡10分钟后饮用。

[饮用方法]

每日1~2剂，代茶频饮。

养生功效

具有清热、润肺、化痰的功效。

饮用宜忌

适用于咽喉不适、抽烟所致的咳嗽等症。阴虚、气虚者忌饮。

健康饮茶问与答

问 贵定云雾茶有哪些特征？

答 贵定云雾茶为恢复制作的历史名茶，属于绿茶类，产于贵州省云雾山麓。该茶在清明前后采头道茶，以一芽一叶、一芽二叶的鲜叶为原料。经三炒、三揉、揉团、提毫、温火慢烘等加工方法。其品质特征是：条索紧卷弯曲，嫩绿充分显毫，外形匀称美观，形若鱼钩，茶汤亮绿，汤色清澈，浓酽明亮。

蒲公英白果茶 用于小便频数

[配方组成]

蒲公英 10克 　白果 15克 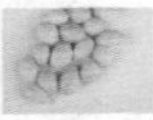　冰糖 适量 

[制作方法]

1. 将白果同蒲公英放入水杯中。
2. 先用沸水冲洗一遍，再注入沸水。
3. 添加冰糖，闷10分钟后饮用。

[饮用方法]

每日1~2剂，代茶频饮。

冲泡时间

1 3 5 8 10

15 18 20 25 30

养生功效

具有清热解毒、消肿散结的功效。

饮用宜忌

适宜口舌生疮、小便频数者饮用。有实邪者不宜饮用。

生地玄参罗汉茶 用于大便燥结

[配方组成]

生地 20克 　玄参 20克 　罗汉果 20 

[制作方法]

1. 将3种茶材捣碎、混合均匀。
2. 均分成5份，分别放入茶包袋中。
3. 取1袋，沸水冲泡15分钟后饮用。

[饮用方法]

每日1~2剂，代茶频饮。

冲泡时间

1 3 5 8 10

15 18 20 25 30

养生功效

具有清热润肺、滑肠通便的功效。

饮用宜忌

适宜大便干燥、内火大的人饮用。脾胃有湿邪蕴滞者慎饮。

健康饮茶问与答

问 贵定雪芽茶有哪些特征？

答 贵定雪芽茶为新创名茶，属于绿茶类，产于贵州省贵定县云雾湖茶场。该茶在清明前后2~3天采头道茶，以一芽一叶初展的鲜叶为原料。其外形紧细卷曲、银绿隐翠；内质香气清爽，馥郁持久；汤色嫩绿清澈、滋味鲜醇回甘、叶底黄绿匀亮。

陈皮冰糖茶 用于伤食饱满

[配方组成]

陈皮 10克 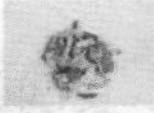 冰糖 3颗 

[制作方法]

1. 将陈皮洗净、掰开。
2. 放入水杯中，注入适量水。
3. 添加冰糖，闷10分钟后饮用。

[饮用方法]

每日1剂，代茶温饮。

冲泡时间：1 3 5 8 10 15 18 20 25 30

养生功效

具有理气解郁、止渴消食的功效。

饮用宜忌

适宜胸闷郁结、伤食饱满者饮用。胃溃疡或者胃肠初愈者不宜饮用。

百合绿茶 润肺止咳

[配方组成]

百合 12克  绿茶 10克 

[制作方法]

1. 将百合、绿茶放入水杯中。
2. 先冲洗一遍，再注入沸水。
3. 冲泡10分钟后饮用。

[饮用方法]

每日1剂，代茶温饮，可添加蜂蜜饮用。

冲泡时间：1 3 5 8 10 15 18 20 25 30

养生功效

具有养心安神、润肺止咳的功效。

饮用宜忌

适宜口干口臭、咳嗽者饮用。风寒咳嗽痰多色白者忌饮。

健康饮茶问与答

问 都匀毛尖有哪些特征?

答 都匀毛尖，又名“白毛尖”“细毛尖”，为恢复制作的历史名茶，属于绿茶类，产于贵州省都匀市团山一带。该茶在清明前后采摘，谷雨前后结束。采摘一芽一叶初展形如雀舌或葵花籽，色泽深绿或浅绿。其品质特征是：外形匀整条索卷曲，色泽鲜绿、白毫显露；内质香气清嫩、汤色清澈、滋味鲜浓回甘。

冰糖黄精茶 用于食少口干

[配方组成]

黄精 5克 

冰糖 3颗 

[制作方法]

1. 将黄精捣碎，同冰糖混合。
2. 2种茶材放入杯中，注入沸水。
3. 用沸水冲泡10分钟后饮用。

[饮用方法]

每日1剂，代茶温饮。

养生功效

具有健脾补肾、润肺生津的功效。

饮用宜忌

适宜脾虚乏力、食少口干者饮用。脾虚有湿、咳嗽痰多者不宜饮用。

银花甘草绿茶 清热解毒

[配方组成]

金银花 18克 

甘草 18克 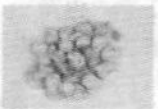

绿茶 12克 

[制作方法]

1. 将3种茶材放入水杯中。
2. 先用沸水冲泡一遍，再注入沸水。
3. 加盖闷10分钟后饮用。

[饮用方法]

每日1剂，代茶频饮。

养生功效

具有清热解毒、疏风通络的功效。

饮用宜忌

适宜咽喉肿痛、关节疼痛者饮用。脾胃虚寒者不宜饮用。

健康饮茶问与答

问 **青山翠茶有哪些特征？**

答 青山翠茶为新创名茶，属于绿茶类，产于贵州省瓮安县青山茶场。该茶在清明前后10~15天采摘，特级茶采摘单芽和一芽一叶初展，长度不超过2厘米的鲜叶为制作原料。青山翠茶的品质特征是：外形紧细卷曲显毫、银绿隐翠油润；内质鲜香持久；汤色嫩绿清澈、滋味鲜醇回甘、叶底黄绿匀亮。

白扁豆茶 止呕止泻

[配方组成]

白扁豆 20克 

[制作方法]

1. 将白扁豆磨碎，分成5份。
2. 分别放入5个茶包袋中。
3. 取1袋，沸水冲泡10分钟后饮用。

冲泡时间：1 3 5 8 10 15 18 20 25 30（10）

[饮用方法]

每日1剂，代茶频饮，可加糖饮用。

养生功效

具有补脾暖胃、补虚止泻的功效。

饮用宜忌

适宜胃寒呕吐、腹泻者饮用。大便燥结、内火重的人不宜饮用。

藿香茯苓陈皮茶 中暑、呕吐

[配方组成]

藿香 20克  茯苓 15克 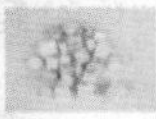 陈皮 25克 

[制作方法]

1. 将3种茶材捣碎、混合。
2. 均分成5份，分别装入茶包袋中。
3. 取1袋，沸水冲泡10分钟后饮用。

冲泡时间：1 3 5 8 10 15 18 20 25 30（10）

[饮用方法]

每日1剂，代茶频饮，可加糖饮用。

养生功效

具有清暑防暑、利湿和胃的功效。

饮用宜忌

适宜中暑、呕吐、腹泻者饮用。阴虚火旺及胃有实热者不宜饮用。

健康饮茶问与答

问 银球茶有哪些特征？

答 银球茶为新创名茶，属于绿茶类，产于雷山县著名的自然保护区雷公山。该茶采用海拔1400米以上的“清明茶”的一芽二叶，经过炒制加工后，精制为小球状，即美观漂亮，又清香耐泡。其形状独特、表面银灰墨绿；内质香气清爽，馥郁持久；汤色嫩绿清澈、叶肉肥硕柔软，香味浓醇，爽口回甘。

旅途疲劳

■ 视疲劳　■ 眩晕　■ 下肢水肿　■ 冒虚汗

路上的风景再美，也不能贪多，要在自己身体承受能力的范围内。据考证，旅途疲劳是旅途精神病的诱发因素之一，可能导致被害妄想、胡言乱语以及意识障碍等症状。这毕竟是少数，但一定要学会减轻自己路途的疲劳感，如视疲劳、眩晕、下肢水肿、冒虚汗等症状。所以，我们应该注意及时缓解旅途疲劳，避免这些身心不适的症状出现。而饮茶可以让人放松精神，减缓疲劳的状态，在出行前准备一些适合自己的小茶包，是既方便又贴心的选择。

龙井白菊茶　用于驾驶视疲劳

[配方组成]

白菊花 3朵 　龙井茶 5克 

[制作方法]

❶ 将菊花和龙井茶先冲洗一下。
❷ 放入水杯中，再注入沸水。
❸ 盖好盖，闷5分钟即可。

养生功效

去火、明目，缓解旅途疲劳造成的视疲劳。

[饮用方法]

每日2剂，代茶频饮。

饮用宜忌

适宜风热感冒、头痛目赤、咽喉肿痛者饮用。气虚胃寒、食量少、拉肚子患者不宜饮用。

养生小贴士

1. 多食碱性食物则能达到消除疲劳的效果，如新鲜蔬菜、瓜果等。
2. 多饮热茶，茶中含有咖啡因，它能增强呼吸的频率和深度，促进肾上腺素的分泌而达到缓解旅途疲劳的目的。
3. 洗澡可消除体表代谢的排泄物，使毛细血管扩张，有效消除疲劳。
4. 过量的体力运动造成肌肉群产生乳酸堆积，按摩有助于乳酸尽快被血液吸收并代谢。

◀天麻绿茶 用于眩晕、耳鸣

[配方组成]

天麻 6克 
绿茶 3克 
蜂蜜 适量 

[制作方法]

❶ 将天麻、适量水放入砂锅中。
❷ 煎沸20分钟，加入茶叶稍煮片刻。
❸ 取汁，放入蜂蜜调匀即可饮用。

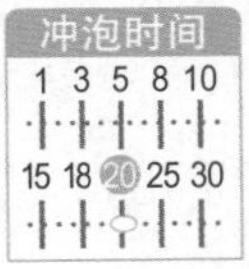

✲养生功效

具有益气、定惊、养肝、止晕、祛风的作用。

[饮用方法]

每次取出适量，代茶温饮。

饮用宜忌

适宜偏正头痛、眼目肿疼、头目眩晕者饮用。气虚的人不适合饮用。

◀蒲公英绿茶 用于身体酸痛

[配方组成]

蒲公英 20克 
绿茶 20克 

[制作方法]

❶ 先将蒲公英撕碎，与绿茶混合。
❷ 分成4份，分别放入4个茶包袋中。
❸ 取1小袋，沸水冲泡，10分钟后饮用。

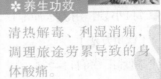

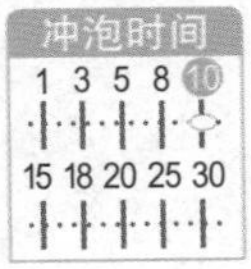

✲养生功效

清热解毒、利湿消痈，调理旅途劳累导致的身体酸痛。

[饮用方法]

代茶饮用，每日1剂。

饮用宜忌

适宜头痛、发热、无汗、全身酸痛难受者饮用。脾胃虚寒者不可饮用。

健康饮茶问与答

问 经常接触射线者多喝茶有什么好处？

答 一定剂量射线对人体是有危害的，常会引起血液白细胞减少，免疫力下降。茶叶中的茶多酚等成分都能增强人体的非特异性免疫功能，升高血液中的白细胞数量。因此，饮茶是一种理想而简便的抗辐射损伤的方法，经常接触射线的工作者和病患者，接触前后多饮些绿茶肯定是有益的。

绿豆乌梅茶 止泻、清热、解毒

[配方组成]

乌梅 5粒 

绿豆 10克 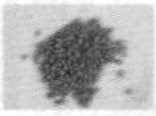

[制作方法]

1. 将乌梅用沸水浸泡5分钟，取出切成小丁。
2. 绿豆洗净，放入锅中煮沸，加入乌梅再煮10分钟。
3. 取汁，每次取适量，温水调稀饮用。

冲泡时间：1 3 5 8 **10** 15 18 20 25 30

[饮用方法]

代茶温饮，每日1剂。

养生功效

具有清热、止泻、解毒的功效。

饮用宜忌

适宜调理旅途劳累导致的上火或腹泻等症。体质虚寒、痛风者不宜饮用。

红花山楂陈皮茶 改善下身水肿、倦怠乏力

[配方组成]

红花 20克 

山楂 20克 

陈皮 20克 

[制作方法]

1. 将山楂、陈皮捣碎，与红花混成4份。
2. 将每份装入茶包袋中。
3. 每1小袋，用沸水冲泡15分钟饮用。

冲泡时间：1 3 5 8 10 **15** 18 20 25 30

[饮用方法]

代茶饮用，每日1~2剂。

养生功效

改善下身水肿、倦怠乏力的状况。

饮用宜忌

此茶还可以搭配黑糖、银耳等饮用。孕妇不宜饮用。

健康饮茶问与答

问 喝茶会导致贫血吗?

答 饮茶对没有缺铁性贫血的人来说，一般不会引起贫血。而贫血患者要慎饮茶，如果是缺铁性贫血，则最好不要饮茶。这是因为茶叶中的茶多酚容易和食物中的铁产生化学反应。不利于对铁的吸收，从而加重患者病情的发展。其次，缺铁性贫血患者服的药物多为含铁补剂，因此也不能用茶水送服，以免影响药性。

黄芪防风茶 缓解气虚自汗

[配方组成]

黄芪 20克  防风 20克 

[制作方法]

1. 将黄芪、防风捣碎，混合均匀。
2. 分成4等份，将每份装入茶包袋中。
3. 取次每1小袋，用沸水冲泡20分钟。

[饮用方法]

代茶饮用，每日1剂。

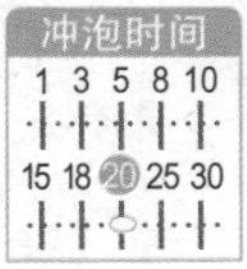

养生功效

补肝肾、祛风湿、益卫固表，缓解气虚自汗的现象。

饮用宜忌

适宜自汗、盗汗者饮用。火旺及有湿热者不宜饮用。

苦瓜荷叶茶 缓解下肢水肿

[配方组成]

荷叶 半张  苦瓜 2片 

[制作方法]

1. 将荷叶切碎，苦瓜洗净、切片。
2. 先冲洗一下，再加入沸水冲泡。
3. 闷10分钟后饮用。

[饮用方法]

代茶温饮，每日1剂。

养生功效

具有利水、消肿的功效。

饮用宜忌

适用于旅途劳累所致的下肢水肿。脾胃虚寒的人群不宜饮用。

健康饮茶问与答

问 红茶为什么可以养胃？

答 从茶叶的种类来分，有红茶、绿茶、乌龙茶等。红茶是全发酵茶，绿茶是不发酵茶，而乌龙茶是半发酵茶。从茶性来讲，红茶是温性的，绿茶是凉性的，乌龙茶是平性的。红茶含糖分较多，滋味甘甜，有祛寒暖胃的功效。尤其是在冬天饮上一杯味甘性温的红茶，马上会温暖全身。对于脾胃虚寒者，红茶既能健脾，又可养胃。

柠檬盐茶　消除疲劳

[配方组成]

柠檬 半个 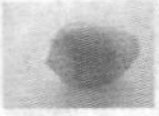　食盐 1匙 

[制作方法]

1. 将柠檬洗净、切片。
2. 放入水杯中，注入适量水。
3. 调入食盐，闷10分钟后饮用。

[饮用方法]

每日1剂，代茶温饮。

养生功效

具有消除疲劳、增加活力的功效。

饮用宜忌

适宜头晕、头痛、浑身无力者饮用。胃酸的人不宜饮用。

酸枣仁菊花茶　提神解乏

[配方组成]

酸枣仁 10克 　菊花 3朵 

[制作方法]

1. 将酸枣仁、菊花洗净。
2. 放入水杯中，注入适量水。
3. 加盖闷10分钟后饮用。

[饮用方法]

每日1剂，代茶温饮。

养生功效

具有养心安神、提神解乏的功效。

饮用宜忌

适宜睡眠质量不高、神情倦怠者饮用。怀孕的妇女不宜饮用。

健康饮茶问与答

问　古钱茶有哪些特征?

答　古钱茶为新创名茶，属于绿茶类，产于贵州省黎平县桂花台茶场。因形似我国古代铜钱而得名。该茶分一芽一叶、一芽二叶、一芽三叶三个等级。古钱茶的品质特征是：形状似古铜钱、色泽墨绿显毫；内质香气清爽、馥郁持久，滋味鲜爽醇厚；汤色黄绿清亮、香味浓醇、爽口回甘、叶底嫩匀完整。

女贞决明枸杞茶 清利头目

[配方组成]

女贞子 8克  决明子 8克  枸杞子 10克 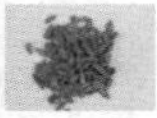

[制作方法]

1. 将3种材料洗净。
2. 放入水杯中，注入适量水。
3. 加盖闷10分钟后饮用。

[饮用方法]

每日1剂，代茶温饮。

养生功效

具有清利头目、提神解乏的功效。

饮用宜忌

适宜头晕脑涨、失眠者饮用。脾胃虚寒泄泻及阳虚者慎饮。

玫瑰柠檬蜜茶 消除疲劳

[配方组成]

玫瑰 3朵  柠檬 2片  蜂蜜 适量 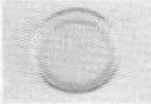

[制作方法]

1. 将玫瑰、柠檬片洗净。
2. 放入水杯中，注入适量水。
3. 闷10分钟，添加蜂蜜饮用。

[饮用方法]

每日1~2剂，代茶温饮。

养生功效

具有养阴降火、消除疲劳的功效。

饮用宜忌

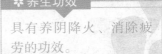

适宜头痛、疲劳、懒动者饮用。阳虚火旺者慎饮。

健康饮茶问与答

问 神笔咏春茶有哪些特征？

答 神笔咏春茶为新创名茶，属于绿茶类，产于贵州省丹寨县金钟农场。神笔咏春是造型茶，将完整的芽叶扎成毛笔状，采摘一芽三叶为制作原料。神笔咏春的品质特征是：形状似毛笔头、色泽墨绿、芽叶完整，紧结粗壮显毫，长为4~5厘米；内质香气馥郁持久；汤色清亮透澈、滋味浓醇回甘、叶底黄绿匀齐。

槐花银耳绿茶 明目解乏

[配方组成]

槐花 8克 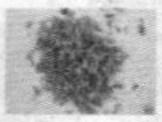 水发银耳 20克  绿茶 5克 

[制作方法]

1. 将银耳洗净，加水熬制15分钟。
2. 放入冲净的槐花和绿茶。
3. 加盖闷5分钟后饮用。

[饮用方法]

每日1剂，代茶温饮。

饮用宜忌

适宜眼睛干涩、身体疲劳者饮用。脾胃虚寒者慎饮。

养生功效

具有清热解毒、明目解乏的功效。

松子仁黑枣糖茶 止烦除热

[配方组成]

松子仁 8克  黑枣 10颗 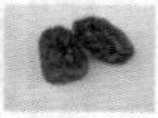 冰糖 适量 

[制作方法]

1. 将松子仁、黑枣冲洗净。
2. 连同冰糖放入锅中。
3. 加水熬制20分钟，取汁饮用。

[饮用方法]

每日1剂，代茶温饮。

饮用宜忌

适宜气血不足、心悸失眠者饮用。饮此茶不宜食用柿子饼。

养生功效

具有安神补血、止烦除热的功效。

健康饮茶问与答

问 乌蒙毛峰有哪些特征?

答 乌蒙毛峰为新创名茶，属于绿茶类，产于贵州省毕节区周驿茶场。此茶在清明前至谷雨之间采摘一芽一叶，芽叶长为1.5~2厘米，要求大小匀齐、嫩度一致。乌蒙毛峰的品质特征是，外形紧细匀整稍弯曲、露锋显毫、色泽墨绿；内质香气清香持久，滋味醇厚；汤色黄绿清澈、叶底嫩绿匀齐完整。

紫罗兰冰糖茶 解郁提神

[配方组成]

紫罗兰 3朵  冰糖 2颗 

[制作方法]

❶ 将紫罗兰洗净，放入水杯中。
❷ 添加冰糖，注入沸水。
❸ 闷10分钟后饮用。

冲泡时间
1 3 5 8 10
15 18 20 25 30

[饮用方法]

每日1~2剂，代茶温饮。

养生功效

具有解郁提神、除烦助眠的功效。

饮用宜忌

适宜头晕、头痛、失眠者饮用。怀孕期间的妇女应避免饮用。

西洋参芪枣茶 消除疲劳

[配方组成]

西洋参 8克  红枣 2颗 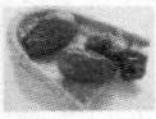 黄芪 5克 

[制作方法]

❶ 将3种茶材洗净。
❷ 放入锅中，注入适量水。
❸ 熬制30分钟，取汁饮用。

冲泡时间
1 3 5 8 10
15 18 20 25 30

[饮用方法]

每日1剂，代茶温饮。

养生功效

具有补气养血、消除疲劳的功效。

饮用宜忌

适宜食少、失眠、疲倦者饮用。胃有寒湿者忌饮。

健康饮茶问与答

问 雀舌报春有哪些特征？

答 雀舌报春为新创名茶，属于绿茶类，产于贵州省罗甸果茶场。此茶在早春3月开采，采摘幼嫩的芽叶。极品茶芽叶为一芽一叶初展；特级茶芽叶为一芽一叶，要求鲜叶长度匀齐，芽叶完整。雀舌报春茶的品质特征是，外形扁平光滑，匀整隐毫；内质香高持久带板栗香；汤色碧绿清澈、滋味浓厚鲜爽、叶底嫩匀鲜活。

迷迭香冰糖茶 提神醒脑

[配方组成]

迷迭香 3克  冰糖 2颗 

[制作方法]

❶ 将迷迭香洗净，放入水杯中。
❷ 添加冰糖，注入沸水。
❸ 闷10分钟后饮用。

冲泡时间：1 3 5 8 10 15 18 20 25 30（10）

[饮用方法]

每日1~2剂，代茶温饮。

养生功效

具有提神醒脑、舒心解郁的功效。

饮用宜忌

适宜头目浑浊、神情倦怠者饮用。怀孕妇女不宜饮用。

藿香神曲茶 用于胃口不佳

[配方组成]

藿香 8克 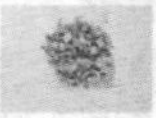 神曲 10克  冰糖 适量 

[制作方法]

❶ 将藿香和神曲洗净、捣碎。
❷ 连同冰糖放入锅中，注入适量水。
❸ 熬制20分钟，取汁饮用。

冲泡时间：1 3 5 8 10 15 18 20 25 30（20）

[饮用方法]

每日1剂，代茶温饮。

养生功效

具有清火除烦、芳香健胃的功效。

饮用宜忌

适宜胃口不佳、恶心呕吐者饮用。阴虚火旺及胃有实热者不宜饮用。

问 **黔江银沟茶有哪些特征？**

答 黔江银沟茶为新创名茶，属于绿茶类，产于贵州省湄潭县的打鼓坡、桐梓坡、五马峰等地。此茶于清明前后10~12天采制，鲜叶以一芽一叶为主，要求鲜叶色泽嫩绿，芽叶完整。黔江银沟的品质特征是：外形似鱼钩、紧结壮实、色泽鲜翠，白毫显露如银；内质汤色黄绿明亮、香气香浓持久且带花香，滋味浓醇。

杞枣党参茶 用于神疲乏力

[配方组成]

枸杞 8克 
党参 5克 
红枣 3颗 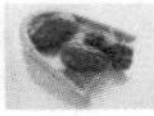

[制作方法]

1. 将3种材料洗净。
2. 放入锅中，注入适量水。
3. 熬制30分钟，取汁饮用。

[饮用方法]

每日1剂，代茶温饮。

冲泡时间
1 3 5 8 10
15 18 20 25 30

养生功效

具有补中益气、提神解乏的功效。

饮用宜忌

适宜神疲乏力、心神不宁者饮用。有实邪者不宜饮用。

柴胡玫瑰饮 用于食欲减退

[配方组成]

玫瑰 3朵 
柴胡 10克 

[制作方法]

1. 将玫瑰、柴胡洗净。
2. 放入水杯中，注入沸水。
3. 加盖闷10分钟后饮用。

[饮用方法]

每日1~2剂，代茶温饮。

冲泡时间
1 3 5 8 10
15 18 20 25 30

养生功效

具有解表散热、疏肝和胃的功效。

饮用宜忌

适宜焦虑不安、食欲减退者饮用。脾胃虚弱者慎饮。

健康饮茶问与答

问 思州银钩茶有哪些特征？

答 思州银钩茶为新创名茶，属于绿茶类，产于贵州省岑巩县白岩坪场。此茶在清明前5天至谷雨之间采摘一芽一叶初展，一芽一叶开展两个等级鲜叶，要求芽叶鲜嫩、多茸、匀齐。思州银钩茶的品质特征是：外形紧细弯曲、色泽隐翠；内质香气高浓持久，且带花香、栗香；汤色黄绿明澈、滋味浓醇，回味甘甜。

柴胡酸枣仁茶 用于睡眠欠佳

[配方组成]

柴胡 8克  酸枣仁 10克 

[制作方法]

1. 将柴胡、酸枣仁冲洗净。
2. 放入锅中，注入适量水。
3. 熬制20分钟，取汁饮用。

[饮用方法]

每日1剂，代茶温饮。

养生功效

具有养血除烦、提神解乏的功效。

饮用宜忌

适宜旅途疲惫、睡眠欠佳者饮用。肝阳上亢、脾胃虚弱者慎饮。

党参白术玫瑰饮 用于四肢无力

[配方组成]

党参 5克  白术 6克  玫瑰 4朵 

[制作方法]

1. 党参和白术洗净、捣碎。
2. 玫瑰洗净，一起放入水杯中。
3. 注入沸水，闷10分钟后饮用。

[饮用方法]

每日1~2剂，代茶温饮。

养生功效

具有补中益气、健脾益肺的功效。

饮用宜忌

适宜四肢无力、食欲不佳者饮用。有实邪者不宜饮用。

健康饮茶问与答

问 贵州银芽茶有哪些特征？

答 贵州银芽茶为新创名茶，属于绿茶类，产于湄潭县核桃坝茶树良种场。此茶制作原料只采春芽，芽长2厘米，芽头匀齐。贵州银芽茶的品质特征是：外形扁削、挺直似剑、色泽黄绿显毫；汤色黄绿清澈，滋味醇爽回甜；叶底黄绿明亮，完整匀齐。

第六章

上班族保健茶包

商务应酬

■ 酒精　■ 辐射　■ 油腻

在商务应酬的生活里，有四样东西是必不可少的：烟、酒、车、电脑。那些整天被尼古丁、酒精、油腻、辐射笼罩的人们，明明清楚这些都是危害健康的杀手，但就是欲罢不能，不但自己苦不堪言，连身边的亲人也是万分焦急。让他们不喝酒、不抽烟、不用电脑、不开车，又不太现实。所以不妨静下来喝点清心、暖胃的茶水吧。现在的商务应酬都喜欢选在茶楼里，足以看出，老板们也懂得了用茶饮来守卫身体的健康。

橘皮生姜茶　用于消化不良、胃脘胀满

[配方组成]

橘皮 5克 　生姜 3片 

[制作方法]

❶ 生姜洗净、切片，橘皮洗净。
❷ 一起放入砂锅中。
❸ 加入沸水，煮20分钟即可。

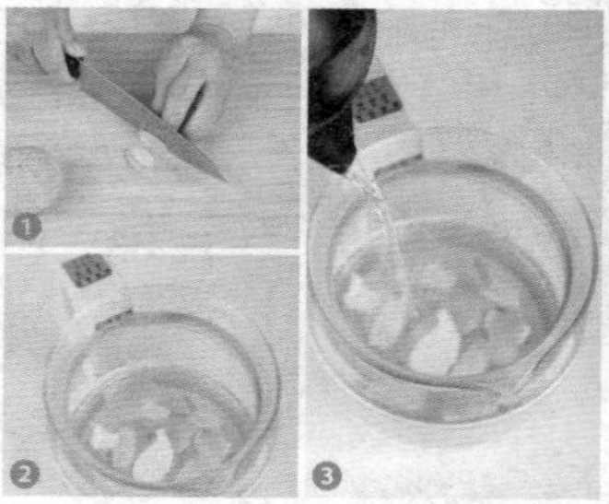

[饮用方法]

代茶频饮，每日1剂。

养生功效

可调理胃脘胀满、消化不良等状况。

饮用宜忌

适宜消化不良、腹痛者饮用。
气虚及阴虚燥咳患者不宜饮用。

冲泡时间：1 3 5 8 10 15 18 **20** 25 30

养生小贴士

1. 平时应酬多，难免大鱼大肉，长此以往各种疾病也会随之而来，所以要在不应酬的时候尽量清淡饮食。
2. 应酬免不了喝酒，不能空腹饮酒，但也不能吃得过饱。
3. 喝酒的间隙喝些酸奶，比较不容易醉；酒后可以吃点儿蜂蜜，蜂蜜有镇静催眠作用。
4. 勿太劳累，保持充足的睡眠，才能在应酬时保证精力充沛。
5. 适当进行体育锻炼，饭后进行半小时的散步。

乌梅山楂茶 去油腻、助消化

[配方组成]

乌梅 20克  山楂 20克  冰糖 适量 

[制作方法]

❶ 将乌梅掰开，山楂切片。

❷ 将茶材放入锅中，注入适量清水。

❸ 煎煮30分钟后，加入冰糖搅匀饮用。

冲泡时间：1 3 5 8 10 15 18 20 25 30（30）

✲ 养生功效

具有生津止渴、健胃消食、去油腻的功效。

[饮用方法]

每日1剂，代茶频饮。

饮用宜忌

适宜虚热口渴、胃呆食少、消化不良者饮用。孕妇及有实邪者忌饮。

桑白皮茶 用于吸烟后咳嗽不止

[配方组成]

桑白皮 15克 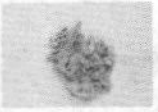

[制作方法]

❶ 把桑白皮的表皮轻轻刮去，洗净、切成细块。

❷ 放入茶壶中，用沸水冲泡。

❸ 闷15分钟后饮用。

冲泡时间：1 3 5 8 10 15 18 20 25 30（15）

✲ 养生功效

具有利水消肿、泻肺平喘的功效。

[饮用方法]

代茶频饮，每日1剂，可反复冲泡。

饮用宜忌

适宜吸烟后咳嗽不止的人饮用。肺虚无火、风寒咳嗽者不宜饮用。

健康饮茶问与答

问 为什么茶叶能生津止渴？

答 茶叶中的茶多酚、脂多糖、果胶以及氨基酸等能与口中涎液发生化学变化，能够滋润口腔，使人感觉口腔清凉。喝热茶可刺激口腔黏膜，促进口内回甘生津，并加速胃壁收缩，促进胃的幽门启开，使水加快流入小肠被人体吸收，满足各组织和器官的需要。茶内的芳香类物质还能从人体内部控制体温，调节中枢神经，从而达到解渴的目的。

龙胆解酒茶 用于酒后烦躁不安

[配方组成]

龙胆草 15克 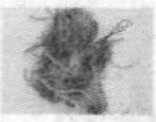 青橄榄 6个  冰糖 适量 

[制作方法]

❶ 青橄榄切片，与龙胆草一同放入砂锅中。
❷ 加入适量水，煮沸后煎20分钟。
❸ 取汁，调入冰糖搅匀即可。

[饮用方法]

代茶频饮，每日1剂。

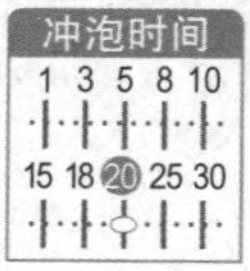

✲ 养生功效

具有祛除肝胆火气、解酒防醉的功效。

饮用宜忌

适宜肝炎炽盛以及酒后烦躁的人饮用。脾胃虚弱泄泻及无湿热实火者不宜饮用。

双绿蒲公英茶 解酒除烦

[配方组成]

蒲公英 15克 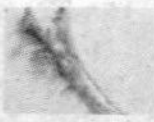 绿豆 20克 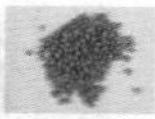 绿茶 10克 

[制作方法]

❶ 绿豆洗净、浸泡，蒲公英洗净。
❷ 绿豆连同浸泡的水与绿茶、蒲公英一同放入砂锅中。
❸ 加入适量水，煮沸后煎30分钟，取汁。

[饮用方法]

代茶温饮，每日1剂。

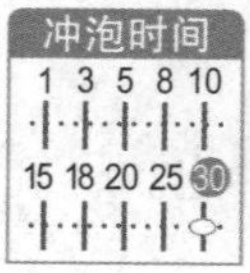

✲ 养生功效

具有清热解毒、利水解酒的功效。

饮用宜忌

适宜热毒内盛以及酒后烦躁的人饮用。脾胃虚弱者不宜饮用。

健康饮茶问与答

问 如何用茶止痢？

答 茶叶所含鞣质，对各型痢疾杆菌有抑制作用。茶叶含有较多的多酚类化合物，经实验证明该种化合物对伤寒杆菌、副伤寒杆菌、溶血性葡萄球菌等都具有明显的抑制作用，还证明了绿茶抑菌能力最强。茶叶中还含有硅酸，可促使肺结核病变部位形成钙化点，防止结核杆菌扩散；还能使白细胞增多，从而增强人体的免疫力。

香神消化饮 用于饮食不规律、消化不良

[配方组成]

丁香 2克 
神曲 20克 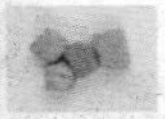

[制作方法]

❶ 把丁香和神曲放入水杯中。
❷ 先用水冲洗一下，再注入沸水。
❸ 闷15分钟后饮用。

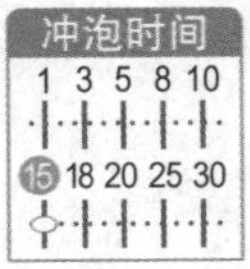

✲养生功效

可调理饮食不规律、消化不良等状况。

[饮用方法]

代茶频饮，每日1剂，可反复冲泡。

饮用宜忌

适宜因食生冷食品、瓜果而导致的食欲减退者。孕妇及脾阴虚、胃火盛者不宜饮用。

甘草黑豆茶 醒酒、解酒

[配方组成]

甘草 15克 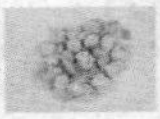
黑豆 20克 

[制作方法]

❶ 将黑豆浸泡，甘草洗净。
❷ 将甘草连同泡黑豆的水，一起放入锅中煎煮。
❸ 煮沸后转小火，30分钟后滗出药汁。

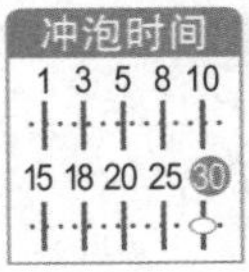

✲养生功效

具有养肝排毒、醒酒、解酒的功效。

[饮用方法]

每次取出适量，调稀温饮。

饮用宜忌

体质燥热者，或者饮用后感觉喉咙干涸的人，可添加冰糖。脾胃虚寒与有腹泻的患者不宜饮用。

健康饮茶问与答

问 神经衰弱如何饮茶?

答 神经衰弱者的主要症状是夜晚不能入睡，白天无精打采没有精神。神经衰弱患者往往害怕饮茶，认为饮茶后，刺激神经，可能更睡不着觉。实际上，要使夜晚能睡得香，必须在白天设法使其达到精神振奋。因此，神经衰弱者在白天上、下午各饮一次茶，达到振作精神的目的，到了夜晚不再喝茶，稍看点书报就能安稳入睡。

山楂刮油茶 用于饮食过于油腻、血脂升高

[配方组成]

鲜山楂 5个  冰糖 适量 

[制作方法]

❶ 山楂洗净、切片。
❷ 2种材料放入水杯中，注入沸水。
❸ 盖上盖，闷15分钟后饮用。

[饮用方法]

代茶频饮，每日1剂。

冲泡时间：1 3 5 8 10 ⑮ 18 20 25 30

养生功效

可调理饮食过于油腻、血脂升高等状况。

饮用宜忌

如果不喜欢酸味的人，可以添加适量冰糖。胃酸过多、胃炎、胃溃疡患者不适合饮用。

莲心决明子茶 降压、去心火

[配方组成]

莲心 15克  决明子 10克 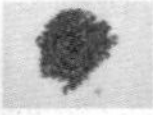 冰糖 适量 

[制作方法]

❶ 将莲心、决明子放入水杯中。
❷ 先冲洗一下，放入冰糖，再注入沸水。
❸ 盖上盖，闷15分钟后饮用。

[饮用方法]

代茶温饮，每日1剂，早晚各1次。

冲泡时间：1 3 5 8 10 ⑮ 18 20 25 30

养生功效

具有降血压、降血脂、去心火、清肝明目的功效。

饮用宜忌

适宜商务应酬所致的心火旺盛者饮用。脾虚便溏者不适合饮用。

健康饮茶问与答

问 心脏病、高血压患者如何饮茶?

答 对于心动过速的病患者以及心、肾功能减退的病人，一般不宜喝浓茶，只能饮用些淡茶，一次饮用的茶水量也不宜过多，以免加重心脏和肾脏的负担。对于心动过缓的心脏病患者和动脉粥样硬化和高血压初期的病人，可以经常饮用些高档绿茶，这对促进血液循环、降低胆固醇、增加毛细血管弹性，增强血液抗凝性都有一定好处的。

罗汉果薄荷茶 生津润燥、利咽润喉

[配方组成]

罗汉果 30克 

薄荷 10克 

[制作方法]

1. 先将罗汉果掰碎，薄荷切小段。
2. 一同放入砂锅中，加适量水煮开后。
3. 转小火煮30分钟，滗出药汁。

[饮用方法]

每次取大约1/3杯，放入杯中，加开水温热饮用。

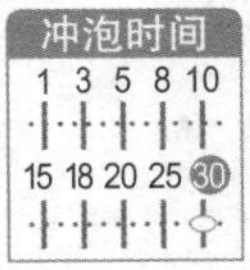

养生功效

具有生津润燥、利咽润喉的功效。

饮用宜忌

此茶还可以搭配冰糖饮用。糖尿病很严重的人不适合饮用。

瓜皮荷叶茶 排去酒精、保护肠胃

[配方组成]

冬瓜 1个 

荷叶 1张 

[制作方法]

1. 将冬瓜洗净，切下外皮，荷叶切小段。
2. 一同放入砂锅中，加适量水煮开后。
3. 转小火煮30分钟，滗出药汁。

[饮用方法]

每次取大约1/3杯，放入杯中，加开水温热饮用。

养生功效

具有排除酒精、保护肠胃的功效。

饮用宜忌

适宜心烦气躁、口干烦渴、小便不利者饮用。脾胃虚弱、肾脏虚寒、久病滑泄、阳虚肢冷者不宜饮用。

健康饮茶问与答

问 胃病患者如何饮茶？

答 茶饮是最健康的饮料，但也要饮用有度。胃病患者服药时一般不宜饮茶，服药2小时后，饮用些糖红茶、牛乳红茶，有助于消炎和胃黏膜的保护，对溃疡也有一定疗效。

盐橘解酒茶 用于饮酒过度

[配方组成]

新鲜橘皮 2个 

食盐 2克 

[制作方法]

1. 将橘皮洗净、撕成条。
2. 放入水杯中，注入沸水。
3. 撒入食盐，闷10分钟后饮用。

✲ 养生功效

饮酒前后饮用，有解酒的作用。

[饮用方法]

代茶频饮，每日1剂。

饮用宜忌

适宜喝啤酒醉酒的人饮用。肾炎、水肿、高血压、糖尿病、心脏病人不宜多饮。

龙井山楂茶 清火、利肝

[配方组成]

山楂 3片 

龙井茶 5克 

[制作方法]

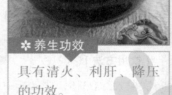

1. 将山楂和龙井茶一同放入水杯中。
2. 先冲洗一下，再注入沸水。
3. 盖好盖，闷5分钟即可。

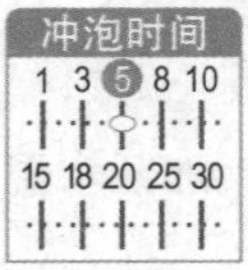

✲ 养生功效

具有清火、利肝、降压的功效。

[饮用方法]

每日2剂，代茶频饮。

饮用宜忌

适宜内热炽盛的高血压患者饮用。胃酸过多、消化性溃疡者不宜饮用。

健康饮茶问与答

问 吃过腌制食品为什么要多喝茶?

答 腌制食品如泡菜、腌咸菜、腌肉、腊肉、火腿、腊肠等，常含有较多的硝酸盐，食物中在有二级胺同时存在的情况下，硝酸盐和二级胺可以发生化学反应而产生亚硝胺，亚硝胺是一种危险的致癌物质，极易引起细胞突变而致癌。茶叶中的儿茶素类物质，具有阻断亚硝胺合成的作用，因此食用了盐渍蔬菜和腌腊肉制品以后，应多饮茶。

◀橘红牛蒡茶 醒酒祛痰

[配方组成]

橘红 5克 
牛蒡 3片 
绿茶 5克 

[制作方法]

❶ 将3种茶材放入水杯中。
❷ 先用沸水冲泡一遍，再注入沸水。
❸ 加盖闷10分钟后饮用。

[饮用方法]

每日1剂，代茶温饮。

饮用宜忌

适宜宿醉、疲劳倦怠者饮用。气虚及阴虚有燥痰者不宜饮用。

养生功效

具有醒酒祛痰、恢复体力的功效。

◀葛根赤豆茶 解酒润喉

[配方组成]

葛根 5克 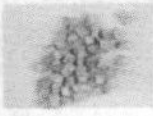
赤小豆 5克 

[制作方法]

❶ 将葛根洗净，赤小豆泡水、洗净。
❷ 放入锅中，注入适量水。
❸ 熬制30分钟，取汁饮用。

[饮用方法]

每日1剂，代茶温饮。

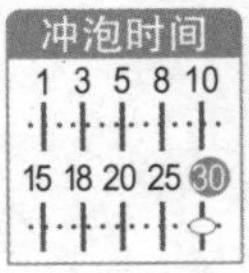

饮用宜忌

适宜饮酒过多者饮用。脾胃虚寒者不宜饮用。

养生功效

具有解酒润喉、利尿抗菌的功效。

健康饮茶问与答

问 湄江茶有哪些特征？

答 湄江茶为历史名茶，属于绿茶类，因产于湄江河畔而得名。此茶在清明前5~7天采制，特级茶在清明前采摘一芽一叶初展的幼嫩芽叶，求芽叶鲜嫩、匀齐。其品质特征是，外形扁平光滑，形似葵花籽，隐毫稀见，色泽绿翠，香气清芬悦鼻，栗香浓并伴有新鲜花香，滋味醇厚爽口，回味甘甜，汤色黄绿明亮，叶底嫩绿匀整。

绿豆莲藕茶 纾解疲劳

[配方组成]

莲藕 5克 　绿豆 5克 

[制作方法]

❶ 莲藕洗净、切块，绿豆泡水、洗净。
❷ 放入锅中，注入适量水。
❸ 熬制30分钟，取汁饮用。

[饮用方法]

每日1剂，代茶温饮。

养生功效

具有解酒润喉、利尿抗菌的功效。

饮用宜忌

适宜饮酒过多者饮用。脾胃虚寒者不宜饮用。

砂仁洋参茶 解酒开胃

[配方组成]

砂仁 5克 　西洋参 5克 

[制作方法]

❶ 将2种茶材洗净、捣碎。
❷ 放入锅中，注入适量水。
❸ 熬制30分钟，取汁饮用。

[饮用方法]

每日1剂，代茶温饮。

养生功效

具有解酒开胃、醒脑明目的功效。

饮用宜忌

适宜胃腹胀满、食欲不佳、头痛者饮用。阴虚有热、肺有伏火者忌饮。

健康饮茶问与答

问 东坡毛尖茶有哪些特征？

答 东坡毛尖茶为新创名茶，属于绿茶类，产于贵州思南县茶场。此茶在春分前后7天开采，采期为7~10天，采一芽一叶初展，长为2~2.3厘米的鲜叶为制作原料。东坡毛尖茶的品质特征是，外形细紧略卷曲，披毫隐翠，内致栗香高爽持久，滋味醇厚，汤色清澈明亮，叶底嫩绿匀整。

紫罗兰迷迭茶 舒缓宿醉

[配方组成]

紫罗兰 5克  迷迭香 5克  冰糖 适量 

[制作方法]

1. 将3种茶材放入水杯中。
2. 先冲洗一下，再注入沸水。
3. 加入冰糖，闷5分钟即可。

冲泡时间：1 3 **5** 8 10 / 15 18 20 25 30

[饮用方法]

每日2剂，代茶频饮。

养生功效

具有舒缓宿醉、改善头痛的功效。

饮用宜忌

适宜头痛、咽喉肿痛、宿醉者饮用。怀孕妇女不宜饮用。

花生红枣糖茶 益肝解毒

[配方组成]

花生 15克 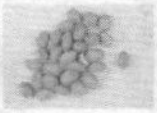 红枣 3颗 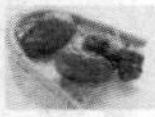 红糖 10克 

[制作方法]

1. 将红枣洗净、掰开。
2. 连同花生、红糖放入锅中。
3. 加水熬制30分钟，取汁饮用。

冲泡时间：1 3 5 8 10 / 15 18 20 25 **30**

[饮用方法]

每日1剂，代茶温饮。

养生功效

具有益肝解毒、化解脂肪沉积的作用。

饮用宜忌

适宜患有慢性肝炎、酒精肝者饮用。痰湿、积滞、齿病者不宜饮用。

健康饮茶问与答

问 羊艾毛峰茶有哪些特征?

答 羊艾毛峰为新创名茶，属于绿茶类，得名于它的产区贵阳市西南远郊区的羊艾茶场。要求在每年3月中旬左右，选择幼嫩初展的一芽一叶（俗称叶包芽）为原料。羊艾毛峰茶的品质特征是：外形细嫩匀整，条索紧结卷曲，银毫满披，色泽翠绿油润；内质清香馥郁，汤色绿亮，滋味清纯鲜爽，叶底嫩绿匀亮。

山楂山药茶 解酒益胃

[配方组成]

山楂 8克  山药 1/3个 

[制作方法]

❶ 将山楂洗净，山药洗净、切片。
❷ 放入锅中，注入适量水。
❸ 熬制30分钟，取汁饮用。

[饮用方法]

每日1剂，代茶温饮。

冲泡时间
1 3 5 8 10
15 18 20 25 30

✲ 养生功效

具有解酒益胃、降脂提神的功效。

饮用宜忌

适用于醉酒引起头疼、头晕、浑身乏力等症。有实邪者不宜饮用。

白茅根红枣绿茶 解酒醒脾

[配方组成]

白茅根 10克  红枣 1个  绿茶 5克 

[制作方法]

❶ 将白茅根切段，红枣掰开。
❷ 同绿茶放入水杯中，先冲泡一遍。
❸ 在注入沸水，闷10分钟后饮用。

[饮用方法]

每日1剂，代茶温饮。

冲泡时间
1 3 5 8 10
15 18 20 25 30

✲ 养生功效

具有解酒醒脾、清热解毒的功效。

饮用宜忌

适宜饮酒太过、呕吐痰逆者饮用。此茶不宜长期大量饮用。

健康饮茶问与答

问 **龙泉剑茗有哪些特征?**

答 龙泉剑茗为新创名茶，属于绿茶类，产于贵州省湄潭县龙泉山一带。以嫩芽为制作原料，一级茶单芽长为2厘米。工艺为晾青、杀青、理条、做形、定形制干。龙泉剑茗的品质特征是：外形显芽肥壮，茸毫披露，嫩绿形似剑，汤色嫩绿明亮，香气嫩香，滋味鲜爽柔和，叶底肥嫩全芽嫩绿。

芪枣玫瑰茶 养肝强肾

[配方组成]

黄芪 20克 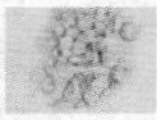
玫瑰 20克 
红枣 10粒 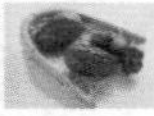

[制作方法]

❶ 将黄芪切片，连同玫瑰、红枣放入水杯。
❷ 先用沸水冲洗一遍，再注入沸水。
❸ 加盖闷10分钟后即可饮用。

[饮用方法]

每日1剂，代茶频饮，可加糖饮用。

冲泡时间：1 3 5 8 ⑩ 15 18 20 25 30

养生功效

具有养肝强肾、滋阴除热的功效。

饮用宜忌

适宜免疫力低、肝脏不好者饮用。由感冒引起的多汗症不适宜饮用。

杞菊地黄茶 降压、补肝

[配方组成]

枸杞子 20克 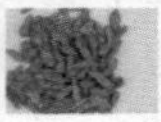
菊花 20克 
熟地黄 15克 

[制作方法]

❶ 将3种茶材混合。
❷ 均分成5份待用。
❸ 取1份，沸水冲泡10分钟后饮用。

[饮用方法]

每日1剂，代茶频饮，可加糖饮用。

冲泡时间：1 3 5 8 ⑩ 15 18 20 25 30

养生功效

具有降压明目、补肝益肾的功效。

饮用宜忌

适宜胃黏膜受损、浑身乏力者饮用。腹满便溏者不适宜饮用。

健康饮茶问与答

问 梵净翠峰茶有哪些特征？

答 梵净翠峰为新创名茶，属于绿茶类，产于贵州印江梵净山茶场。此茶春分至谷雨采摘，极品茶采清明前的嫩芽；特一级采清明前后的一芽一叶初展；特二级采一芽一叶半开展的鲜叶作为制作原料。梵净翠峰的品质特征是：外形扁直平滑，毫多而不立，翠绿油润，兰花香气高长，滋味鲜醇爽口。

绞股蓝菊花茶 保肝护胆

[配方组成]

绞股蓝 10克 　菊花 10克 

[制作方法]

❶ 将绞股蓝、菊花洗净。
❷ 一起放入水杯中，注入沸水。
❸ 加盖闷10分钟后饮用。

[饮用方法]

每日1~2剂，代茶温饮。

养生功效

具有清肝明目、清热下火的功效。

饮用宜忌

适宜应酬过多、饮酒频繁者饮用。寒性体质者也不宜多饮。

泽泻乌龙茶 护肝消脂

[配方组成]

泽泻 3片 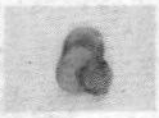　乌龙茶 5克 

[制作方法]

❶ 将泽泻和乌龙茶放入水杯中。
❷ 先用沸水冲泡一遍，再注入沸水。
❸ 加盖闷10分钟后饮用。

[饮用方法]

每日1~2剂，代茶温饮。

养生功效

具有护肝消脂、利水渗湿的功效。

饮用宜忌

适宜小便不利、水肿胀满者饮用。肾虚精滑者忌饮。

健康饮茶问与答

问 瀑布毛峰茶有哪些特征？

答 瀑布毛峰，又名黄果树毛峰，为新创名茶，属于绿茶类，产于贵州省安顺市。3月初至5月中旬，采摘单芽至一芽二叶的鲜叶。工艺流程是鲜叶、摊青、杀青、揉捻、做形、干燥。瀑布毛峰的品质特征是：条索紧细卷曲，茸毛显露，外形银绿隐翠；汤色嫩绿明亮，滋味鲜醇爽口，叶底匀齐幼嫩。

花生菊花蜜茶 清肝明目

[配方组成]

花生仁 15克 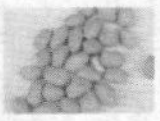 菊花 2朵  蜂蜜 适量 

[制作方法]

1. 将花生仁捣碎，菊花洗净。
2. 放入水杯中，注入沸水。
3. 闷10分钟，添加蜂蜜饮用。

[饮用方法]

每日1~2剂，代茶温饮。

养生功效

具有清肝明目、疏散风热的作用。

饮用宜忌

适宜心火重、食少饮酒多者饮用。气虚胃寒、食少泄泻者慎饮。

乌梅红枣浮小麦茶 消食和胃

[配方组成]

乌梅 15克  红枣 15克  浮小麦 20克 

[制作方法]

1. 将3种茶材捣碎、混合。
2. 均分成3份，分别装入茶包袋中。
3. 取1袋，沸水冲泡10分钟后饮用。

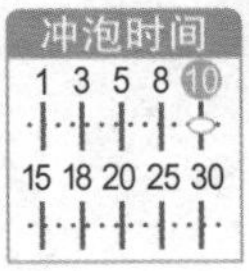

[饮用方法]

每日1剂，代茶频饮。

养生功效

具有消食和胃、解腻除烦的功效。

饮用宜忌

适宜消化不良、饮食油腻者饮用。虚寒证者不适宜饮用。

健康饮茶问与答

问 景谷大白茶有哪些特征？

答 景谷大白茶为历史名茶，属于绿茶类，产于云南省景谷县民乐乡秧塔村。清明前后，采摘一芽二、三叶初展，经杀青、揉捻、烘干而成。景谷大白茶的品质特征是：白毫显露，条索银白，气味清香，茶汤清亮，滋味醇和回甜，耐泡饮。

加班熬夜

■ 疲劳 ■ 精神不振 ■ 咽喉痛 ■ 颈椎痛

随着竞争压力越来越大，上班族熬夜的人越来越多了。但是从健康的角度看，熬夜会对身体造成多种损害，如经常疲劳、精神不振，人体的免疫力也会跟着下降。紧接着感冒、胃肠感染、过敏等症状都会找上你。而且，更糟糕的是长期熬夜会慢慢地出现失眠、健忘、易怒、焦虑不安等神经、精神症状。身体是工作的本钱，上班族也要给自己的身体添点料了，在视疲劳、咽喉痛、颈椎痛等症状出现时，停下来，喝一杯清茶，给自己的身心放会儿假。

黄芪茉莉花茶 用于辐射伤身

[配方组成]

黄芪 10克 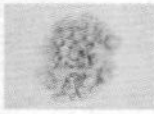

茉莉花 2克 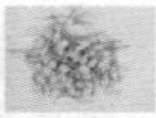

[制作方法]

❶ 先将黄芪与茉莉花放入水杯中。
❷ 先冲洗一下，再注入沸水。
❸ 闷5分钟后饮用。

养生功效

具有减压、防辐射的功效。

饮用宜忌

特别适合春夏季饮用。
怀孕期间的妇女不宜饮用。

[饮用方法]

代茶温饮，每日1剂。

养生小贴士

1. 晚睡就要保证晚餐的营养丰富。可选择豆类产品，有补脑健脑功能。
2. 熬夜过程中要注意补水，可以喝枸杞红枣茶或菊花茶，既补水又有去火功效。
3. 适当吃一些滋补性药品如六味地黄丸，有不错的调养效果。
4. 熬夜之后，第二天一定要睡午觉。
5. 多去户外走动，有助于你的身体健康和精神愉快，也是摆脱熬夜后萎靡状态的好办法。

桑菊明目茶 用于视疲劳、出现红血丝

[配方组成]

干桑叶 2片 

菊花 3朵 

[制作方法]

❶ 先将桑叶撕碎与菊花放入水杯中。
❷ 先冲洗一下，再注入沸水。
❸ 闷5分钟后饮用。

[饮用方法]

代茶温饮，每日1~2剂。

冲泡时间：1 3 5 8 10 15 18 20 25 30

养生功效

调理视疲劳、眼部出现红血丝的状况。

饮用宜忌

适合常用电脑、眼睛近视的人饮用。虚寒体质、平时怕冷、手脚发凉的人不宜经常饮用。

枸杞松针茶 用于腰酸背痛

[配方组成]

枸杞子 5克 

松针 10克 

[制作方法]

❶ 先将松针、枸杞放入茶壶中。
❷ 先冲洗一下，再注入沸水。
❸ 闷5分钟后饮用。

[饮用方法]

代茶温饮，每日1~2剂。

冲泡时间：1 3 5 8 10 15 18 20 25 30

养生功效

调理加班熬夜导致的腰酸背痛等状况。

饮用宜忌

适合流行性感冒、风湿关节痛、跌打肿痛的人饮用。饮用此茶忌食肉食。

健康饮茶问与答

问 女性经期可以饮茶吗?

答 喝茶有助于人体保健，但要因人因时而异。在经期这段特别的日子里一定要特别对待，经血中含有比较高的血红蛋白、血浆蛋白和血色素，而茶叶中含有30%以上的鞣酸，它妨碍着肠黏膜对于铁分子的吸收和利用。在肠道中较易同食物中的铁分子结合，产生沉淀，不能起到补血的作用。

杜仲茶 用于久坐导致的腰酸背痛

[配方组成]

杜仲 10克 

[制作方法]

❶ 将杜仲放入水杯中。
❷ 先冲洗一下，再注入沸水。
❸ 盖好盖，闷5分钟即可。

[饮用方法]

每日1剂，代茶温饮，杜仲可连续冲泡。

冲泡时间：1 3 5 8 10 15 18 20 25 30（5）

养生功效

调理久坐久立所致的腰酸背痛。

饮用宜忌

还适宜老年人的肾气不足、腰膝疼痛、腿脚软弱无力等症。阴虚火旺者不可饮用。

丝瓜蒂茶 用于熬夜加班，上火咽喉痛

[配方组成]

干丝瓜蒂 1个 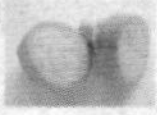

冰糖 2颗 

[制作方法]

❶ 将丝瓜蒂放入水杯中。
❷ 再放入冰糖，注入沸水。
❸ 盖好盖，闷20分钟即可。

[饮用方法]

每日1剂，代茶频饮。

冲泡时间：1 3 5 8 10 15 18 20 25 30（20）

养生功效

清热解毒，调理加班熬夜所致的咽喉肿痛。

饮用宜忌

还可用于脸部长痘的年轻人。脾虚、滑肠泄泻者需少量饮用。

健康饮茶问与答

问 为什么喝茶也能喝吐？

答 空腹喝茶可稀释胃液，降低消化功能，使胃部产生不适感，严重的引发头晕、心慌、手脚无力、呕吐等“茶醉”症状；过浓的不发酵的绿茶对肠胃的刺激最大，也会出现呕吐的症状。脾胃虚寒的饮用红茶，对肠胃刺激较小，比较温和，而不能只图营养成分多而选择凉性的绿茶。所以说，茶虽好喝，但是要学会健康饮茶。

蔓菊决明茶 用于头晕头痛、视力模糊

[配方组成]

蔓荆子 6克  决明子 20克  菊花 10克 

[制作方法]

❶ 将3种材料一起放入茶壶中。
❷ 先用沸水冲泡1分钟，倒出，再注入沸水。
❸ 盖好盖，闷20分钟即可。

[饮用方法]

每日1剂，代茶温饮。

养生功效

缓解加班熬夜所致的头晕头痛、视力模糊等症状。

饮用宜忌

还适宜"红眼病"患者饮用。血虚有火之头痛目眩及胃虚者慎饮。

黄芪木瓜茶 用于膝关节肿胀、疼痛

[配方组成]

木瓜 15克 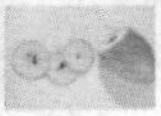 黄芪 15克 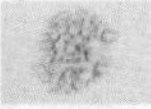

[制作方法]

❶ 木瓜洗净、切片，黄芪洗净。
❷ 一同放入茶壶中，注入沸水。
❸ 盖好盖，闷20分钟即可。

[饮用方法]

每日1剂，代茶频饮。

养生功效

调理加班熬夜所致的膝关节肿胀、疼痛。

饮用宜忌

宜气虚乏力、血虚萎黄、筋骨酸痛者饮用。由感冒引起的多汗症不适合饮用。

健康饮茶问与答

问 喝茶可以治疗糖尿病吗？

答 饮茶可降低人体血液中总胆固醇、低密度脂蛋白胆固醇和甘油三酯，同时可以增加高密度脂蛋白胆固醇，加速脂肪和胆固醇的代谢。目前，茶叶对糖尿病的确切功效即降糖作用等仍在研究中，但降低胆固醇后，就可以有效地预防糖尿病引起的心血管并发症。同时，茶叶的其他保健功能也对糖尿病患者产生有益的影响。

当归红枣茶 补气养血

[配方组成]

红枣 10颗 　当归 20克 

[制作方法]

❶ 红枣掰开，当归切成薄片。

❷ 混成5份，分别装入茶包袋中。

❸ 取1袋，沸水冲泡，闷15分钟后饮用。

[饮用方法]

代茶饮用，每日1~2剂。

养生功效

补气养血，调理加班熬夜所致的气血不足。

饮用宜忌

适用于情绪紧张、皮肤干枯无光等症。阴虚火旺者不可饮用。

牛膝姜茶 用于腰腿沉重、下肢不温

[配方组成]

牛膝 20克 　生姜 半块 

[制作方法]

❶ 将生姜切5片，牛膝捣碎分成5份。

❷ 将生姜和牛膝混成5份，分别装入茶包袋中。

❸ 取1袋，沸水冲泡，闷20分钟后饮用。

[饮用方法]

代茶饮用，每日1剂。

养生功效

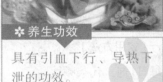

具有引血下行、导热下泄的功效。

饮用宜忌

适用于加班熬夜所致的腰腿沉重、下肢不温等症。女性月经过多，及孕妇均不可饮用。

健康饮茶问与答

问 为什么吃粽子要配上茶水？

答 由于粽子多半是用糯米制作的，在食用时务必控制数量。吃粽子时最好能同时喝茶，因为饮茶可缓解肠胃和肌肉的紧张，镇静肠胃蠕动，同时有保护肠胃黏膜的作用，另外，饮茶可加速胃液排出，胆汁、胰液及肠液分泌亦随之提高。所以，可以帮助糯米吞咽和消化。

鸡血藤茶 用于久坐导致下半身水肿

[配方组成]

鸡血藤 15克 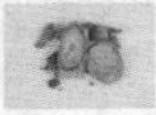

[制作方法]

❶ 将鸡血藤洗净。
❷ 放入茶壶中，注入沸水。
❸ 盖好盖，闷10分钟即可。

[饮用方法]

每日1剂，代茶温饮，睡前饮用。

养生功效

具有利水消肿的功效。

饮用宜忌

适用于久坐导致的下半身水肿。气虚血弱、无风寒湿邪者不宜饮用。

佛手枯草茶 用于心烦喜怒、口干口苦

[配方组成]

鲜佛手 10克 　夏枯草 20克 　红糖 适量 

[制作方法]

❶ 佛手洗净、切片，夏枯草洗净、切节。
❷ 连同红糖一起放入茶壶中。
❸ 注入沸水，闷20分钟即可。

[饮用方法]

每日1剂，代茶温饮，睡前饮用。

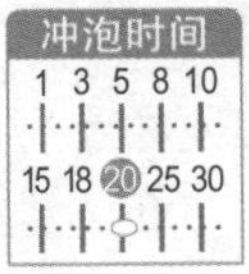

养生功效

具有疏肝和胃、散郁结的功效。

饮用宜忌

适用于肝胃郁热型胃及十二指肠溃疡。脾胃气虚者慎饮。

健康饮茶问与答

问 为什么营养不良的人不可饮茶?

答 茶叶有分解脂肪的功能，营养不良的人，再饮茶分解脂肪，会使营养更加不良。是因为茶中富含的食物纤维、茶多酚，可促进机体的新陈代谢，减少脂肪在体内的蓄积；而含有的维生素B_1可将脂肪充分燃烧并转化为机体所需的热能，起到降脂减肥的目的。所以，营养不良的人，应少量或不饮茶。

核桃葱茶 用于熬夜过度导致的头痛

[配方组成]

核桃 10克 

葱白 25克 

[制作方法]

1. 核桃捣碎，葱白洗净、切节。
2. 一起放入茶壶中。
3. 注入沸水，闷15分钟即可。

[饮用方法]

每日1剂，代茶频饮。

养生功效

具有补肾温肺、发汗解表的功效。

饮用宜忌

适用于熬夜过度导致的头痛。咳嗽有火者或阴虚者均忌饮。

金银花莲心茶 清热解毒、生津止渴

[配方组成]

金银花 3朵 

莲心 5克 

冰糖 适量 

[制作方法]

1. 将金银花、莲心一起放入茶壶中。
2. 先用沸水冲洗一下，倒出。
3. 放入冰糖，再注入沸水，闷10分钟即可。

[饮用方法]

每日1剂，代茶频饮。

养生功效

具有清热解毒、生津止渴的功效。

饮用宜忌

适用于熬夜过度导致的口干、口渴等症。脾胃虚弱、胃酸者不适合饮用。

健康饮茶问与答

问 脂肪肝人能喝什么茶？

答 喝茶对脂肪肝有益，是因为茶中富含的食物纤维、茶多酚及维生素B_1，可促进机体的新陈代谢，减少脂肪在肝内的蓄积。如含茶多酚丰富的绿茶，不仅可提高肝组织中肝脂酶的活性、降低过氧化脂质含量，而且其氧化产物茶色素有一定的调血脂、降胆固醇与甘油三酯的作用。

郁金桂圆茶 消除疲劳

[配方组成]

郁金 8克 　桂圆肉 3粒 　冰糖 适量 

[制作方法]

1. 将郁金、桂圆肉放入茶壶中。
2. 先用沸水冲洗一下，再注入沸水。
3. 添加冰糖，闷10分钟后饮用。

[饮用方法]

每日1~2剂，代茶频饮。

冲泡时间 1 3 5 8 10 15 18 20 25 30

养生功效

具有消除疲劳、纾解压力的功效。

饮用宜忌

适宜失眠、神情倦怠者饮用。阴虚失血及无气滞血瘀者忌饮。

玫瑰柠檬草茶 安神助眠

[配方组成]

玫瑰 8克 　柠檬草 5克 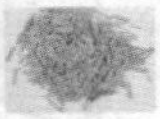　冰糖 适量 

[制作方法]

1. 将玫瑰、柠檬草放入水杯中。
2. 先用沸水冲洗一遍，再注入沸水。
3. 添加冰糖，闷10分钟后饮用。

[饮用方法]

每日1~2剂，代茶频饮。

冲泡时间 1 3 5 8 10 15 18 20 25 30

养生功效

具有安神助眠、缓解忧郁的功效。

饮用宜忌

适宜心神不宁、忧郁健忘者饮用。脾虚、易腹泻者不适合饮用。

健康饮茶问与答

问 南糯白毫茶有哪些特征？

答 南糯白毫茶为新创名茶，属于绿茶类，因产于云南西双版纳州勐海县的南糯山而得名。其主要工序分摊青、杀青、揉捻和烘干等四道工序。南糯白毫茶的品质特征是：外形条索紧结，有锋苗，身披白毫，香气馥郁清纯，滋味浓厚醇爽，汤色黄绿明亮，叶底嫩匀成朵，耐泡；饮后口颊留芳，生津回甘。

柴胡洋参茶 抗压解郁

[配方组成]

柴胡 8克 
西洋参 5克 
冰糖 适量 

[制作方法]

❶ 将柴胡、洋参洗净、切片。
❷ 放入水杯中，注入沸水。
❸ 添加冰糖，闷10分钟后饮用。

冲泡时间
1 3 5 8 10
15 18 20 25 30

[饮用方法]

每日1剂，代茶频饮。

饮用宜忌

适宜心神不宁、忧郁健忘者饮用。脾虚、易腹泻者不适合饮用。

养生功效

具有增强免疫力、抗压解郁的功效。

牛膝炭母草茶 用于腰酸背痛

[配方组成]

牛膝 20克 
火炭母草 20克 
肉桂 20克 

[制作方法]

❶ 将3种茶材捣碎、混合。
❷ 分成5份，分别装入茶包袋中。
❸ 取1袋，沸水冲泡20分钟后饮用。

冲泡时间
1 3 5 8 10
15 18 20 25 30

[饮用方法]

代茶饮用，每日1剂。

饮用宜忌

适用于腰酸背痛、跌打损伤等症。女性在经期和孕期均不可饮用。

养生功效

具有行气活血、放松肌肉的功效。

健康饮茶问与答

问 **富硒紫阳毛尖茶有哪些特征？**

答 富硒紫阳毛尖茶为历史名茶，属于绿茶类，产于陕西省南部紫阳县。富硒紫阳毛尖的品质特征是：外形秀美，白毫显露，色泽翠绿，汤色清澈，醇香宜人；若泡入杯中，茶的芽头在徐徐展开时，叶片齐齐向上，立于杯中，就如同长在枝丫上一般。紫阳富硒茶是当今世界上第一个通过科学鉴定的特种保健功效优质绿茶。

◀杜仲葡萄茶 强化筋骨

[配方组成]

杜仲 8克 
小紫葡萄 5粒 
冰糖 适量 

[制作方法]

❶ 将杜仲、葡萄洗净。
❷ 放入锅中，注入适量水。
❸ 添加冰糖，闷10分钟后饮用。

[饮用方法]

每日1剂，代茶频饮。

养生功效

具有强化筋骨、促进发育的功效。

饮用宜忌

适宜肝肾不足、腰膝酸痛者饮用。阴虚火旺者慎饮。

◀火炭母川七茶 缓解酸痛

[配方组成]

火炭母草 8克 
川七 12克 
冰糖 适量 

[制作方法]

❶ 将火炭母草、川七洗净。
❷ 放入锅中，注入适量水。
❸ 添加冰糖，熬制30分钟后饮用。

[饮用方法]

每日1剂，代茶频饮。

养生功效

具有舒筋活血、缓解酸痛的功效。

饮用宜忌

适宜腰背酸痛、颈项僵硬者饮用。孕妇不宜饮用。

健康饮茶问与答

问 安溪铁观音有哪些特征？

答 安溪铁观音为历史名茶，属于乌龙茶类，产于福建省安溪县。安溪铁观音品质特征是：汤浓韵明，其香气浓郁，入口甘甜，汤水色泽相对清淡，尤其头泡、二泡茶更是如此，三泡之后，其汤色呈黄绿色，汤水入口，细搅可感其带微酸，口感特殊，而且酸中有香，香中含酸。

葛根独活茶 舒缓肌肉紧绷

[配方组成]

葛根 8克  独活 12克 

[制作方法]

❶ 将葛根、独活洗净。

❷ 放入锅中，注入适量水。

❸ 添加冰糖，熬制30分钟后饮用。

[饮用方法]

每日1剂，代茶频饮。

养生功效

具有消除疼痛、舒缓肌肉紧绷的功效。

饮用宜忌

适宜项背肌肉痛、关节风湿者饮用。阴虚血燥者慎饮。

洋甘菊洋参茶 用于眼睛疲劳

[配方组成]

洋甘菊 10克  西洋参 8克 

[制作方法]

❶ 将洋甘菊、西洋参洗净。

❷ 放入水杯中，注入沸水。

❸ 闷10分钟后，取汁饮用。

[饮用方法]

每日1剂，代茶频饮。

养生功效

具有改善近视、消除眼疲劳的功效。

饮用宜忌

适宜眼睛疲劳、视力减退者饮用。孕妇不宜饮用。

健康饮茶问与答

问 安溪黄金桂茶有哪些特征？

答 安溪黄金桂茶为历史名茶，属于乌龙茶类，产于福建省安溪县。此茶因其汤色金黄，恰似桂花奇香而得名。安溪铁观音品质特征是：形条索紧细卷曲，色泽油润金黄；内质香气高强清长，优雅奇特，仿似栀子花、桂花、梨花香等混合香气；汤色金黄明亮，叶底黄绿色，红边尚鲜红，饮后齿颊留香。

决明天麻茶 用于用眼过度

[配方组成]

决明子 8克  天麻 8克 

[制作方法]

❶ 将决明子、天麻洗净。
❷ 放入锅中，注入适量水。
❸ 熬制30分钟后，取汁饮用。

[饮用方法]

每日1剂，代茶频饮。

✲ 养生功效

具有保健视力、滋阴补肾的功效。

饮用宜忌

适宜用眼过度、目涩赤痛症者饮用。大便泄泻者忌饮。

菊花山药茶 补血护眼

[配方组成]

菊花 5朵 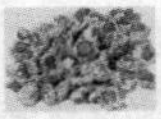 山药 1/3个 

[制作方法]

❶ 菊花洗净，山药洗净、切片。
❷ 放入锅中，注入适量水。
❸ 熬制30分钟后，取汁饮用。

[饮用方法]

每日1剂，代茶频饮。

✲ 养生功效

具有补血护眼、帮助消化的功效。

饮用宜忌

适宜眼睛干涩、眼睑沉重者饮用。大便燥结者不宜忌饮。

健康饮茶问与答

问 永春佛手茶有哪些特征？

答 永春佛手茶为历史名茶，属于乌龙茶类，产于福建省永春县。3月下旬萌芽，4月中旬开采，分四季采摘，春茶占40%。永春佛手的品质特征是：条紧结肥壮卷曲、色泽砂绿乌润、香浓锐、味甘厚，汤色橙黄清澈；冲泡时馥郁幽芳，就像屋里摆着几颗佛手、香橼等佳果所散发出来的绵绵幽香沁人心腑。

桑叶铁观音茶 治疗眼疾

[配方组成]

桑叶 10克  铁观音 8克 

[制作方法]

❶ 将桑叶、铁观音，放入水杯中。
❷ 先用沸水冲洗一遍，注入沸水。
❸ 闷10分钟后，取汁饮用。

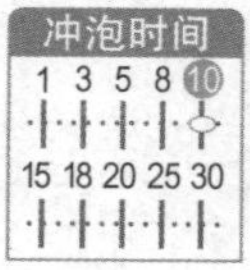

[饮用方法]

每日1剂，代茶频饮。

饮用宜忌

适宜牙痛、眼干眼涩者饮用。此茶不宜过量饮用。

养生功效

具有治疗眼疾、降低血压的功效。

胡萝卜芝麻茶 保肝明目

[配方组成]

胡萝卜 1/3根  芝麻 15克 

[制作方法]

❶ 将胡萝卜洗净切片，芝麻炒黄。
❷ 放入锅中，注入适量水。
❸ 熬制30分钟后，取汁饮用。

[饮用方法]

每日1剂，代茶频饮。

饮用宜忌

适宜用眼过度、贫血者饮用。孕妇不宜过量饮用。

养生功效

具有保肝明目、提高免疫力的功效。

健康饮茶问与答

问 闽南水仙茶有哪些特征?

答 闽南水仙茶为历史名茶，属于乌龙类，产于福建省永春县。其品质特征是：条索紧结壮实，色泽沙绿油润间蜜黄；香气清高幽长，具兰花香，汤色清澈橙黄，滋味甘醇鲜爽，叶底黄亮，肥厚匀整，连泡多次，香气仍溢于杯外，甘味久存。闽南水仙茶能活化自律神经，减轻压力，提高能量代谢，能降低胆固醇。

◀夏枯草枸杞茶 用于眼睛肿痛

[配方组成]

夏枯草 10克  枸杞 12克 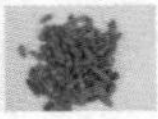

[制作方法]

❶ 将夏枯草、枸杞洗净。
❷ 放入水杯中，注入沸水。
❸ 闷10分钟后，取汁饮用。

[饮用方法]

每日1剂，代茶频饮。

饮用宜忌

适宜眼睛肿痛、干眼症患者饮用。脾胃虚弱者慎饮。

养生功效

具有治疗眼疾、降低血压的功效。

◀谷精草川七茶 明目消炎

[配方组成]

谷精草 10克  川七 8克 

[制作方法]

❶ 将谷精草、川七洗净。
❷ 放入水杯中，注入沸水。
❸ 闷10分钟后，取汁饮用。

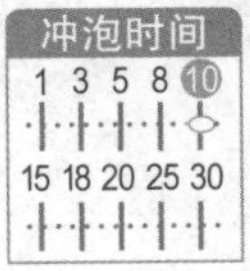

[饮用方法]

每日1剂，代茶频饮。

饮用宜忌

适宜肝火旺、过度用眼者饮用。血虚病目者慎饮。

养生功效

具有明目消炎、镇静止痛的功效。

健康饮茶问与答

问 **漳平水仙茶有哪些特征?**

答 漳平水仙茶为历史名茶，属于乌龙茶，产于福建省漳平市。其品质特征是：外形条索紧结卷曲，内质汤色橙黄或金黄清澈，香气清高细长，滋味醇爽细润，鲜灵活泼，经久藏，耐冲泡，茶色赤黄，细品有水仙花香。漳平水仙更有久饮多饮而不伤胃的特点，除醒脑提神外，还兼有健胃通肠，排毒，去湿等功能。

亚健康困扰

■ 失眠 ■ 乏力 ■ 无食欲 ■ 易疲劳 ■ 心悸

亚健康，是介于健康与疾病之间的状态，亚健康是一种临界状态。一般来说，处于亚健康状态的人，没有什么明显的病症，但如果长时间处于以下的一种或几种状态中，说明亚健康已向你发出警报了：失眠、乏力、无食欲、易疲劳、心悸，抵抗力差、易激怒、经常性感冒或口腔溃疡、便秘等。患亚健康的人群以上班族居多。如果这种状态不能得到及时的纠正，非常容易引起身心疾病，所以，处于亚健康的人们，需要静下心来好好调养一下了。

紫罗兰安神茶

用于失眠、精神不济

[配方组成]

紫罗兰 3朵 

莲心 5克 

冰糖 适量 

[制作方法]

❶ 将紫罗兰、莲心一起放入茶壶中。

❷ 先用沸水冲洗一下，倒出。

❸ 添加冰糖，再注入沸水，闷5分钟即可。

冲泡时间

1 3 ⑤ 8 10

15 18 20 25 30

养生功效

具有清热安神、除烦助眠的功效。

[饮用方法]

每日1剂，代茶频饮。

饮用宜忌

适宜失眠多梦、精神不济的人饮用。

腹泻症状的人不宜饮用。

养生小贴士

1. 拒绝暴饮暴食，规律饮食，营养均衡。
2. 每天都提醒自己11点以前要上床睡觉，引导自己养成良好的睡眠习惯。
3. 少饮酒有益健康，嗜酒、醉酒、酗酒会削减人体免疫功能，必须严格限制。
4. 学会适度减压，以保证健康、良好的心境。
5. 加强自我运动可以提高人体对疾病的抵抗能力。

枸菊决明子茶 用于头晕目眩、大便燥结

[配方组成]

决明子 5克 
菊花 3朵 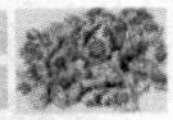
枸杞 10克 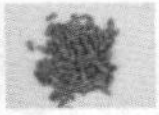

[制作方法]

❶ 将菊花、决明子、枸杞放入水杯中。
❷ 先冲洗一下，再注入沸水。
❸ 闷5分钟后即可饮用。

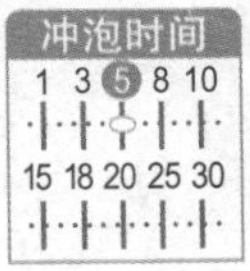

[饮用方法]

每日2剂，早晚各1次，代茶饮用。

饮用宜忌

适用于头晕目眩、目赤肿痛、便秘等患者。大便泄泻者忌饮。

养生功效

具有清热明目、滋润肠道的作用。

迷迭香绿茶 用于抑郁、困倦

[配方组成]

迷迭香 3克 
绿茶 5克 

[制作方法]

❶ 将迷迭香、绿茶一起放入水杯中。
❷ 先用沸水冲洗一下，倒出。
❸ 再注入沸水，加盖闷5分钟即可。

[饮用方法]

每日1剂，代茶频饮。

饮用宜忌

适宜抑郁、困倦无力的人饮用。怀孕妇女不宜饮用。

养生功效

具有强肝、醒脑、健胃的功效。

健康饮茶问与答

问 **为什么饮茶可以缓解疲劳?**

答 人疲劳是因为体内产生了许多乳酸，引起肌肉酸疼硬化，脑细胞活动和思维能力降低。饮茶会加速“乳酸”排出体外，使脑细胞功能维持正常状态，使脑血管供氧正常，使得脑细胞旺盛地生存和活动。而含有的“茶氨酸”还具有镇静、舒缓和解除心理压力的功效，所以茶能缓解疲劳感。

陈皮山楂薄荷饮 用于声音嘶哑

[配方组成]

陈皮 20克 

干山楂 20克 

薄荷 20克 

[制作方法]

❶ 陈皮切成丝，全部材料混合后分成4份。

❷ 分别装入10个茶包袋中。

❸ 每次取1袋，沸水冲泡，闷20分钟后饮用。

[饮用方法]

每日1剂，代茶频饮。

✲养生功效

具有健脾消食、活血化瘀、顺气化痰的功效。

饮用宜忌

适宜长期声音嘶哑、声带小结的人饮用。脾胃虚弱、肠胃功能不佳的人皆不宜饮用。

茉莉薰衣草茶 疏肝解郁、舒解压力

[配方组成]

茉莉花 5克 

薰衣草 5克 

[制作方法]

❶ 将茉莉、薰衣草一起放入水杯中。

❷ 先用沸水冲洗一下，倒出。

❸ 再注入沸水，加盖闷5分钟即可。

[饮用方法]

每日1剂，代茶频饮。

✲养生功效

具有疏肝解郁、舒解压力的功效。

饮用宜忌

适宜焦虑、失眠的人饮用。怀孕的女性应该避免饮用。

健康饮茶问与答

问 **茶叶的保存方法为什么那么严格？**

答 茶叶是一种干品，极易吸湿受潮而产生质变，它对水分、异味的吸附很强，而香气又极易挥发。当茶叶保管不当时，在水分、温湿度、光、氧等因子的作用下，会引起不良的生化反应和微生物的活动，从而导致茶叶质量的变化，故存放时，用什么容器，用什么方法，均有一定的要求。

薰衣草红茶 宁心安神、去燥助眠

[配方组成]

薰衣草 10克		红茶 5克		蜂蜜 少许	

[制作方法]

1. 将薰衣草和红茶放入水杯中。
2. 先用沸水冲洗一下，再注入沸水。
3. 闷10分钟，添加蜂蜜饮用。

[饮用方法]

每日1剂，代茶频饮。

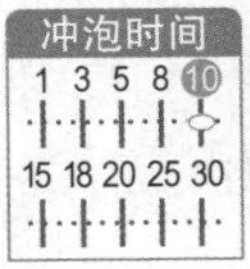

养生功效

具有宁心安神、去燥助眠的功效。

饮用宜忌

适宜睡眠不佳、心神不宁的饮用。怀孕的妇女应避免饮用。

甘草大麦茶 养心除烦

[配方组成]

甘草 20克	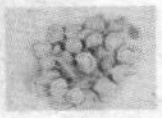	大麦 20克		冰糖 适量	

[制作方法]

1. 全部材料分成10份。
2. 分别装入5个茶包袋中。
3. 每次取1袋，沸水冲泡15分钟后饮用。

[饮用方法]

每日1剂，代茶频饮。

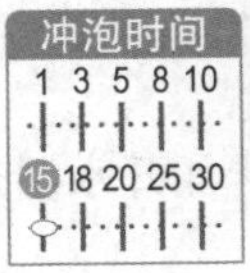

养生功效

具有疏肝利气、除烦养心的功效。

饮用宜忌

适宜心情烦躁、胸闷腹胀的人饮用。哺乳期的女性不宜饮用。

健康饮茶问与答

问 为什么喝茶可以抗结核病?

答 随着环境污染的增加，结核病又卷土重来，发病率不断增加。而一旦患了肺结核病，特别是在服异烟肼、利福平等抗结核药物时，常会引起食物中毒或食物过敏，所以结核病患者在生活中更应注意，以便做到疾病的尽快恢复。然而药茶具有温和性，比较适合结核病患者饮用，对肺结核病的恢复有一定的辅助作用。

葛根桂枝茶 缓解肩颈酸胀

[配方组成]

葛根 15克 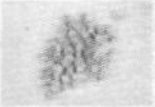 桂枝 5片 

[制作方法]

❶ 将葛根、桂枝均洗净。
❷ 一同放入砂锅中，注入适量水。
❸ 煮沸后再转小火煎20分钟即可。

[饮用方法]

每日1剂，代茶温饮，早晚各1次。

养生功效

具有解肌通络、舒筋活血、祛风止痛的功效。

饮用宜忌

适宜颈椎病患者饮用。胃寒者不宜饮用。

普洱罗汉茶 缓解头痛眩晕、四肢乏力

[配方组成]

罗汉果 5个 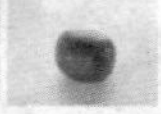 普洱茶 10克 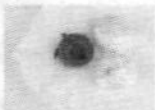

[制作方法]

❶ 把罗汉果压破、掰开，连皮带籽一起放入锅中。
❷ 加适量水煮开后，转小火煮20分钟。
❸ 加入普洱茶煮10分钟，滗出药汁。

[饮用方法]

每次取大约1/3杯，放入杯中，加开水温热饮用。

养生功效

可以缓解头痛眩晕、四肢乏力等症状。

饮用宜忌

适宜长坐办公室，呼吸不到室外新鲜空气者饮用。糖尿病患者不宜饮用。

健康饮茶问与答

问 **茶叶的存放方法是什么？**

答 茶叶贮藏不当会发霉变质，饮后影响健康，所以茶叶存放方法很重要。家庭少量用茶，用铁制茶罐、锡瓶、玻璃瓶及陶瓷器等储存。生石灰贮存法：将茶叶包好，放于干燥而无异味的坛子里，在中间放入生石灰。

参芪白术茶 和胃健脾、增强体质

[配方组成]

白术 15克  人参 15克  黄芪 15克 

[制作方法]

❶ 将3种材料捣碎，混合均匀。
❷ 分成3等份，分别装入3个茶包袋中。
❸ 取1袋，沸水冲泡，闷20分钟后饮用。

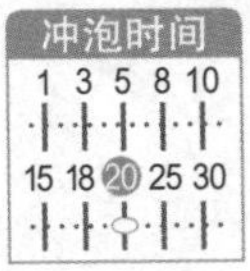

✲养生功效

具有健脾益气、燥湿利水、增强体质的功效。

[饮用方法]

每日1剂，代茶温饮。

饮用宜忌

适宜饮食不规律、免疫力低的人饮用。阴虚燥渴，气滞胀闷者不宜饮用。

杜仲肉桂茶 补益肝肾、提高抵抗力

[配方组成]

杜仲 5克  肉桂 5克 

[制作方法]

❶ 将肉桂和杜仲一同放入水杯中。
❷ 先冲洗一下，再注入沸水。
❸ 盖好盖，闷10分钟即可。

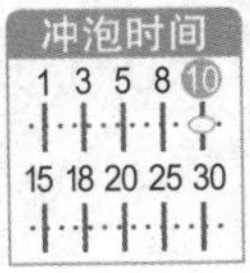

✲养生功效

具有补益肝肾、提高抵抗力的功效。

[饮用方法]

每日1剂，代茶频饮，杜仲可连续冲泡。

饮用宜忌

适宜食欲不振、腰膝冷痛、风湿性关节者饮用。阴虚火旺者，以及孕妇慎饮。

健康饮茶问与答

问 为什么服用小檗碱（黄连素）后不可饮茶?

答 小檗碱主要用于治疗感染性腹泻，腹泻患者往往需要喝大量的水，有些人喜欢喝茶水。但服用小檗碱前后2小时内不可饮茶。因为，茶水中含有的鞣质，会在人体内分解成鞣酸。小檗碱口服后，几乎不被胃肠道吸收，而是停留在肠道内，以持续对抗致病的细菌。但是，茶水中的鞣酸会沉淀小檗碱中的生物碱，使其药效大大降低。

迷迭紫苏茶 减压助眠

[配方组成]

迷迭香 5克		紫苏叶 5克	

[制作方法]

❶ 将迷迭香和紫苏叶放入杯中。
❷ 先冲洗一下，再加入沸水冲泡。
❸ 闷10分钟后即可饮用。

[饮用方法]

代茶频饮，每日1~2剂。

养生功效

具有减压助眠、稳定情绪的功效。

饮用宜忌

适宜压力大、情绪暴躁者饮用。脾虚便滑者不宜饮用。

鸭拓草减压茶 静心纾压

[配方组成]

鸭拓草 9克		绿茶 5克	

[制作方法]

❶ 将鸭拓草和绿茶放入杯中。
❷ 先冲洗一下，再加入沸水冲泡。
❸ 闷10分钟后即可饮用。

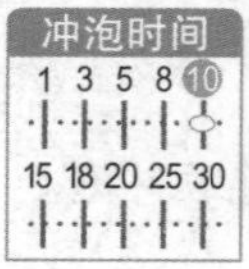

[饮用方法]

代茶频饮，每日1剂。

养生功效

具有静心纾压、缓解神经的功效。

饮用宜忌

适宜身心疲累、头痛头晕者饮用。幼儿及孕妇不宜饮用。

健康饮茶问与答

问 白芽奇兰茶有哪些特征？

答 白芽奇兰茶为历史名茶，属于乌龙茶类，产于福建省平和县。越冬芽萌发于3月下旬初，4月下旬末至5月上旬初可采制。其品质特征是：外形坚实匀称，深绿油润；汤色橙黄，香气清高，滋味清爽细腻，叶底红绿相映。常饮白芽奇兰茶具有提神益思、解酒消滞、降压减肥、消烦解暑、生津活血、延年益寿之功效。

浮小麦牛蒡茶 养心安神

[配方组成]

浮小麦 10克
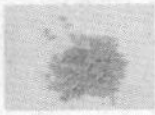

牛蒡 1/4个

[制作方法]

1. 将浮小麦和牛蒡洗净。
2. 放入锅中，注入适量水。
3. 熬制30分钟后，取汁饮用。

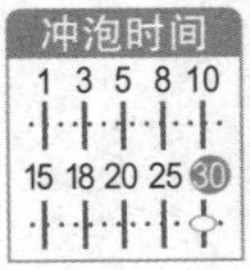

[饮用方法]

代茶频饮，每日1剂。

养生功效

具有消除压力、安心养神的功效。

饮用宜忌

适宜压力大、失眠者饮用。幼儿及孕妇不宜饮用。

金线莲茉莉茶 缓解焦虑

[配方组成]

金线莲 9克

茉莉 9克
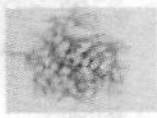

[制作方法]

1. 将金线莲和茉莉放入杯中。
2. 先冲洗一下，再加入沸水冲泡。
3. 闷10分钟后即可饮用。

[饮用方法]

代茶频饮，每日1剂。

养生功效

具有缓解焦虑、舒缓紧张的功效。

饮用宜忌

适宜虚热、神情紧张者饮用。此茶不宜长期饮用。

健康饮茶问与答

问 凤凰单丛茶有哪些特征？

答 凤凰单丛茶为历史名茶，属于乌龙茶类，产于广东省潮州市凤凰山。采摘初制工艺，是手工或手工与机械生产相结合。其制作过程是晒青、晾青、做青、杀青、揉捻、烘焙6道工序。其品质特征是：外形条索粗壮，匀整挺直，色泽黄褐，油润有光；冲泡清香持久，有独特的天然兰花香，滋味浓醇鲜爽，润喉回甘。

柠檬草红茶 提神杀菌

[配方组成]

柠檬草 8克  红茶 5克 

[制作方法]

1. 将柠檬草和红茶洗净。
2. 放入水杯中，注入沸水。
3. 闷10分钟后，取汁饮用。

[饮用方法]

代茶频饮，每日1剂。

冲泡时间
1 3 5 8 10
15 18 20 25 30

养生功效

具有提神杀菌、增加食欲的功效。

饮用宜忌

适宜注意力不集中者饮用。孕妇不宜饮用。

茉莉薄荷蜜茶 用于注意力不集中

[配方组成]

茉莉 8克  薄荷 8克  蜂蜜 适量 

[制作方法]

1. 将茉莉和薄荷洗净。
2. 放入水杯中，注入沸水。
3. 闷10分钟后，添加蜂蜜饮用。

[饮用方法]

代茶频饮，每日1剂。

冲泡时间
1 3 5 8 10
15 18 20 25 30

养生功效

具有消除疲劳、清心解郁的功效。

饮用宜忌

适宜注意力不集中者饮用。怀孕的妇女不宜饮用。

健康饮茶问与答

问 兴宁大叶奇兰茶有哪些特征？

答 兴宁大叶奇兰茶为新创名茶，属于乌龙茶类，产于广东兴宁市茶林场。其品质特征是：外形条索紧结壮实，色泽油润，汤色橙黄清澈明亮；内质香气高长，似兰非兰花香浓郁，滋味醇爽细润，甘滑爽口，耐冲泡。

柠檬草菊花蜜茶 镇定安神

[配方组成]

柠檬草 5克 
菊花 2朵 
蜂蜜 适量 

[制作方法]

❶ 将柠檬草和菊花洗净。
❷ 放入水杯中，注入沸水。
❸ 闷10分钟后，添加蜂蜜饮用。

冲泡时间
1 3 5 8 10
15 18 20 25 30

[饮用方法]

代茶频饮，每日1剂。

✲ 养生功效

具有镇定安神、清热消火的功效。

饮用宜忌

适宜失眠、头晕、咽喉痛者饮用。孕妇以及脾胃虚寒的人不宜饮用。

薰衣草乌龙茶 用于精神紧张

[配方组成]

薰衣草 9克 
乌龙茶 9克 

[制作方法]

❶ 将薰衣草和乌龙茶放入杯中。
❷ 先冲洗一下，再加入沸水冲泡。
❸ 闷10分钟后即可饮用。

冲泡时间
1 3 5 8 10
15 18 20 25 30

[饮用方法]

代茶频饮，每日1剂。

✲ 养生功效

具有放松身心、预防痉挛的功效。

饮用宜忌

适宜情绪紧张、焦虑、恐惧者饮用。怀孕的妇女不宜饮用此茶。

健康饮茶问与答

问 祁红工夫的品质特点有哪些？

答 祁红工夫为历史名茶，属于红茶类，产于安徽省祁门、东至、贵池、石台、黟县，以及江西的浮梁一带。优质祁红工夫的条索细嫩挺秀，金毫显露，色泽乌黑油润，香气高鲜醇甜，因火功水平不同，有的呈砂糖香，有的呈甜花香或苹果香，香气清高持久，独树一帜，被称为“祁门香”。

薰衣草甜菊叶茶 舒缓压力

[配方组成]

薰衣草 9克 
甜菊叶 8克 

[制作方法]

❶ 将薰衣草和甜菊叶放入杯中。
❷ 先冲洗一下，再加入沸水冲泡。
❸ 闷10分钟后即可饮用。

[饮用方法]

代茶频饮，每日1剂。

养生功效

具有提神醒脑、舒缓压力的功效。

饮用宜忌

适宜压力大、头晕、失眠者饮用。孕妇不宜饮用此茶。

枣仁洋参双红茶 用于神经衰弱

[配方组成]

酸枣仁 8克 
西洋参 8克 
红茶 5克 
红糖 15克 

[制作方法]

❶ 酸枣仁、洋参、红茶放入水杯中。
❷ 用水冲泡一遍，再注入沸水。
❸ 添加红糖，闷10分钟后饮用。

[饮用方法]

代茶频饮，每日1剂。

养生功效

具有安神助眠、除烦解压的功效。

饮用宜忌

适宜失眠、心悸者饮用。孕妇不宜饮用。

健康饮茶问与答

问 遵义毛峰有哪些特征？

答 遵义毛峰属于绿茶，其品质特征是：外形条索园直显锋，色泽碧绿润亮，白毫显露，银光闪闪；内质嫩香持久，汤色碧绿明净，滋味清醇鲜爽，叶底嫩绿鲜活。

迷迭香马鞭草茶 纾压止痛

[配方组成]

迷迭香 8克 　马鞭草 8克 

[制作方法]

1. 将迷迭香和马鞭草洗净。
2. 放入水杯中，注入沸水。
3. 闷10分钟后，取汁饮用。

[饮用方法]

代茶频饮，每日1剂。

冲泡时间：1 3 5 8 10 15 18 20 25 30（10）

养生功效

具有清热解毒、纾压止痛的功效。

饮用宜忌

适宜头晕、头痛、便秘者饮用。胃酸过多者，以及孕妇不宜饮用。

洋甘菊鸭拓草茶 宁心安神

[配方组成]

洋甘菊 8克 　鸭拓草 8克 

[制作方法]

1. 将洋甘菊和鸭拓草洗净。
2. 放入水杯中，注入沸水。
3. 闷10分钟后，取汁饮用。

[饮用方法]

代茶频饮，每日1剂。

冲泡时间：1 3 5 8 10 15 18 20 25 30（10）

养生功效

具有宁心安神、解压助眠的功效。

饮用宜忌

适宜失眠、头痛、痛经者饮用。幼儿及孕妇不宜饮用。

健康饮茶问与答

问 为什么茶叶能消暑?

答 这是因为茶叶内的咖啡碱可以带走皮肤表面的热量。此外，茶叶含有较多的茶单宁、糖类、果胶和氨基酸等成分，这些物质可以加快排泄体内的大量余热，保持人体的正常体温，从而达到消暑的目的，给人爽身醒目之感。

酸枣仁洋参茶 安神助眠

[配方组成]

酸枣仁 8克 

西洋参 8克 

[制作方法]

❶ 将酸枣仁和西洋参洗净。
❷ 放入锅中，注入适量水。
❸ 熬制30分钟后，取汁饮用。

[饮用方法]

代茶频饮，每日1剂。

养生功效

具有安神助眠、除烦解压的功效。

饮用宜忌

适宜失眠、心悸者饮用。孕妇不宜饮用。

白果桂圆茶 排毒醒脑

[配方组成]

白果 3粒 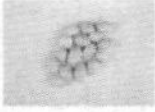

桂圆肉 5粒 

[制作方法]

❶ 将白果和桂圆洗净。
❷ 放入锅中，注入适量水。
❸ 熬制30分钟后，取汁饮用。

[饮用方法]

代茶频饮，每日1剂。

养生功效

具有排毒醒脑、降低胆固醇的功效。

饮用宜忌

适宜注意力不集中、胆固醇过高者饮用。幼儿、孕妇不宜饮用，其他人饮少量饮用。

健康饮茶问与答

问 **岭头单丛茶有哪些特征？**

答 岭头单丛茶为新创名茶，属于乌龙茶类，产于广东省饶平县岭头村。春茶采摘时间为每年3月28日至4月5日前后。比其他品种茶早采1~2周。其品质特征是：条索紧结，呈乌褐色或灰黄褐色，油润，具有自然的花香、山韵蜜味；汤色橙黄或金黄，透彻明亮；滋味醇爽、持久、回甘力强；极耐泡等特点。

第七章

不同人群的健康茶包

老年人保健茶包

■ 延年益寿　■ 防癌　■ 保护心血管系统

不少人认为，老年人的养生保健不外乎吃喝、锻炼两方面，其实不然。随着生活品质的提高，赋予了老年养生保健更新、更科学的内容，只有用科学的知识来养生保健，才能达到益寿延年的目的。延年益寿往往和中药调养分不开的，所以老年人除了锻炼之外，还要学会品茶、饮茶，饮茶好处多多，具有防癌、保护心血管系统、延缓大脑老化等作用，所以饮茶对于促进老年人健康长寿来说，是一种安全有效的自然疗法。

苦瓜枸杞茶　利水、降糖、清火

[配方组成]

枸杞 10克 　苦瓜 2片 

[制作方法]

❶ 将苦瓜洗净、切片，枸杞洗净。
❷ 加入沸水冲泡。
❸ 闷10分钟后饮用。

[饮用方法]

代茶温饮，每日1剂。

✿ 养生功效

具有利水、降糖、清火的功效。

饮用宜忌

适宜身体浮肿、高血压、高血糖的老年人饮用。
脾胃虚寒的人群不宜饮用。

养生小贴士

1. 注意按时进餐，晚饭不能过饱。
2. 老年人易感孤独、寂寞，家属及护理人员要给予充分的关怀，使老年人感到温暖。
3. 注意保护牙齿，少吃甜食，早晚刷牙，发现牙齿不好要及时修补。
4. 养成定时大便的习惯。大便时注意观察颜色，不可乱用泻药，不要吸烟和过量饮酒。
5. 适当运动增加全身血液循环和加强胃肠蠕动，从而增进食欲。

山药田七茶 用于血糖偏高、气色差

[配方组成]

山药 10克 
田七 10克 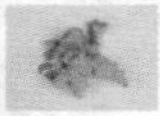

[制作方法]

1. 山药洗净、去皮、切薄片，田七洗净。
2. 将山药、田七放入锅内，加水适量。
3. 用大火煎沸，再改用文火煮30分钟。

[饮用方法]

每日1剂，代茶温饮。

冲泡时间 1 3 5 8 10 15 18 20 25 30

养生功效

具有降血糖、清热、平肝、降压的功效。

饮用宜忌

适合高血糖、高血压、高脂血、心脏病人群。有实邪者慎饮。

松针首乌茶 用于骨质疏松、腰腿痛

[配方组成]

首乌 20克 
松针 30克 
乌龙茶 15克 

[制作方法]

1. 将松针、首乌捣碎，与乌龙茶混合。
2. 分成5等份，将每份用纱布包起来。
3. 每次取1袋，沸水冲泡，10分钟后饮用。

[饮用方法]

代茶温饮，每日1剂，可反复冲泡。

冲泡时间 1 3 5 8 10 15 18 20 25 30

养生功效

具有补精益血、扶正祛邪的功效。

饮用宜忌

适合骨质疏松、腰腿痛的老年人饮用。大便溏泄及有湿痰者慎饮。

健康饮茶问与答

问 老年人饮茶三注意是什么？

答 便秘是很多老年人爱发的毛病，而老年人又爱好在闲时喝茶，这往往会让便秘更严重。老年人应该注意茶的三个不喝：一是便秘期间不要喝茶，二是吃荤的之后不要立即喝茶，三是空腹时不要喝茶，茶有帮助消化的作用，但是如果腹内无物，茶性直入肺腑，会冷脾胃，抑制胃液的分泌，妨碍消化。

枸杞菊花参茶 用于起夜、经常失眠

[配方组成]

人参片 5克  菊花 3朵  枸杞 10克 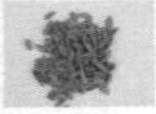

[制作方法]

1. 将菊花、人参片、枸杞放入水杯中。
2. 先冲洗一下，再注入沸水。
3. 闷5分钟后即可饮用。

冲泡时间

1 3 5 8 10

15 18 20 25 30

（5分钟）

养生功效

可以保持肌肤光滑、细腻，延缓衰老。

[饮用方法]

每日2剂，早晚各1次。代茶饮用。

饮用宜忌

人参有大补元气、安神益智之效。饮此茶时，少吃辛辣或者刺激性食物。

洋参麦冬茶 用于体乏无力、口干舌燥

[配方组成]

西洋参 5克  麦冬 10克 

[制作方法]

1. 将所有的茶材放入水杯中。
2. 先冲洗一下，再注入沸水。
3. 盖上盖，闷15分钟后即可饮用。

冲泡时间

1 3 5 8 10

15 18 20 25 30

（15分钟）

养生功效

具有补气养阴、润肺清心、清火、养胃的功效。

[饮用方法]

滤渣取汁饮用，每日1剂。

饮用宜忌

用于老人气阴虚少、咽干口燥。腹泻、胃有寒湿、脾阳虚弱者不可饮用。

健康饮茶问与答

问 饭后喝茶为何易引发脂肪肝？

答 现在人们经常在酒足饭饱后要喝杯茶，既解渴又除油腻，但这很不利于脂肪肝的预防。所以，吃荤菜之后不要立即喝茶，因为茶叶中含有大量鞣酸，能与蛋白质合成具有吸敛性的鞣酸蛋白质，这种蛋白质能使肠道蠕动减慢，容易造成便秘，增加有毒物质对肝脏的毒害作用，从而引起脂肪肝。

人参麦生茶 用于精神不振、时有咽燥

[配方组成]

人参 6克 
麦冬 15克 
生地 15克 

[制作方法]

❶ 将3种茶材捣碎、混合。
❷ 分成3等份，将每份用纱布包起来。
❸ 每次取1袋，沸水冲泡，20分钟后饮用。

[饮用方法]

代茶温饮，每日1剂，可反复冲泡。

冲泡时间
1 3 5 8 10
15 18 20 25 30

✲ 养生功效

具有益气养阴、扶正固本的功效。

饮用宜忌

适合气阴两亏、精神不振、时有咽燥的老年人饮用。湿热或食积引起的脘闷腹胀者慎饮。

枯草苦丁茶 用于血压高

[配方组成]

苦丁茶 10克 
夏枯草 20克 
冰糖 适量 

[制作方法]

❶ 夏枯草洗净、切节。
❷ 连同冰糖、苦丁一起放入茶壶中。
❸ 注入沸水，闷20分钟即可。

[饮用方法]

每日1剂，代茶温饮，睡前饮用。

冲泡时间
1 3 5 8 10
15 18 20 25 30

✲ 养生功效

具有降血脂、降血压、明目、清热解毒等功效。

饮用宜忌

适宜高血压、高脂血、体质燥热者饮用。脾胃功能相对减弱的老年人不宜饮用。

健康饮茶问与答

问 为什么喝茶可以激发灵感？

答 现代社会生活节奏越来越快，需要人们时刻迸发出无尽创意。不过，在沉重压力下，灵感也会有“短路”的时候。喝茶不仅可以减缓压力，还可提升创意能力。茶叶含有一种名叫茶氨酸的物质。人体只需摄取50毫克茶氨酸，约于45分钟后，就会使人保持灵活的头脑，又不会导致过度紧张，有助于开启灵感的大门。

山楂核桃茶 软化血管

[配方组成]

核桃 8粒  山楂 10粒  冰糖 适量 

[制作方法]

❶ 核桃去壳、捣碎，山楂洗净、切片。
❷ 连同冰糖一起放入砂锅中，加入适量水。
❸ 煮沸后转小火煎20分钟，熬成糖浆。

[饮用方法]

每日1剂，温水调稀后饮用。

冲泡时间：1 3 5 8 10 15 18 20 25 30（20）

✲养生功效

具有滋阴润肺、软化血管的功效。

饮用宜忌

适宜高血压、动脉硬化患者饮用。患胃病的人一般不宜空腹饮用。

楂陈玫瑰饮 消食、降脂、活血

[配方组成]

干山楂 3片 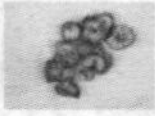 陈皮 15克  玫瑰花 3~5朵 

[制作方法]

❶ 将山楂、陈皮、玫瑰洗净。
❷ 一起放入茶壶中。
❸ 注入沸水，闷10分钟即可。

[饮用方法]

每日1剂，代茶频饮。

冲泡时间：1 3 5 8 10 15 18 20 25 30（10）

✲养生功效

具有消食、降脂、活血的功效。

饮用宜忌

适宜食欲不振、高血压、高脂血的老年人饮用。胃酸过多、胃炎、胃溃疡者慎饮。

健康饮茶问与答

问 为何饮茶要综合一些好？

答 由于茶叶品种和产地的不同，各种茶叶所含的微量元素及其分量是不尽相同的。如绿茶中锌元素的含量一般是红茶的2~3倍，而铜、锰等元素却只有红茶的一半。此外，茶叶产地的气候、地质等变化，也决定了不同地区茶质中所含的微量元素的多与少。所以，饮茶还是综合一些好，不同产地、不同类别的茶叶不妨都尝试一下。

◀陈皮绿茶 清火润肠、治老年人便秘

[配方组成]

陈皮 10克 
绿茶 5克 

[制作方法]

❶ 将陈皮和绿茶，放入水杯中。
❷ 先用沸水冲洗一下。
❸ 再注入沸水，闷5分钟后饮用。

[饮用方法]

每日1~2剂，代茶频饮。

养生功效

具有健胃消食、清火润肠的功效。

饮用宜忌

适用于老年人便秘。脾胃虚弱、肠胃功能不佳的人不宜饮用。

◀刺五加茶 延年益寿

[配方组成]

刺五加 30克 

[制作方法]

❶ 将刺五加捣碎，分成5份。
❷ 将每份装入茶包袋中。
❸ 取1袋，沸水冲泡15分钟后饮用。

[饮用方法]

每日1剂，睡前饮用。

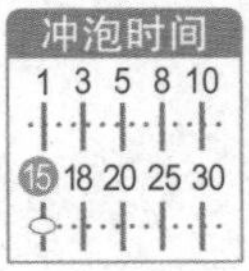

养生功效

具有益气健脾、补肾安神、延年益寿的功效。

饮用宜忌

适宜体虚乏力、腰膝酸软、失眠多梦者饮用。感冒发热时不宜饮用。

健康饮茶问与答

问 为什么茶水不可乱喝?

答 茶是公认的最健康的饮料。但对有些病人来说，是不宜喝茶的，特别是浓茶。浓茶中的咖啡因能使人兴奋、失眠、代谢率增高，不利于休息；还可使高血压、冠心病等患者心跳加快，甚至心律失常、尿频，加重心肾负担。此外，咖啡因还能刺激胃肠分泌，不利于溃疡病的愈合；而茶中鞣质有收敛作用，使肠蠕动变慢，加重便秘。

菊花龙井茶 用于高血压引起的头痛、头晕

[配方组成]

菊花 2朵 
龙井茶 5克 

[制作方法]

❶ 将菊花和龙井放入水杯中。
❷ 先用沸水冲泡一遍，再注入沸水。
❸ 加盖闷5分钟后饮用。

[饮用方法]

代茶频饮，每日1~2剂。

冲泡时间：1 3 5 8 10 15 18 20 25 30（5）

✲ 养生功效

具有降压、降脂、降低胆固醇的功效。

饮用宜忌

适用于高血压引起的头痛、头晕等症。脾胃虚寒的人不宜过量饮用。

山楂银耳蜜茶 改善心悸的现象

[配方组成]

银耳 8克 
山楂 2片 
蜂蜜 适量 

[制作方法]

❶ 将泡发的银耳和山楂片放入水杯中。
❷ 先用沸水冲泡一遍，再注入沸水。
❸ 闷10分钟后，添加蜂蜜饮用。

[饮用方法]

代茶频饮，每日1剂。

冲泡时间：1 3 5 8 10 15 18 20 25 30（10）

✲ 养生功效

具有缓解疲劳、促进血液循环的功效。

饮用宜忌

适宜心悸、动脉硬化、心肌梗死者饮用。此茶不宜过量饮用。

健康饮茶问与答

问 为什么喝茶能解毒？

答 茶水中的茶多酚可以与水质中含有的一些重金属元素如铅、锌、锑、汞等发生化学反应，产生沉淀，在饮入人体后通过排尿排出体外，这样就减少了毒素在人体内的存留时间。茶叶中的其他元素还能促进人体消化系统的循环，也能帮助加快体内的毒素排出。

茉莉红花绿茶 改善冠心病

[配方组成]

茉莉 8克  红花 3克  绿茶 5克 

[制作方法]

❶ 将3种材料放入水杯中。
❷ 先用沸水冲泡一遍，再注入沸水。
❸ 加盖闷10分钟后饮用。

[饮用方法]

代茶频饮，每日1~2剂。

冲泡时间
1 3 5 8 10
15 18 20 25 30

养生功效

具有降脂降压、养心安神的功效。

饮用宜忌

适宜血压高、疲劳、精神紧张者饮用。胃寒、失眠的人不宜过量饮用。

川七菊花茶 降低胆固醇

[配方组成]

川七 8克  菊花 8克  冰糖 适量 

[制作方法]

❶ 将川七和菊花洗净。
❷ 放入水杯中，注入沸水。
❸ 添加冰糖，闷10分钟后饮用。

[饮用方法]

代茶频饮，每日1剂。

冲泡时间
1 3 5 8 10
15 18 20 25 30

养生功效

具有降低胆固醇、促进新陈代谢的功效。

饮用宜忌

适宜胆固醇过高者饮用。此茶不宜过量饮用。

健康饮茶问与答

问 **大埔西岩乌龙茶有哪些特征?**

答 大埔西岩乌龙茶为新创名茶，属于乌龙茶类，产于广东省大埔县西岩山一带。纯天然的茶青，杀青后揉捻。其品质特征是：外条索紧结卷曲，色泽翠绿油光，自然花香气清高，滋味醇爽，汤色绿黄明亮，香韵持久，回甘力强，常饮能提神益思，降低胆固醇，有益人体健康，是养生延寿的特种珍品。

玉竹甘草糖茶 用于心律不齐

[配方组成]

玉竹 6克 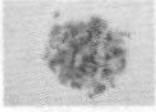 甘草 6克  冰糖 适量 

[制作方法]

1. 将玉竹和甘草洗净。
2. 放入水杯中，注入沸水。
3. 添加冰糖，闷10分钟后饮用。

冲泡时间

1 3 5 8 10

15 18 20 25 30

[饮用方法]

代茶频饮，每日1剂。

✲ 养生功效

具有益气摄血、养胃强心的功效。

饮用宜忌

适宜心律不齐、心力衰竭者饮用。阴虚火旺、高血压未控者不宜饮用。

车前子甜菊叶绿茶 降低尿酸

[配方组成]

车前子 20克  甜菊叶 15克  绿茶 15克 

[制作方法]

1. 车前子炒熟，同甜菊叶、绿茶放入杯中。
2. 先用沸水冲泡一遍，再注入沸水。
3. 冲泡10分钟后饮用。

冲泡时间

1 3 5 8 10

15 18 20 25 30

[饮用方法]

代茶频饮，每日1剂。

✲ 养生功效

具有清热消炎、降低尿酸的功效。

饮用宜忌

适宜小便不利、关节疼痛者饮用。肾虚寒者不宜饮用。

健康饮茶问与答

问 台湾包种茶有哪些特征？

答 台湾包种茶，产于台湾省北部。其品质特征是：似条索状，色泽翠绿，水色蜜绿鲜艳带黄金，香气清香幽雅似花香，滋味甘醇滑润带活性。这种高香味的茶，贵在开汤后香气特别浓郁，香气越浓郁代表品质越高级，入口滋味甘润、清香，齿颊留香久久不散。素有“露凝香”“雾凝春”的美誉。

车前子川七泽泻茶 消除浮肿

[配方组成]

车前子 15克 
川七 12克 
泽泻 10克 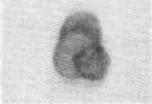

[制作方法]

❶ 车前子炒熟，川七、泽泻洗净。
❷ 放入锅中，注入四碗水。
❸ 熬制30分钟后，取汁饮用。

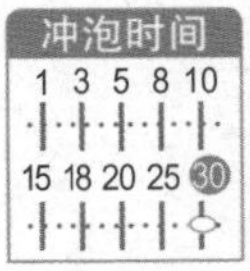

[饮用方法]

代茶频饮，每日1剂。

饮用宜忌

适宜水肿、血压高者饮用。肾虚寒者尤其慎饮。

养生功效

具有消除浮肿、缓解酸痛的功效。

甜菊叶川七红茶 利尿排毒

[配方组成]

川七 7克 
甜菊叶 5克 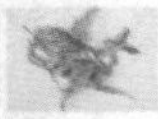
红茶 5克 

[制作方法]

❶ 将3种材料放入水杯中。
❷ 先用沸水冲泡一遍，再注入沸水。
❸ 加盖闷10分钟后饮用。

[饮用方法]

代茶频饮，每日1~2剂。

饮用宜忌

适宜结石、尿酸、水肿者饮用。此茶不宜过量饮用。

养生功效

具有利尿排毒、止血止痛的功效。

健康饮茶问与答

问 **福州茉莉花茶有哪些特征？**

答 福州茉莉花茶为历史名茶，属于再加工茶类，有“在中国的花茶里，可闻春天的气味”之美誉。产于福建省福州地域。加工方法是将茶叶和茉莉鲜花进行拼和、窨制，使茶叶吸收花香而成的。其品质特征是：条索紧细匀整，色泽黑褐油润，香气鲜灵持久，滋味醇厚鲜爽，汤色黄绿明亮，叶底嫩匀柔软。

首乌黄精茶 活血降脂

[配方组成]

首乌 8克 
黄精 8克 
红糖 少许 

[制作方法]

❶ 将首乌、黄精洗净、捣碎。
❷ 放入锅中，再注入适量水。
❸ 放入红糖，熬制30分钟后饮用。

[饮用方法]

代茶频饮，每日1~2剂。

饮用宜忌

适宜腰膝酸软、头目眩晕者饮用。中寒泄泻、痰湿气滞者不宜饮用。

冲泡时间：1 3 5 8 10 15 18 20 25 30（30）

养生功效

具有活血降脂、滋补肝肾的功效。

人参茉莉防风茶 保护心肌、降低血脂

[配方组成]

人参 10克 
茉莉 15克 
防风 15克 

[制作方法]

❶ 将3种茶材捣碎、混合。
❷ 均分成3份，分别装入茶包袋中。
❸ 取1袋，沸水冲泡10分钟后饮用。

[饮用方法]

代茶频饮，每日1剂。

冲泡时间：1 3 5 8 10（10） 15 18 20 25 30

饮用宜忌

适宜高脂血、冠心病患者饮用。有实邪者不宜饮用。

养生功效

具有降低血脂、理气化浊的功效。

健康饮茶问与答

问 长沙茉莉花茶有哪些特征？

答 长沙茉莉花茶为新创名茶，属再加工茶类。其品质特征是：外形条索紧结，色泽绿润，匀整平伏；内质香气鲜灵，汤色黄亮，滋味浓醇甘爽，叶底柔软嫩匀，耐冲泡。

麦冬黄连茶 降血糖

[配方组成]

麦冬 8克  黄连 8克  冰糖 适量 

[制作方法]

❶ 将麦冬、黄连洗净。
❷ 放入锅中，再注入适量水。
❸ 放入冰糖，熬制30分钟后饮用。

[饮用方法]

代茶频饮，每日1剂。

冲泡时间 1 3 5 8 10 15 18 20 25 30

养生功效

具有滋阴生津、清热润燥的功效。

饮用宜忌

适宜胃燥津伤型糖尿病患者饮用。脾胃虚寒者不宜饮用。

洋参麦冬五味子茶 补肾降糖

[配方组成]

西洋参 9克  麦冬 15克  五味子 12克 

[制作方法]

❶ 洋参和麦冬洗净、切片，五味子洗净。
❷ 放入锅中，注入适量清水。
❸ 熬制30分钟后，取汁饮用。

[饮用方法]

代茶频饮，每日1剂。

冲泡时间 1 3 5 8 10 15 18 20 25 30

养生功效

具有补肾降糖、益气生津的功效。

饮用宜忌

适宜遗尿、尿频、津伤口渴、心悸者饮用。外表有邪、内有实热者不宜饮用。

健康饮茶问与答

问 **凌云白毫茉莉花茶有哪些特征？**

答 凌云白毫茉莉花茶为新创名茶，属于再加工茶类，产于广西凌云县。其品质特征是：外形白毫显露，色泽黄绿，汤色清澈明亮；内质花香鲜灵浓郁，滋味醇爽浓厚，汤色黄明，叶底嫩匀黄绿。

麦冬乌梅茶 降血糖

[配方组成]

麦冬片 3片 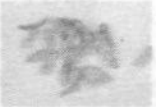

乌梅 5粒 

冰糖 适量 

[制作方法]

❶ 将麦冬、乌梅洗净。

❷ 放入锅中，再注入适量水。

❸ 放入冰糖，熬制30分钟后饮用。

[饮用方法]

代茶频饮，每日1剂。

养生功效

具有生津止渴、降血糖的功效。

饮用宜忌

适宜胃燥津伤型糖尿病患者饮用。脾胃虚寒者不宜饮用。

黄精枸杞绿茶 滋阴润肺

[配方组成]

黄精 15克 

枸杞 15克 

绿茶 15克 

[制作方法]

❶ 将3种茶材混合均匀。

❷ 分为5份，分别装入茶包袋中。

❸ 取1袋，沸水冲泡10分钟后饮用。

[饮用方法]

代茶频饮，每日1剂。

养生功效

具有滋阴润肺、养阴生津的功效。

饮用宜忌

适宜阴虚型糖尿病患者饮用。脾虚有湿及泄泻者不宜饮用。

健康饮茶问与答

问 横县茉莉花茶有哪些特征?

答 横县茉莉花茶为新创名茶，属于再加工茶类，产于广西横县。其品质特征是：外形条索紧细，匀整显毫；内质香气浓郁，鲜灵持久，滋味醇爽细润，甘滑爽口，叶底嫩匀，耐冲泡。

女性保健茶包

■ 贫血　■ 痛经　■ 月经紊乱

都市女性由于长时间久坐电脑前不动，再加上不良的生活习惯和日积月累的工作压力，使得精神过度紧张、恐惧、忧伤，长此以往，就会导致营养不良、贫血，甚至出现黑眼圈、雀斑、皱纹增多等症状，这都是内分泌紊乱的警报，更主要的表现为痛经、月经紊乱等女人病。但并非吃了保健品就会改善的。女人如花，一定需要营养液来呵护，可以选用一些温和、适合女人的调养茶包，让女人远离疾病的困扰，优雅健康地绽放。

柠檬红糖茶　用于月经不调

[配方组成]

鲜柠檬 半个 

红糖 适量 

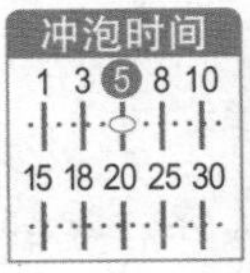

[制作方法]

❶ 将柠檬洗净、切片。
❷ 同红糖一起放入水杯中。
❸ 注入沸水，闷5分钟后饮用。

✲ 养生功效

具有益气补血、健脾暖胃、缓中止痛、活血化瘀的功效。

[饮用方法]

每日2剂，代茶频饮。

饮用宜忌

适宜贫血、体虚、月经不调的女性饮用。产妇排恶露期间不宜食用。

养生小贴士

1. 要养成良好的饮食习惯，多吃新鲜果蔬、高蛋白类的食物。
2. 多喝水，补充身体所需的水分。
3. 多参加各种运动锻炼，加强体质。
4. 避免过度劳累与激动，保持精神愉快，采用有效方法进行心理调适，以免不良情绪影响到内分泌系统。
5. 要有科学的生活规律，不要经常熬夜，以免造成荷尔蒙的分泌失衡，甚至不足。

桂圆枸杞茶 补血养血

[配方组成]

桂圆 10克 　枸杞 5克 

[制作方法]

❶ 将桂圆去皮、枸杞洗净，放入水杯中。
❷ 注入沸水，闷5分钟后。
❸ 加入冰糖，待融化后饮用。

✲ 养生功效

具有补血养血、健脑益智、补养心脾的功效。

[饮用方法]

每日1剂，随冲随饮。

饮用宜忌

适宜心脾虚损、气血不足所致的失眠、惊悸、眩晕者饮用。气虚胃寒、食少泄泻者慎饮。

养阴酸梅汤 用于更年期烦躁

[配方组成]

乌梅 20个 　红枣 10颗 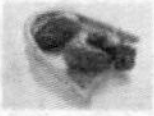　冰糖 10块 

[制作方法]

❶ 红枣掰开，与其他茶材混合。
❷ 分为5份，分别装入茶包袋中。
❸ 取1袋，沸水冲泡10分钟后饮用。

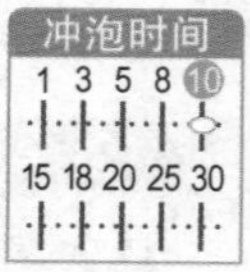

✲ 养生功效

具有清虚热、养气血的功效。

[饮用方法]

每日1剂，代茶频饮。

饮用宜忌

适宜更年期烦躁、睡觉出汗者饮用。有实邪者不可饮用。

健康饮茶问与答

问 为什么喝茶能止泻？

答 茶叶中含有的脂肪酸、芳香酸和鞣质类等具有杀菌、抗菌的作用，这样就能达到止泻的目的。而且茶叶中的茶多酚能与细菌蛋白结合，使细菌的蛋白质凝固变性导致细菌死亡，进而达到消除炎症的目的。一般来说腹泻都是由于体内有病菌而导致的，所以喝茶可通过杀菌来止泻。

金樱子茶 用于体虚白带多

[配方组成]

金樱子 15克

[制作方法]

1. 将金樱子捣碎，分成3份。
2. 将每份分别装入茶包袋中。
3. 取1份，沸水冲泡15分钟后饮用。

冲泡时间：15

养生功效

具有补肾固本、收敛止泻的功效。

[饮用方法]

每日1剂，代茶频饮。

饮用宜忌

适宜体虚白带多的妇女饮用。五心烦热，口干，舌红苔黄，或带下色黄气秽者忌饮。

黄芪归红饮 预防子宫肌瘤

[配方组成]

黄芪 10克

当归 10克

红糖 20克

[制作方法]

1. 把当归、黄芪放入锅内泡1个小时。
2. 大火煮沸，转小火煮30分钟。
3. 加入红糖，熬到浓稠，装入容器。

冲泡时间：30

养生功效

增强造血功能，活血生血，预防子宫肌瘤。

[饮用方法]

每次取1/20，放入水杯中，开水调稀饮用。

饮用宜忌

适宜气血虚弱者，以及贫血的更年期女性饮用。湿盛中满及大便溏泄者慎饮。

健康饮茶问与答

问 吃螃蟹后可以喝茶吗？

答 多数人吃完螃蟹后总是习惯性地喝点茶水，以为既可以解渴，又可以促消化。殊不知，这样反而会引起消化不良。一方面，吃螃蟹时饮茶水，会冲淡胃液，不仅妨碍消化吸收，还降低了胃液的杀菌作用，为细菌提供了可乘之机；另一方面，茶水和柿子一样，也含有鞣酸，同食会引起肠胃不适。

◀苹果皮炒米茶 用于孕期呕吐

[配方组成]

大米 20克  鲜苹果 1个 

[制作方法]

❶ 大米在无油锅中炒到焦黄，苹果洗净，取果皮。
❷ 取20克大米，连同果皮放入水杯中。
❸ 用沸水冲泡，闷10分钟后饮用。

[饮用方法]

每日2剂，代茶饮用。

冲泡时间：1 3 5 8 **10** 15 18 20 25 30

✲养生功效

防止妊娠呕吐，缓解孕期反应。

饮用宜忌

适宜怀孕妇女，以及食欲不振的人饮用。苹果要用加过面粉的清水泡洗。

◀核桃红糖茶 用于产妇恶露不净

[配方组成]

核桃仁 20克  红糖 30克 

[制作方法]

❶ 把核桃仁放入锅中。
❷ 大火煮沸，转小火煮30分钟。
❸ 加入红糖，待融化即可饮用。

[饮用方法]

每日1剂，代茶频饮。

冲泡时间：1 3 5 8 10 15 18 20 25 **30**

✲养生功效

活血、养血，调理产妇恶露不净。

饮用宜忌

适宜气血虚弱者，以及产后的女性饮用。坚持饮用，但不要过量。

健康饮茶问与答

问 孕妈妈喝茶有什么讲究？

答 孕妇如果喝茶太多、太浓，特别是饮用浓红茶，对胎儿就会产生危害。茶叶中的咖啡因具有兴奋作用，饮茶过多会刺激胎儿增加胎动，甚至危害胎儿的生长发育。茶叶中含有的鞣酸，可与孕妇食物中的铁元素结合成为一种不能被机体吸收的复合物。同时还会引起妊娠贫血的可能，胎儿也可能出现先天性缺铁性贫血。

艾叶三七茶 用于寒凝血瘀型痛经

[配方组成]

艾叶 10克

三七 6克

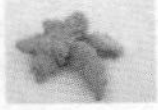

[制作方法]

1. 将艾叶、三七洗净。
2. 将2种茶材均放入水壶中。
3. 用沸水冲泡，闷10分钟后饮用。

[饮用方法]

每日1剂，代茶温饮，可反复冲泡。

养生功效

具有温经止血、散寒止痛的功效。

饮用宜忌

适用于月经不调、寒凝血瘀型痛经。阴虚血热者不可饮用。

佛手解郁茶 用于更年期抑郁症

[配方组成]

佛手片 6片

[制作方法]

1. 佛手洗净。
2. 放入水杯中，注入沸水。
3. 闷15分钟后即可。

[饮用方法]

每日1剂，代茶温饮，睡前饮用。

养生功效

可以缓解胸闷、腹胀，还可疏肝、去烦、助眠。

饮用宜忌

适用于多愁善感、忧郁脆弱、易心慌失眠的人群。阴虚有火，无气滞症状者慎饮。

健康饮茶问与答

问 喝茶真的可以抗子宫癌吗?

答 喝茶，特别是绿茶，可能会减少百分之六十患子宫癌的机会。绿茶似乎有最强的影响力，但任何一种平时喝的茶，对大幅度降低子宫癌的发生，都会产生有益效果。习惯性喝茶的人，即每天喝2~3杯，保持多年，能获得最佳收益。

益母草红糖茶 调经理气

[配方组成]

益母草 10克  红糖 适量 

[制作方法]

❶ 将益母草放入水杯中。
❷ 先冲洗一下，再注入沸水。
❸ 放入红糖，闷10分钟后饮用。

[饮用方法]

每日1~2剂，代茶温饮。

冲泡时间
1 3 5 8 10
15 18 20 25 30

✲ 养生功效

具有活血调经、利尿消肿的作用。

饮用宜忌

适用于女性经期腹痛者。但要在经前饮用，经期禁饮。

泽泻红糖茶 用于小便不利

[配方组成]

泽泻 15克 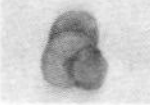 红糖 15克 

[制作方法]

❶ 将泽泻洗净，放入水杯中。
❷ 注入沸水，放入红糖。
❸ 闷10分钟后饮用。

[饮用方法]

每日1剂，代茶温饮。

冲泡时间
1 3 5 8 10
15 18 20 25 30

✲ 养生功效

具有利水、渗湿、泄热的功效。

饮用宜忌

适用于小便不利、水肿胀满等症。肾虚者不可饮用。

健康饮茶问与答

问 饮茶为什么可以减轻视疲劳?

答 茶叶中含有可转变为维生素A的胡萝卜素。维生素A具有滋养眼睛、防止夜盲症的作用，人体缺少维生素A就会影响视网内的感光作用，出现眼睛不适、夜间视物不清等眼部症状。多喝茶可以补充维生素B_1、胡萝卜素等物质，这些物质在肠壁和肝脏一系列酶的作用下，转化为维生素A，可以减轻视疲劳。

鸡血藤红糖茶 补气益血

[配方组成]

鸡血藤 15克  红糖 适量 

[制作方法]

1. 将鸡血藤洗净，放入水杯中。
2. 注入沸水，放入红糖。
3. 闷10分钟后饮用。

[饮用方法]

每日1剂，代茶温饮。

冲泡时间：1 3 5 8 **10** 15 18 20 25 30

养生功效

具有补气益血的功效。

饮用宜忌

适用于月经不调、血虚萎黄等症。气虚血弱，无风寒湿邪者忌饮。

玫瑰红糖茶 用于经期下腹痛

[配方组成]

玫瑰 3~5朵  红糖 适量 

[制作方法]

1. 将玫瑰放入水杯中。
2. 注入沸水，放入红糖。
3. 闷5分钟后饮用。

[饮用方法]

每日1剂，代茶温饮。

冲泡时间：1 3 **5** 8 10 15 18 20 25 30

养生功效

具有行气解郁、活血散瘀的作用。

饮用宜忌

适用于乳房胀痛、月经不调、赤白带下等症。虚火旺盛者不宜长期、大量饮服。

健康饮茶问与答

问 献血后一个月内为何不宜喝茶？

答 茶叶中含有较多的鞣酸，它易与蛋白质和铁相结合，生成不易被人体吸收的沉淀物，影响蛋白质和铁的吸收，进而影响献血者血细胞的再生。因此有饮茶习惯的朋友，在献血后的一个月内最好不要喝茶，可喝点果汁如猕猴桃汁、橙汁等，可补充维生素和叶酸，以促进血细胞的再生。

玫瑰香附茶 调经止痛

[配方组成]

玫瑰 3~5朵 
香附 10克 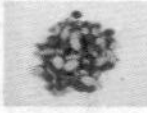
红茶 5克 

[制作方法]

❶ 将3种材料放入水杯中。
❷ 先用沸水冲泡一遍，再注入沸水。
❸ 加盖闷10分钟后饮用。

冲泡时间：1 3 5 8 **10** 15 18 20 25 30

[饮用方法]

每日1剂，代茶温饮。

养生功效

具有调经止痛、行气活血的作用。

饮用宜忌

适用于痛经、月经不调等症。阴虚血热或肺脾气虚者慎饮。

当归桃仁茶 改善痛经

[配方组成]

当归 15克 
桃仁 10克 

[制作方法]

❶ 将桃仁炒熟，当归洗净、捣碎。
❷ 放入水杯中，注入沸水。
❸ 加盖闷10分钟后饮用。

冲泡时间：1 3 5 8 **10** 15 18 20 25 30

[饮用方法]

每日1剂，代茶温饮。

养生功效

具有治疗妇女病、改善痛经的作用。

饮用宜忌

适用于月经不调、闭经等症。孕妇及便溏病人不宜饮用。

健康饮茶问与答

问 越岭特制桂花茶有哪些特征？

答 越岭特制桂花茶为新创名茶，属于再加工茶类，产于广西全州县桂北农场。桂花品种包括：金桂、银桂、丹桂、四季桂、石山桂等，其中金桂金黄，香气浓强，最适合窨制花茶。越岭特制桂花茶选用优质烘青茶坯和优质金桂精制而成。其品质特征是：外形圆条匀整；内质香气清幽，汤色金黄，滋味鲜醇，香浓持久。

玫瑰天麻茶 调经止痛

[配方组成]

玫瑰 3~5朵 　天麻 10克 

[制作方法]

1. 将玫瑰和天麻冲洗净。
2. 放入水杯中，注入沸水。
3. 加盖闷10分钟后饮用。

[饮用方法]

每日1剂，代茶温饮。

冲泡时间：1 3 5 8 10 15 18 20 25 30（10）

养生功效

具有调经止痛、镇定神经的作用。

饮用宜忌

适宜痛经、神经衰弱者饮用。阴虚、失血及湿热甚者不宜饮用。

香附天麻茶 温经止痛

[配方组成]

香附 3~5朵 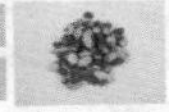　天麻 10克 

[制作方法]

1. 将香附和天麻冲洗净。
2. 放入水杯中，注入沸水。
3. 加盖闷10分钟后饮用。

[饮用方法]

每日1剂，代茶温饮。

冲泡时间：1 3 5 8 10 15 18 20 25 30（10）

养生功效

具有温经止痛、补血活血的作用。

饮用宜忌

适宜体寒、痛经、月经不调者饮用。阴虚、湿热甚者不宜饮用。

健康饮茶问与答

问 经期可以喝红茶吗？

答 红茶为热性，一般成年人只要饮用，各种茶叶都不会造成负面影响。然而对于经期的妇女来说，不可多饮，且时间均于用餐时间相隔半小时以上为宜，尤其是餐后，马上喝茶，茶多酚会阻碍身体里铁的分解，易导致缺铁性贫血。但在月经期间喝茶，特别是喝浓茶，可诱发或加重经期综合征。

金盏花玫瑰茶 舒缓痛经

[配方组成]

金盏花 3朵 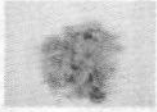 玫瑰 3朵 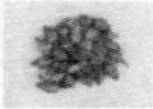

[制作方法]

❶ 将玫瑰和金盏花冲洗净。
❷ 放入水杯中，注入沸水。
❸ 加盖闷10分钟后饮用。

[饮用方法]

每日1剂，代茶温饮。

养生功效

具有舒缓痛经、调养气血的作用。

饮用宜忌

适宜痛经、新陈代谢失调者饮用。孕妇、幼儿均不可饮用。

玫瑰茉莉茶 调经补血

[配方组成]

茉莉 3朵 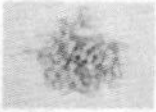 玫瑰 3~5朵 

[制作方法]

❶ 将玫瑰和茉莉冲洗净。
❷ 放入水杯中，注入沸水。
❸ 加盖闷10分钟后饮用。

[饮用方法]

每日1剂，代茶温饮。

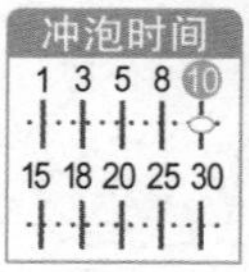

养生功效

具有调经补血、稳定情绪的作用。

饮用宜忌

适宜情绪不稳、痛经者饮用。怀孕的妇女不可饮用。

健康饮茶问与答

问 茶叶粥制法及功效是什么？

答 粳米50克，绿茶10克，红糖等适量。将粳米淘洗干净；绿茶煎煮成浓汁100毫升。粳米中加清水400毫升、茶汁及糖，用文火熬煮至熟即成。可以当饭食用，也可作点心吃。茶叶粥能辅助治疗急慢性痢疾、肠炎、急性肠胃炎及心脏病水肿等症。据《保生集要》说："茗粥，化痰消食，浓煎入粥。"

桃仁红花茶 祛瘀行血

[配方组成]

红花 10克  桃仁 10克 

[制作方法]

1. 将桃仁炒熟，红花洗净。
2. 放入水杯中，注入沸水。
3. 加盖闷10分钟后饮用。

[饮用方法]

每日1剂，代茶温饮。

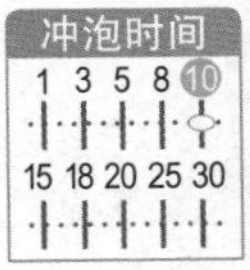

养生功效

具有祛瘀行血、润燥止痛的作用。

饮用宜忌

适宜瘀血、经络不通者饮用。孕妇不宜饮用。

金线莲红花茶 用于更年期综合征

[配方组成]

红花 10克  金线莲 10克 

[制作方法]

1. 将红花和金线莲洗净。
2. 放入水杯中，注入沸水。
3. 加盖闷10分钟后饮用。

[饮用方法]

每日1剂，代茶温饮。

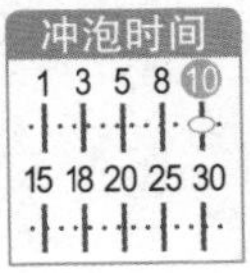

养生功效

具有活血润燥、缓解焦虑的功效。

饮用宜忌

适用于更年期综合征。孕妇不宜饮用。

健康饮茶问与答

问 为什么喝茶能通便?

答 茶叶中的茶多酚具有促进胃肠蠕动、促进胃液分泌的功效，茶叶经冲泡后，茶多酚被人体吸收，能达到通便的目的，使人体的有害物质及时地排出体外。现代人生活状态很紧张，生活不规律，很容易造成便秘。继而引发很多对身体不利的因素，如经常喝茶则能摆脱这些困扰。

白果金线莲茶　通淋止带

[配方组成]

白果 10克 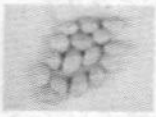　金线莲 10克 

[制作方法]

❶ 将白果和金线莲洗净。
❷ 放入水杯中，注入沸水。
❸ 加盖闷10分钟后饮用。

[饮用方法]

每日1剂，代茶温饮。

冲泡时间：1 3 5 8 10 15 18 20 25 30（10）

养生功效

具有通淋止带、消除酸痛的功效。

饮用宜忌

适宜腰酸背痛、白带过多者饮用。孕妇不宜饮用。

玫瑰益母草茶　用于闭经腹痛

[配方组成]

益母草 10克 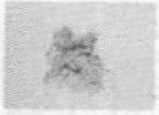　玫瑰 3朵 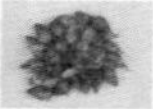

[制作方法]

❶ 将玫瑰和益母草冲洗净。
❷ 放入水杯中，注入沸水。
❸ 加盖闷10分钟后饮用。

[饮用方法]

每日1剂，代茶温饮。

冲泡时间：1 3 5 8 10 15 18 20 25 30（10）

养生功效

具有祛除瘀血、舒缓腹痛的作用。

饮用宜忌

适宜闭经腹痛、气滞血瘀者饮用。阴虚血少或妇女经期时不可饮用。

健康饮茶问与答

问 怎样制作童子敬观音?

答 配料：童子鸡1只，铁观音茶粉75克，生抽100克，桂皮、八角适量。调料：葱段、姜块各25克。制法：将童子鸡宰杀洗净，用沸水汆一下，过凉水浸透待用。将以上调料茶粉汇于一体，加水1000毫升烧沸，放入童子鸡，闷约4小时即成。童子敬观音不肥、不腻，肉质细嫩，茶香浓郁，是茶菜代表作之一。

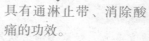

郁金川七茶 活血行气

[配方组成]

川七 3片  郁金 3片 

[制作方法]

❶ 将川七和郁金冲洗净。
❷ 放入水杯中，注入沸水。
❸ 加盖闷10分钟后饮用。

[饮用方法]

每日1剂，代茶温饮。

冲泡时间：1 3 5 8 **10** 15 18 20 25 30

养生功效

具有调经止痛、活血行气的作用。

饮用宜忌

适宜月经不调、痛经者饮用。阴虚失血、无气滞血瘀者及孕妇慎饮。

金线莲蒲公英茶 用于乳腺炎

[配方组成]

金线莲 15克  蒲公英 10克 

[制作方法]

❶ 将金线莲和蒲公英冲洗净。
❷ 放入锅中，注入适量水。
❸ 熬制20分钟后，取汁饮用。

[饮用方法]

每日1剂，代茶温饮，可以添加蜂蜜饮用。

冲泡时间：1 3 5 8 10 15 18 **20** 25 30

养生功效

具有清热止痛、消炎解毒的作用。

饮用宜忌

适宜乳腺炎、妇科炎症患者饮用。怀孕的妇女应酌情饮用。

健康饮茶问与答

问 紧压茶的泡饮方法是什么？

答 紧压茶是我国边区少数民族极为喜爱的一种茶类。由于砖茶与散茶不同，甚为紧实，所以在泡饮前必须先将砖茶捣碎；由于西藏、新疆、内蒙古一带属于高原地区，气压低，烧水不到100℃就沸腾，如用冲泡法泡砖茶，茶汁不易浸出，一般需用烹煮法，才能使茶汁浸出；砖茶烹煮时，大多加佐料，采用调饮方式喝茶。

蒲公英郁金茶 用于乳腺炎

[配方组成]

蒲公英 9克  郁金 3片 

[制作方法]

❶ 将蒲公英和郁金冲洗净。
❷ 放入水杯中，注入沸水。
❸ 加盖闷10分钟后饮用。

[饮用方法]

每日1剂，代茶温饮。

冲泡时间：1 3 5 8 10 15 18 20 25 30

✲ 养生功效

具有消除肿胀、改善乳腺炎的作用。

饮用宜忌

适宜气滞血瘀、乳腺不通患者饮用。阴虚失血、无气滞血瘀者及孕妇慎饮。

玫瑰升麻茶 用于子宫脱垂

[配方组成]

升麻 8克  玫瑰 3朵 

[制作方法]

❶ 将玫瑰和升麻冲洗净。
❷ 放入水杯中，注入沸水。
❸ 加盖闷10分钟后饮用。

[饮用方法]

每日1剂，代茶温饮。

冲泡时间：1 3 5 8 10 15 18 20 25 30

✲ 养生功效

具有解热镇痛、升举阳气的作用。

饮用宜忌

适宜子宫脱垂、久泻者饮用。上盛下虚、阴虚火旺者不可饮用。

健康饮茶问与答

问 **为什么喝茶能帮助消化？**

答 由于茶含有茶单宁酸成分，它具有促进胃液分泌的功能，并有提升胃肠蠕动作用，故能有效帮助消化。茶叶中的咖啡碱也能提高胃液的分泌量，可以帮助消化。而且茶叶中的咖啡碱和黄烷醇类还有松弛消化道的功能，这样对消化非常有利，并且能预防消化器官疾病的发生。

男性保健茶包

■ 头痛 ■ 失眠 ■ 腰肌劳损

在很多男人的生活里，总是应酬不断、烟酒不离，时常是拖着一身疲倦，大醉而归。男人自己也很清楚，这些都是危害健康的杀手，但迫于工作和压力，只能任其发展。可长此以往，危害就慢慢逼近了，会出现头痛、失眠、腰肌劳损等状况，特别是对消化道、肝脏、肾脏的损伤尤为严重，而且还会大大增加，患上肝硬化和脂肪肝的可能性。那么，在工作之余，请男士们停下忙碌的脚步，泡点温和养身的茶水，来挽回已渐行渐远的健康吧。

枸杞茯苓茶 用于肾虚、畏寒

[配方组成]

枸杞 50克

茯苓 50克

[制作方法]

❶ 将枸杞、茯苓洗净，放入砂锅中。
❷ 加入适量水，煮沸后改小火煎30分钟。
❸ 滗出药汁，放入冰箱冷藏。

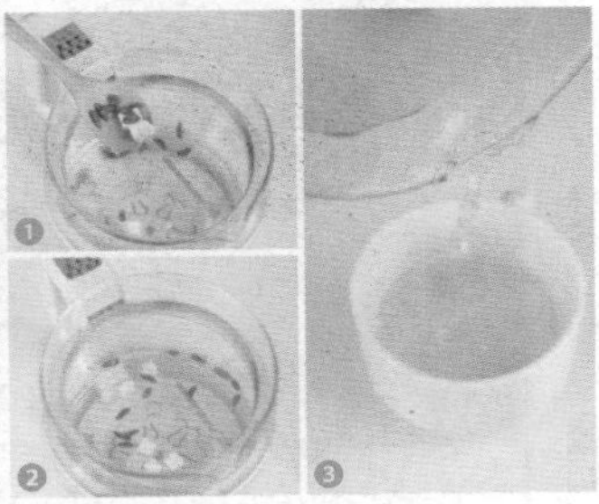

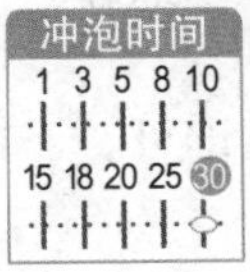

✲ 养生功效

具有补肾益精、养肝明目、补血安神的功效。

[饮用方法]

每次取出1/10，调稀温饮。

饮用宜忌

适宜肾虚、胃寒者饮用。虚寒精滑或气虚下陷者忌饮。

养生小贴士

1. 每餐定时八分饱，此外，要细嚼慢咽，多吃软、烂、加工细的食物。
2. 平时要多吃维生素C含量高的水果，比如橙子、橘子等。
3. 保护肝脏的最好办法就是戒酒，不过，如果喝醉了，可以用葛花泡茶喝。
4. 少喝浓茶、烈酒、咖啡，也要少吃生冷、辛辣食物，从而减少胃酸分泌。
5. 要经常进行户外锻炼，以增强体质。

西洋参薄荷茶 提神解乏

[配方组成]

鲜薄荷叶 5片 
干柠檬片 2片 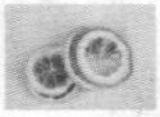
西洋参 3克 

[制作方法]

1. 将薄荷叶、柠檬片、西洋参一同放入水杯中。
2. 先冲洗一下，再注入沸水。
3. 加盖闷10分钟后饮用。

[饮用方法]

每日1剂，饮用3~4次。

冲泡时间：1 3 5 8 **10** 15 18 20 25 30

养生功效

具有清利头目、疏肝行气、提神醒脑功效。

饮用宜忌

适宜工作忙碌、身心疲惫的人饮用。晚上不宜饮用过多，以免造成睡眠困扰。

五味子滋补茶 用于有气无力、心烦急躁

[配方组成]

五味子 15克 
蜂蜜 适量 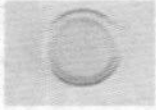

[制作方法]

1. 将五味子洗净，放入锅中，加入适量水煮沸。
2. 转小火煮20分钟，关火浸泡10分钟。
3. 取汁，倒入容器内，饮用时调入蜂蜜即可。

[饮用方法]

每日1剂，取适量倒入随身杯中，代茶温饮。

冲泡时间：1 3 5 8 10 15 18 20 25 **30**

养生功效

具有强身补气、益气生津、减缓疲劳的功效。

饮用宜忌

适宜有气无力、心烦急躁的人饮用。湿热症状明显者不宜饮用。

健康饮茶问与答

问 不同人群适合饮什么茶？

答 茶历来被人们视为延年益寿的饮品，也是治疗疾病的良药。但饮茶不可乱饮，要因人而定，因病而饮。老年人以饮红茶为宜；妇女、儿童则宜饮淡绿茶；术后病人宜喝高级绿茶；便秘者喝点淡绿茶；胃病者最宜喝红茶；如果是体力劳动者宜喝浓绿茶；若是脑力劳动者喝点高级绿茶，有助神思。

茉莉醒脑茶 用于身子乏、没精神

[配方组成]

茉莉花 2朵  玫瑰 3朵 

[制作方法]

❶ 将茉莉、玫瑰花一起放入水杯中。
❷ 先用沸水冲洗一下，倒出。
❸ 再注入沸水，加盖闷5分钟即可。

[饮用方法]

每日1剂，代茶频饮。

冲泡时间：1 3 5 8 10 15 18 20 25 30（5）

养生功效

有理气安神、消除郁闷、减低头痛的作用。

饮用宜忌

适宜身子乏、没精神的人饮用。体质虚寒、脾胃虚弱者慎饮。

刺五加茉莉花茶 助眠安神

[配方组成]

刺五加 5克 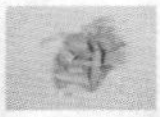 茉莉花 2朵 

[制作方法]

❶ 将茉莉、刺五加一起放入水杯中。
❷ 先用沸水冲洗一下，倒出。
❸ 再注入沸水，加盖闷5分钟即可。

[饮用方法]

每日1剂，代茶频饮。

冲泡时间：1 3 5 8 10 15 18 20 25 30（5）

养生功效

具有补肾益气、健脾安神的功效。

饮用宜忌

适用于心脾两虚引起的失眠、健忘。体质虚寒、脾胃虚弱的人不宜饮用。

健康饮茶问与答

问 喝茶后需要漱口吗?

答 茶不是开水，清淡无色，它具有其他饮料无法比拟的营养素。很多人都有喝茶的习惯，包括各种红茶、绿茶、花茶、中草药茶等。茶中含的茶多酚、茶多糖、茶色素、茶皂素、咖啡因虽然对人体很有好处，但这些成分对牙齿也会造成损害或者使牙齿产生色素沉着，所以，喝完茶后是需要漱口的。

当归芦荟茶 补气血、强身体

[配方组成]

新鲜芦荟 20克  当归 10克  冰糖 8块 

[制作方法]

❶ 将芦荟冲洗干净、剥去绿皮、切小丁。
❷ 当归洗净，放入锅中。
❸ 煮开后转小火，放入冰糖搅动，熬20分钟即可。

[饮用方法]

每次取两大匙，放入水杯中，加纯净水稀释饮用。

冲泡时间：1 3 5 8 10 15 18 **20** 25 30

养生功效

排毒清肠胃，对肠胃有热、经常便秘的年轻人有帮助。

饮用宜忌

适合心血管疾病、糖尿病、癌症者饮用。脾胃虚寒者不宜饮用。

桃红茶 用于腰肌劳损

[配方组成]

红花 9克 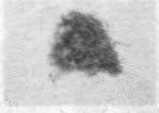 核桃仁 12克 

[制作方法]

❶ 将红花、桃仁放入杯中。
❷ 注入沸水，盖上盖。
❸ 闷5分钟后即可饮用。

[饮用方法]

每日1剂，饮用1~2次。

冲泡时间：1 3 **5** 8 10 15 18 20 25 30

养生功效

对于活血通经、散瘀止痛有一定功效。

饮用宜忌

适宜腰部刺痛或胀痛的人饮用。坚持饮用，但不要过量。

健康饮茶问与答

问 喝茶能预防前列腺癌吗?

答 茶叶中含有近10种维生素和胡萝卜素。相比经过发酵处理的红茶，绿茶保留下来的维生素含量要大大高于红茶。由于绿茶更为“保鲜”，对造血、利尿、强心和抗肿瘤等都具有一定作用。红茶能提神醒脑、绿茶能清热解毒，饮茶不仅可以预防前列腺癌，还有助于降低胆固醇，减少由吸烟引起的细胞伤害。

芹菜根荷叶茶 保护肠胃、解酒降火

[配方组成]

芹菜根 3~5个 
荷叶 1张 

[制作方法]

1. 先将芹菜根洗干净，荷叶撕成条。
2. 放入水壶中，再注入沸水。
3. 冲泡10分钟后饮用。

冲泡时间：1 3 5 8 10 / 15 18 20 25 30（10）

[饮用方法]

代茶频饮，每日1剂。

养生功效

具有清火、利肝、保护肠胃的功效。

饮用宜忌

适宜肝火旺、饮酒过多者饮用。脾胃虚寒、大便溏泻者不宜饮用。

芹菜红枣茶 用于头痛、头晕

[配方组成]

芹菜根 3个 
红枣 8颗 

[制作方法]

1. 芹菜洗净、切段，红枣洗净、去核。
2. 一同放入砂锅，加入适量水。
3. 煮沸后，转小火煎20分钟。

冲泡时间：1 3 5 8 10 / 15 18 20 25 30（20）

[饮用方法]

取汁饮用，每日1剂。

养生功效

具有补中益气、降压降脂的功效。

饮用宜忌

适宜早期高血压病所致的头痛、头晕者饮用。脾胃虚寒、大便溏泻者不宜饮用。

健康饮茶问与答

问 为什么说粗茶更适合男性饮用？

答 男性平时应酬多，相应的饮酒就会多，肥甘味厚的食物吃地也就多，因此对心脑血管的负面影响就会大。而饮粗茶可以帮助男性预防心脑血管疾病。其含有的茶丹宁则能降低血脂，防止血管硬化，保持血管畅通，维护心、脑血管的正常功能。而且含有的茶多酚能抑制自由基在人体内造成的伤害，有抗衰老作用。

枸杞夏枯草茶 补肝肾、提高免疫力

[配方组成]

夏枯草 10克  枸杞 5克 

[制作方法]

❶ 将夏枯草、枸杞洗净。
❷ 放入水杯中，注入沸水。
❸ 闷5分钟后饮用。

[饮用方法]

每日1剂，代茶频饮。

冲泡时间：1 3 ⑤ 8 10 15 18 20 25 30

养生功效

可补肝肾，提高身体免疫力。

饮用宜忌

适宜不经常运动，免疫力低下者饮用。脾胃虚弱者不可饮用。

人参壮阳茶 壮阳补元、强肾益气

[配方组成]

人参片 5片  绿茶 3克 

[制作方法]

❶ 将人参、绿茶放入水杯中。
❷ 先冲洗一下，再注入沸水。
❸ 闷5分钟后即可饮用。

[饮用方法]

每日1~2剂，代茶饮用。

冲泡时间：1 3 ⑤ 8 10 15 18 20 25 30

养生功效

具有壮阳补元、强肾益气的功效。

饮用宜忌

适用于男性性功能障碍等症。阴虚火旺的人不宜饮用。

健康饮茶问与答

问 常吸烟的男性适合喝什么茶?

答 吸烟会对肺脏和咽喉造成伤害，这是众所周知的。例如，吸烟的人会经常咳嗽，这是因为香烟中的有害物质污染了口腔和咽喉部位。此时，男性朋友可以饮用胖大海茶，有润喉的作用。如果咳嗽的比较严重，更适合喝罗汉果茶，不仅有清咽利喉作用，还能止咳化痰，保养肺部。

枸杞绿茶 补肾、提神

[配方组成]

枸杞 10克 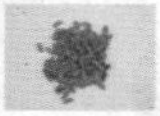 绿茶 5克 

[制作方法]

❶ 将枸杞、绿茶放入水杯中。
❷ 先冲洗一下，再注入沸水。
❸ 闷5分钟后饮用。

[饮用方法]

每日2剂，代茶频饮。

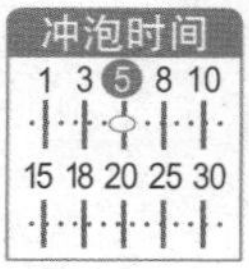

养生功效

具有补肝肾、提神醒脑的作用。

饮用宜忌

适于肾气不足，性欲下降者饮用。脾胃虚弱的人，应少量饮用。

核桃杏仁茶 补血固精

[配方组成]

苦杏仁 15克  核桃仁 15克 

[制作方法]

❶ 将2种材料捣碎，混合均匀。
❷ 分成3等份，分别装入3个茶包袋中。
❸ 取1袋，沸水冲泡20分钟后饮用。

[饮用方法]

每日1剂，代茶温饮。

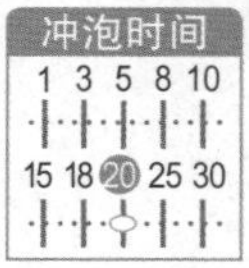

养生功效

具有滋阴润肺、补血固精的功效。

饮用宜忌

适宜工作忙碌、喝酒应酬的人饮用。风热、湿痰咳嗽者不宜饮用。

健康饮茶问与答

问 **什么是有机茶？**

答 有机茶是一种按照有机农业的方法进行生产加工的茶叶。在其生产过程中，完全不施用任何人工合成的化肥、农药、植物生长调节剂、化学食品添加剂等物质生产，并符合国际有机农业运动联合会（IFOAM）标准，经有机食品颁证组织发给证书。有机茶叶是一种无污染、纯天然的茶叶。以绿茶为主，部分为红茶、乌龙茶等。

覆盆子茶 益肾涩精

[配方组成]

覆盆子 18克 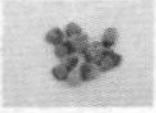 绿茶 18克 

[制作方法]

❶ 将覆盆子捣碎，与绿茶混合均匀。
❷ 分成3等份，分别装入3个茶包袋中。
❸ 每次取1袋，沸水冲泡，闷20分钟后饮用。

冲泡时间
1 3 5 8 10
15 18 20 25 30

✲养生功效

具有补肝肾、缩小便、助阳、固精的功效。

[饮用方法]

每日1剂，代茶温饮。

饮用宜忌

适宜肝亏虚者、阳痿者、遗精者饮用。肾虚有火，小便短涩者慎饮。

车前子茶 用于肾虚遗精、小便频数

[配方组成]

车前子 30克  绿茶 30克 

[制作方法]

❶ 将车前子捣碎，与绿茶混合均匀。
❷ 分成6等份，分别装入6个茶包袋中。
❸ 每次取1袋，沸水冲泡，闷20分钟后饮用。

冲泡时间
1 3 5 8 10
15 18 20 25 30

✲养生功效

具有通小便、壮阳、补血固精的功效。

[饮用方法]

每日1剂，代茶温饮。

饮用宜忌

适宜脱精、小便频数者饮用。肾虚寒者不宜饮用。

健康饮茶问与答

问 为什么喝茶能预防高脂血?

答 血脂是指血液中的脂类，如果人体内的血脂升高，会引起许多疾病，例如肥胖症、冠心病、糖尿病等。而茶叶具有降低血脂，改善血管的作用。茶叶还能预防肥胖，提高机体的免疫能力。尤其是绿茶可以降低血脂，并且还有预防高血脂症发生的作用。

麦冬当归茶 和肝理气

[配方组成]

麦冬片 3片 　当归片 5片 　冰糖 适量 

[制作方法]

❶ 将麦冬、当归洗净。
❷ 放入锅中，再注入适量水。
❸ 调入冰糖，熬制30分钟后饮用。

冲泡时间
1 3 5 8 10
15 18 20 25 30

✲ 养生功效

具有和肝理气、清心除烦的功效。

[饮用方法]

代茶频饮，每日1剂。

饮用宜忌

适宜口渴、咽干、大便干结者饮用。脾胃虚寒者不宜饮用。

枸杞洋参糖茶 滋阴补肾

[配方组成]

枸杞 10克 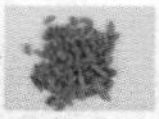　西洋参 3片 　冰糖 适量 

[制作方法]

❶ 将枸杞、西洋参洗净。
❷ 放入水杯中，注入沸水。
❸ 调入冰糖，闷10分钟后饮用。

冲泡时间
1 3 5 8 10
15 18 20 25 30

✲ 养生功效

具有滋阴补肾、清热生津的功效。

[饮用方法]

代茶频饮，每日1剂。

饮用宜忌

适宜气虚阴亏、虚热烦倦者饮用。中阳衰微，胃有寒湿者忌饮。

健康饮茶问与答

问 **为什么喝茶能防治脂肪肝？**

答 茶叶中的儿茶素可以降低胆固醇的吸收，具有很好的降血脂及抑制脂肪肝的功能。对于患有脂肪肝的病人来说，茶叶中多种营养成分也对人体有很好的保健作用。红茶、绿茶、乌龙茶、白茶、黑茶和黄茶均有降脂的效果，其中以绿茶最佳。

夏枯草陈皮糖茶 清肝明目

[配方组成]

夏枯草 8克 
陈皮 5克 
红糖 适量 

[制作方法]

❶ 将夏枯草、陈皮洗净。
❷ 放入水杯中，注入沸水。
❸ 加入红糖，闷10分钟后饮用。

冲泡时间
1 3 5 8 10
15 18 20 25 30

[饮用方法]

代茶频饮，每日1剂。

养生功效

具有解热利湿、清肝明目的功效。

饮用宜忌

适宜小便不利、肝胆不好的人群饮用。阴虚火旺者不宜饮用。

灵芝甘草蜜茶 保肝强身

[配方组成]

灵芝 6克 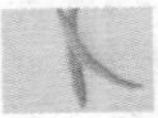
甘草 6克 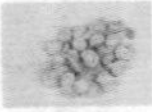
蜂蜜 适量 

[制作方法]

❶ 将灵芝、甘草洗净。
❷ 放入水杯中，注入沸水。
❸ 闷10分钟，加入蜂蜜饮用。

冲泡时间
1 3 5 8 10
15 18 20 25 30

[饮用方法]

代茶频饮，每日1剂。

养生功效

具有解热利湿、清肝明目的功效。

饮用宜忌

适宜小便不利、肝胆不好的人群饮用。慢性活动性肝炎不宜饮用。

健康饮茶问与答

问 **熟茶是指什么？**

答 熟茶是在生普洱的基础上经自然陈化或人工渥堆快速陈化而来的，多数呈现红褐色，甚至是黑色。熟茶的过程主要是两大类，一是自然陈化，也就是将生茶放置在通风干燥的环境下随着时间的推移而慢慢陈化而来的。二是经人工渥堆技术，用几个月的时间即可达到自然陈化数年时间才能达到的某些特点。

◀首乌丹参绿茶 宁神减压

[配方组成]

首乌 5克  丹参 6克  绿茶 5克 

[制作方法]

1. 将首乌和丹参切片。
2. 同绿茶放入水杯中，用沸水冲泡一遍。
3. 再注入沸水，冲泡10分钟后饮用。

[饮用方法]

代茶频饮，每日1剂。

冲泡时间：1 3 5 8 **10** 15 18 20 25 30

✲养生功效

具有宁神减压、清心除烦的功效。

饮用宜忌

适宜心理压力大、心情烦躁的人群饮用。泄泻便稀、腹胀者不宜饮用。

◀首乌女贞地黄茶 肝肾阴亏

[配方组成]

首乌 15克  女贞子 12克  熟地黄 15克 

[制作方法]

1. 将3种茶材捣碎、混合均匀。
2. 分成3份，分别装入茶包袋中。
3. 取1袋，沸水冲泡10分钟后饮用。

[饮用方法]

代茶频饮，每日1剂。

冲泡时间：1 3 5 8 **10** 15 18 20 25 30

✲养生功效

具有益精填髓、强筋健骨的功效。

饮用宜忌

适宜肝肾阴亏、潮热盗汗、遗精阳痿者饮用。腹满便溏者不宜饮用。

健康饮茶问与答

问 生普洱好还是熟茶好呢？

答 生普洱味烈，消食化痰，清胃生津；熟普洱味平不伤胃，具有很好的品饮及保健功能，还有一定的抗癌功效。由于人工渥堆发酵的熟茶具有很大的损耗，所以近些年做熟茶的极少，即使做出也是价格很高，就目前来说最好还是选择生茶自己收藏转化熟茶，以此达到边喝边藏的效果，数年后也可一尝自己的收藏成果。

桑菊山楂茶 清肝明目

[配方组成]

山楂 2粒 
菊花 3朵 
桑叶 5克 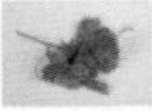

[制作方法]

❶ 将3种茶材洗净。
❷ 放入锅中，再注入适量水。
❸ 熬制30分钟后，取汁饮用。

[饮用方法]

代茶频饮，每日1剂。

✲ 养生功效

具有清肝明目、清肺润燥的功效。

饮用宜忌

适宜头晕头痛、目赤昏花者饮用。素体虚寒者不宜饮用。

天门冬人参地黄茶 补肾益精

[配方组成]

天门冬 12克 
人参 12克 
熟地黄 12克 

[制作方法]

❶ 将3种茶材捣碎，混合均匀。
❷ 将茶材分成4份。
❸ 取1份，沸水冲泡10分钟后饮用。

[饮用方法]

代茶频饮，每日1剂。

✲ 养生功效

具有补肾益精、养阴生津的功效。

饮用宜忌

适宜虚劳咳嗽、津伤口渴者饮用。胃泄泻者不宜饮用。

健康饮茶问与答

问 为什么喝茶能消除口臭？

答 日常生活中如果不注意口腔卫生会发生口臭。喝茶在抑制细菌的同时还可除臭，特别是对去除酒臭、烟臭、蒜臭效果很好。饭后用茶水漱口，可以清洁口腔内的残留物质，除了可以消除饭后食物渣屑引起的口臭外，同时也能够去除因胃肠障碍所引起的口臭。因此，在饭后喝茶能有效地除口臭。

山楂丹参黄芪茶 补肾强身

[配方组成]

山楂 15克  丹参 5克  黄芪 8克 

[制作方法]

❶ 将3种茶材洗净、捣碎。
❷ 放入锅中，再注入适量水。
❸ 熬制30分钟后，取汁饮用。

[饮用方法]

代茶频饮，每日1剂。

饮用宜忌

适宜气虚乏力、食少便溏者饮用。素体虚寒者不宜饮用。

养生功效

具有补肾强身、保肝利尿的功效。

人参陈皮红枣茶 用于脾胃不和

[配方组成]

人参 12克  陈皮 15克  红枣 6颗 

[制作方法]

❶ 将3种茶材捣碎，混合均匀。
❷ 分成3份，分别装入茶包袋中。
❸ 取1袋，沸水冲泡10分钟后饮用。

[饮用方法]

代茶频饮，每日1剂。

饮用宜忌

适宜脾胃不和、气虚体燥者饮用。便溏泄泻者不宜饮用。

养生功效

具有调和脾胃、养血安神的功效。

健康饮茶问与答

问 什么是绿色食品茶叶？

答 是在20世纪90年代初提出绿色食品生产、加工标准进行生产加工的，产品面向国内市场，是由专门机构认定，使用绿色食品标志的产品。绿色食品为AA级和A级，AA级绿色食品茶与有机茶要求相近，在生产过程中不得使用化学合成物质。A级绿色食品虽可使用化肥、农药等化学合成物质，但有严格的标准。

麦冬地黄糖茶 用于心烦失眠

[配方组成]

麦冬片 3片 
熟地黄 5克 
红糖 适量 

[制作方法]

❶ 将麦冬、熟地黄洗净。
❷ 放入锅中，再注入适量水。
❸ 调入红糖，熬制30分钟后饮用。

[饮用方法]

代茶频饮，每日1剂。

养生功效

具有益精填髓、益胃生津的功效。

饮用宜忌

适宜心烦失眠、内热消渴者饮用。脾胃虚寒者不宜饮用。

白术茯苓甘草茶 用于小便不利

[配方组成]

白术 9克 
茯苓 12克 
甘草 18克 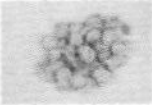

[制作方法]

❶ 将3种茶材捣碎，混合均匀。
❷ 分成3份，分别装入茶包袋中。
❸ 取1袋，沸水冲泡10分钟后饮用。

[饮用方法]

代茶频饮，每日1剂。

养生功效

具有益气健脾、渗湿利水的功效。

饮用宜忌

适宜小便不利、水肿胀满者饮用。腹胀及小便多者不宜饮用。

健康饮茶问与答

问 什么是“年份茶”铁观音老茶?

答 陈年铁观音是铁观音茶叶中的高级茶品，经烘焙冷却后密封，置于石木结构的特别仓窖中储藏，酷暑不热，严寒不冷，沉淀着大量精华物。具有“醇、滑、清、爽”，沉香凝韵，绵甜甘醇的特点。陈年老茶性温，有暖胃、补气、降脂、降压和安神的作用。

佛手生姜红糖茶 疏肝理气

[配方组成]

佛手 3片 
生姜 3片 
红糖 适量 

[制作方法]

❶ 将佛手、生姜洗净、切片。
❷ 放入锅中，再注入适量水。
❸ 调入红糖，熬制30分钟后饮用。

[饮用方法]

代茶频饮，每日1剂。

饮用宜忌

适宜肝郁气滞、脾胃不和者饮用。外感风寒患者不宜饮用。

养生功效

具有疏肝理气、调和脾胃的功效。

桂花白糖红茶 开胃消食

[配方组成]

桂花 8克 
红茶 5克 
白糖 少许 

[制作方法]

❶ 将桂花和红茶放入水杯中。
❷ 先用沸水冲泡一遍，再注入沸水。
❸ 调入白糖，闷10分钟后饮用。

[饮用方法]

代茶频饮，每日1剂。

饮用宜忌

适宜牙痛、口臭、食欲不振者饮用。大便燥结者不宜饮用。

养生功效

具有开胃消食、平肝生津的功效。

健康饮茶问与答

问 什么是炭焙铁观音?

答 炭焙铁观音是在传统半发酵的铁观音茶基础上再次用木炭进行约5~12小时的炭焙，属于传统正味的好茶。口感顺滑，拥有天然的火香味。炭焙型的茶叶回甘特别，有独特的口感，品尝之后喉咙特别的舒爽。带有强烈的火香味；在冲泡之后茶色汤水深黄，一般刚接触茶叶的人会喝不习惯。

小儿健康茶包

■ 咳嗽 ■ 积食 ■ 厌食 ■ 遗尿 ■ 流涎

健康是我们每个人都非常重视的一个大话题，尤其是小儿健康，更是每个家长揪心的大事。小孩子的一些小病，如小儿咳嗽、小儿积食、小儿厌食、小儿遗尿、小儿流涎、小儿口疮、小儿风寒泻等症状，往往去医院担心用药对孩子身体有害，不去又怕耽误治疗的最佳时机，所以，多数家长越来越趋向于，给孩子准备一些健康无害的调养茶包，好喝又可治病，安全又无副作用。这样一来，孩子健康又开心，家长也省心、放心。

陈皮红茶 促食欲、暖肠胃

[配方组成]

陈皮 10克 
红茶 5克 

[制作方法]

❶ 将陈皮撕碎。
❷ 将陈皮与绿茶冲洗一遍，放入杯中。
❸ 再注入沸水，闷5分钟。

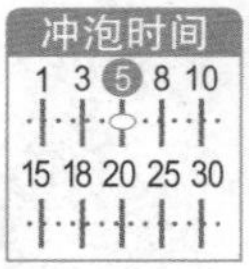

✲ 养生功效

具有开胃、止呕，促进食欲的功效。

饮用宜忌

适用于小儿厌食、胃寒等症。舌红少苔之阴虚火者不宜服。

[饮用方法]

每日1剂，代茶饮用。

养生小贴士

1. 饮食宜清淡卫生，不要吃过冷、过烫的食物。
2. 另外还需注意局部保暖。宝宝睡熟以后腹部要盖以薄被或毯子。
3. 要经常带宝宝到外面晒太阳，呼吸新鲜空气。
4. 要经常和宝宝交流，开发宝宝的智力。
5. 可以和宝宝做一些游戏，让宝宝在游戏中成长。

柳橙香醋开胃茶 用于小儿厌食

[配方组成]

柳橙 1个  苹果醋 半瓶  绿茶 3克 

[制作方法]

❶ 将柳橙洗净、切片，与绿茶同放入杯中。
❷ 注入沸水，闷5分钟。
❸ 倒入苹果醋搅匀饮用。

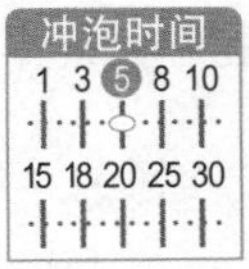

[饮用方法]

每日1剂，代茶频饮。

饮用宜忌

适用于小儿厌食。不喜欢太酸味道，或者有龋齿的儿童慎饮。

养生功效

具有开胃、消食的功效。

山楂胡萝卜茶 用于小儿积食

[配方组成]

干山楂 10克  胡萝卜 5片 

[制作方法]

❶ 把胡萝卜洗净、切丁。
❷ 与山楂一起放到水杯中。
❸ 用沸水冲泡，闷10分钟。

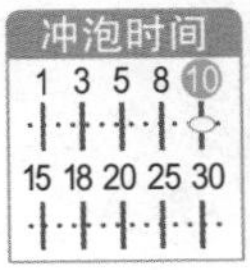

[饮用方法]

每日当茶饮用，当日可以反复冲泡。

饮用宜忌

适用于消化不良、小儿积食等症。体弱气虚者不宜饮用。

养生功效

调理吃肉食过多消化不良引起的积食。

健康饮茶问与答

问 刚采摘下来的茶怎么会诱发胃病?

答 由于新茶刚采摘回来，存放时间短，含有较多的未经氧化的多酚类、醛类及醇类等物质，这些物质对健康人群并没有多少影响，但对胃肠功能差的人尤其是慢性胃肠道炎症患者就有影响了。这些物质对胃肠黏膜有较强的刺激作用，因此原本胃肠功能较差的人就容易诱发胃病。

马齿苋茶 用于小儿湿热泻

[配方组成]

马齿苋 20克  绿茶 15克  红糖 适量 

[制作方法]

❶ 把马齿苋洗净，同绿茶放入锅中。
❷ 大火煮沸，转小火煮30分钟。
❸ 加入红糖，待熔化即可饮用。

[饮用方法]

每日1剂，代茶频饮。

冲泡时间
1 3 5 8 10
15 18 20 25 30 (30)

✲养生功效

有清热解毒、散血消肿、抗菌的作用。

饮用宜忌

适用于小儿湿热型腹泻。吃肉食忌饮茶，否则会导致便秘。

藿香苍术茶 用于小儿风寒泻

[配方组成]

藿香 15克 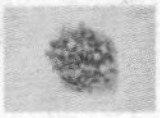 苍术 10克  绿茶 5克 

[制作方法]

❶ 把藿香、苍术、绿茶放到水杯中。
❷ 先冲洗一下，再注入沸水。
❸ 加盖闷5分钟后饮用。

[饮用方法]

每日1剂，代茶饮用。

冲泡时间
1 3 5 8 10 (5)
15 18 20 25 30

✲养生功效

有清暑防暑、化湿解表、利湿和胃的作用。

饮用宜忌

适用于消化不良、风寒腹泻的儿童。阴虚火旺、胃弱欲呕者不宜饮用。

健康饮茶问与答

问 为什么忌喝过烫茶？

答 茶叶作为一种健康饮料，已被越来越多的人所喜爱，现在很多人都有喝茶的习惯，尤其是有一些人喜欢喝刚泡好的过烫的茶。太烫的茶水对人的喉咙、食道和胃刺激较强，长期喝烫茶容易导致这些器官的组织增生，产生病变，甚至诱发食管癌等恶性疾病。所以，喜欢喝过烫的茶对健康有害。

雪梨生地饮 健脾胃、促食欲

[配方组成]

生地 25克  雪梨 1个 

[制作方法]

1. 雪梨洗净、去核、切片，生地洗净。
2. 全部放入锅中，加入适量水。
3. 加盖熬制30分钟后饮用。

[饮用方法]

每日1剂，代茶频饮，当日饮完。

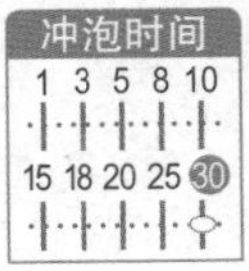

养生功效

有滋阴生津、健脾胃、促食欲的功效。

饮用宜忌

适宜津液不足、脾胃不和的儿童饮用。阳虚体质及脾胃有湿邪、舌苔白腻者忌饮。

红糖蜜茶 改善胃部虚寒

[配方组成]

红茶 5克  红糖 适量 

[制作方法]

1. 红茶放到水杯中，先冲洗一下。
2. 再注入沸水，放入红糖。
3. 闷5分钟后即可饮用。

[饮用方法]

每日2剂，代茶频饮。

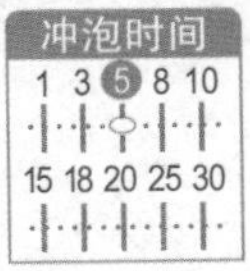

养生功效

有清暑防暑、化湿解表、利湿和胃的作用。

饮用宜忌

适用于消化不良、风寒腹泻的儿童。口渴、舌红少苔之阴虚火旺者不宜饮用。

健康饮茶问与答

问 为什么要在茶水里放盐?

答 盐既是一种调味料，也能“调和脏腑、消宿物”。大家都知道，每天早晨刷牙后在白开水里放一点儿盐饮用，有排便的功能。然而茶本身就是极其优秀的药材，还用放盐吗?是的，在茶水中，也可以加入少量的食盐。早饭后喝一杯淡盐茶，有利于降火益肾、保持大便通畅、改善肠胃的消化吸收功能。

白术山药茶 健胃补脾

[配方组成]

山药 1根  白术 8克 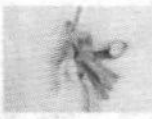

[制作方法]

❶ 将山药洗净去皮、切薄片，白术洗净。
❷ 同放入锅内，加水适量，用大火煎沸。
❸ 再改用文火煮30分钟后饮用。

[饮用方法]

每日1剂，温服，饮汁食山药。

养生功效

具有健胃补脾、燥湿利水的功效。

饮用宜忌

适宜脾虚食少、腹胀泄泻者饮用。阴虚燥渴、气滞胀闷者不宜饮用。

薏米山楂茶 健胃、消除腹胀

[配方组成]

薏米 20克  山楂 20克 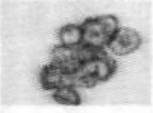

[制作方法]

❶ 将薏米放入无油锅，翻炒至发黄。
❷ 将炒过的薏米和山楂混合、打碎。
❸ 每次取2匙，用沸水冲泡20分钟后饮用。

[饮用方法]

代茶饮用，每日1剂。

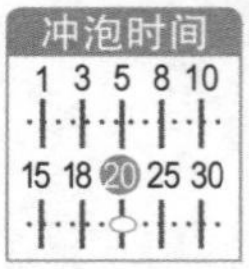

养生功效

具有健胃、消除腹胀的功效。

饮用宜忌

适宜不爱吃饭，或容易腹胀的儿童饮用。脾胃虚弱、便溏腹泻者慎饮。

健康饮茶问与答

问 常饮茶可以防治龋齿吗？

答 中国的乌龙茶和绿茶含氟量最高，且防蛀牙效果也最好。如果成人每天饮茶10克，人体就能满足对氟的需要，也可以有效地防止龋齿的发生。另外，经常饮茶，增加了口腔的水液流动量，保持了口腔卫生；茶叶中的糖类、果胶等，与唾液发生了化学反应，滋润了口腔，增强了口腔的自洁能力，这些也都与饮茶防龋齿有关。

金银菊花茶 提神醒脑

[配方组成]

金银花 3朵 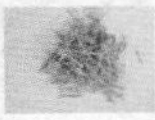

菊花 3朵 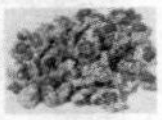

[制作方法]

❶ 将2种茶材放到水杯中。

❷ 先冲洗一下，再注入沸水。

❸ 加盖闷5分钟后饮用。

[饮用方法]

每日2剂，代茶频饮。

冲泡时间

1 3 5 8 10

15 18 20 25 30

养生功效

有提神醒脑、清肝明目的作用。

饮用宜忌

适用于上课打不起精神、视力模糊不清的儿童。不适宜长期饮用，可在炎夏之季供小儿饮用。

川贝鲜梨茶 用于小儿肺热咳嗽

[配方组成]

川贝 15克 

冰糖 适量 

雪梨 1个 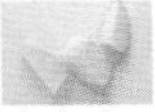

[制作方法]

❶ 雪梨洗净、去核、切片，川贝洗净。

❷ 全部放入锅中中，加入适量水。

❸ 加盖熬制30分钟后饮用。

[饮用方法]

每日1剂，代茶频饮，当日饮完。

冲泡时间

1 3 5 8 10

15 18 20 25 30

养生功效

本品有温润肺气、止咳的功效。

饮用宜忌

适用于小儿肺热型咳嗽。脾胃虚寒及有湿痰者不可饮用。

健康饮茶问与答

问 茶叶为什么会陈化？

答 茶叶在贮存过程中，由于在光和空气的作用下，内含物质发生自动氧化分解、挥发和缩合等反应，使茶叶香味低浊，品质降低，从而导致茶叶陈化。如果用食品学的说法来讲，陈化物就是变质物，陈化商品从严格意义上讲就是不合格商品。茶叶也不例外，变质之后就不能再饮用了。

黄芪玉竹茶 用于小儿遗尿

[配方组成]

黄芪 3片 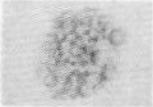
玉竹 9克 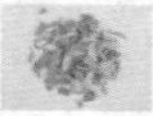

[制作方法]

❶ 将黄芪、玉竹放入水杯中。
❷ 先用沸水冲洗一下，再注入沸水。
❸ 加盖闷10分钟即可饮用。

[饮用方法]

每日1剂，代茶频饮，可反复冲泡。

冲泡时间：1 3 5 8 10 15 18 20 25 30（10）

养生功效

具有益气固表、敛汗固脱的功效。

饮用宜忌

适用于小便频多、夜间遗尿的患儿。由感冒引起的多汗症不适用。

姜糖神曲茶 用于小儿流涎

[配方组成]

生姜 2片 
神曲 10克 
冰糖 15克 

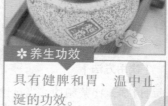

[制作方法]

❶ 把生姜洗净、切片，神曲洗净。
❷ 同冰糖一起放入水杯中。
❸ 注入沸水，闷10分钟后饮用。

[饮用方法]

代茶频饮，每日1剂。

冲泡时间：1 3 5 8 10 15 18 20 25 30（10）

养生功效

具有健脾和胃、温中止涎的功效。

饮用宜忌

适用于小儿腹大坚积、小儿流涎。脾阴虚、胃火盛者不宜饮用。

健康饮茶问与答

问 茶叶为什么容易受潮？

答 茶叶好喝，但如果不用心保存，极容易因受潮而改变了其美妙的味道，所以保存时要特别需要注意。因为茶叶是干燥物质，具有很强的吸湿特征，极易吸收外界水分，如贮存不当，就会很快受潮，失去茶叶的新鲜感。因此，茶叶受潮，水分增加，茶叶品质就会受到影响，进而改变了茶叶最初的味道。

玉竹茶 用于小儿遗尿

[配方组成]

玉竹 10克 

[制作方法]

❶ 将玉竹放入水杯中。
❷ 先用沸水冲洗一下，再注入沸水。
❸ 加盖闷10分钟即可饮用。

[饮用方法]

每日1剂，代茶频饮，可反复冲泡。

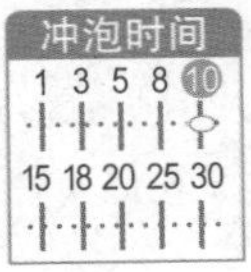

✲养生功效

具有养阴润燥、补气益肾的功效。

饮用宜忌

适用于体质虚弱、夜间有遗尿的儿童。胃有痰湿气滞者忌饮。

桑菊薄荷茶 用于小儿口疮

[配方组成]

桑叶 15克 

菊花 15克 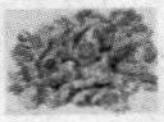

薄荷 15克 

冰糖 20克 

[制作方法]

❶ 将上述药材撕成小块，与冰糖混合。
❷ 分成3份，分别装入茶包袋中。
❸ 取1袋，沸水冲泡10分钟后饮用。

[饮用方法]

代茶饮用，每日1剂。

✲养生功效

具有解热散风、疏肝润燥、解表的功效。

饮用宜忌

适用于口干咽燥、口边生疮的患儿。腹泻或咳嗽的患者不宜饮用。

健康饮茶问与答

问 贮存茶叶适宜水分含量是多少？

答 水分是促进茶叶中成分发生化学反应的溶剂，水分越多茶叶中有益成分相互作用就越显著，但茶叶更易陈化变质。因此，茶叶的水分含量一般要控制在6%以内。

黑芝麻甜杏仁糖茶 用于小儿便秘

[配方组成]

黑芝麻 15克 
甜杏仁 15克 
冰糖 适量 

[制作方法]

❶ 将黑芝麻和杏仁分别炒熟。
❷ 连同冰糖放入锅中，注入适量水。
❸ 熬制30分钟，取汁饮用。

[饮用方法]

代茶频饮，每日1剂。

饮用宜忌

适用于小儿咳嗽、小儿便秘等症。脾弱便溏者不宜饮用。

养生功效

具有润肺理气、润燥滑肠的功效。

陈醋绿茶 用于小儿消化不良

[配方组成]

陈醋 适量 
绿茶 5克 

[制作方法]

❶ 将绿茶洗净，放入水杯中。
❷ 沸水冲泡5分钟后，取茶汁。
❸ 调入少量陈醋后饮用。

[饮用方法]

代茶频饮，每日1~2剂。

饮用宜忌

适宜消化不良的儿童饮用。此茶空腹时不宜饮用。

养生功效

饮此茶可以增加胃肠蠕动速度，促进消化。

健康饮茶问与答

问 为什么茶叶忌冲泡的次数过多？

答 一般来说，茶叶中可溶性物质将近40%，其总量与茶自身的品质成正比。随着茶冲泡次数的增加，可浸出的营养物质会大幅度降低，所以茶水冲泡的次数越多，越没有喝茶的价值。此外，茶叶中还含有少量的有害物质，一般会在浸泡茶叶的最后浸出，如果冲泡的次数过多的话，这些有害物质就会进入茶水中被喝入体内。

◀陈皮红花茶 用于小儿食欲不振

[配方组成]

陈皮 8克  红花 5克 

[制作方法]

❶ 将陈皮和红花放入水杯中。
❷ 先用沸水冲洗一下，再注入沸水。
❸ 加盖闷10分钟即可饮用。

[饮用方法]

每日1剂，代茶频饮，可添加蜂蜜饮用。

✲养生功效

具有补气益血、健脾消食的功效。

饮用宜忌

适宜食欲不振、胃口不开的儿童饮用。小儿不宜过量饮用。

◀麦芽乌龙茶 用于小儿热泻

[配方组成]

麦芽 8克  乌龙茶 5克 

[制作方法]

❶ 将麦芽和乌龙放入水杯中。
❷ 先用沸水冲洗一下，再注入沸水。
❸ 加盖闷10分钟即可饮用。

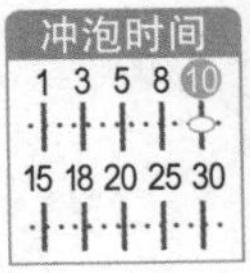

[饮用方法]

每日1剂，代茶频饮。

✲养生功效

具有行气消食、健脾开胃的功效。

饮用宜忌

适宜肛门浊热、小便短赤的儿童饮用。小儿不宜过多饮用。

健康饮茶问与答

问 茶色素有什么作用？

答 茶色素由茶黄素、茶红素、茶褐素组成，pH值在8~10之间，属弱碱性，在空气中很稳定。茶色素的主要药理功效包括：调节血脂异常；抗动脉粥样硬化；抗血凝、降低血黏度；抗脂质过氧化；消炎；强抗氧化剂，清除自由基；改善血管物质，如内皮素、血栓素B_2含量。

橄榄竹叶糖茶 用于小儿百日咳

[配方组成]

橄榄 8克  竹叶 5克  冰糖 2块 

[制作方法]

1. 将橄榄捣碎，和竹叶放入水杯中。
2. 先用沸水冲洗一下，再注入沸水。
3. 添加冰糖，闷10分钟后饮用。

[饮用方法]

每日1剂，代茶频饮。

养生功效

具有清热利咽、润肺止咳的功效。

饮用宜忌

适宜百日咳的儿童们饮用。风寒感冒型咳嗽不适合饮用。

桑白皮冰糖茶 用于小儿肺盛

[配方组成]

桑白皮 8克 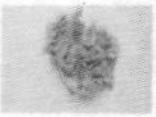 冰糖 2块 

[制作方法]

1. 将桑白皮捣碎放入水杯中。
2. 先用沸水冲洗一下，再注入沸水。
3. 添加冰糖，闷10分钟后饮用。

[饮用方法]

每日1剂，代茶频饮。

养生功效

具有泻肺平喘、利水消肿的功效。

饮用宜忌

适用于小儿肺盛、气急喘嗽。肺虚无火、小便多及风寒咳嗽忌饮。

健康饮茶问与答

问 如何鉴别金丝红茶?

答 金丝红茶是滇红茶中最好的一种茶叶，生长在云南高原。它经过工作人员的精心挑选筛制，叶大而又有韧性，汤色清沏透明金亮，有红茶中独特的香气。该茶嫩芽较多单宁酸含量为15%，而且多含芽香油。冲泡后，滋味浓厚，色调鲜艳，香气馥郁，富有刺激性，叶底红匀嫩亮。

薄荷竹叶荷叶茶 用于口渴、少尿

[配方组成]

薄荷 12克 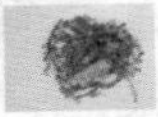
竹叶 12克 
荷叶 12克 

[制作方法]

1. 将三味茶材捣碎，混合均匀。
2. 分为3份，分别装入茶包袋中。
3. 取1袋，沸水冲泡10分钟后饮用。

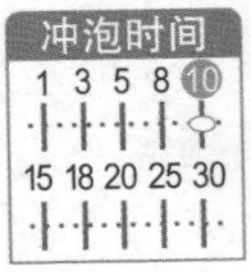

[饮用方法]

每日1剂，代茶频饮。

养生功效

具有消暑生津、清心利尿的功效。

饮用宜忌

适宜口渴、少尿的儿童饮用。小儿不宜过量饮用。

银花竹叶绿茶 用于小儿暑热烦躁

[配方组成]

金银花 6克 
竹叶 6克 
绿茶 5克 

[制作方法]

1. 将3种材料放入水杯中。
2. 先用沸水冲洗一下，再注入沸水。
3. 加盖闷10分钟即可饮用。

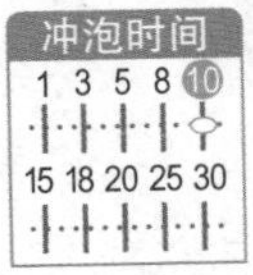

[饮用方法]

每日1剂，代茶频饮。

养生功效

具有静心安神、清热生津的功效。

饮用宜忌

适宜暑热烦躁、口干口渴的儿童饮用。脾胃虚寒的儿童不宜饮用。

健康饮茶问与答

问 鉴别金骏眉的方法是什么？

答 闻茶香：干香清甜、花果香明快。开泡后蜜香馥郁，沁人心脾。看汤色：呈琥珀色、橙黄、清澈、明亮为上；红、浊、暗色为次。评叶底：叶底呈鲜活明亮的古铜色为上，红褐色为次。观外形：茶外形细瘦、紧结、卷曲。干茶色泽以金黄、褐、银、黑四色相间。品茶韵：正山金骏眉茶汤浓郁、绵软、醇厚、爽滑，不苦不涩，耐冲泡。

生姜鲜藕茶 用于小儿呕吐

[配方组成]

生姜 5片  鲜藕 6片  红糖 10克 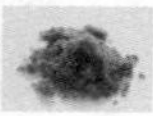

[制作方法]

❶ 将生姜和藕洗净、切片。
❷ 全部材料放入锅中，注入适量水。
❸ 熬制20分钟即可饮用。

[饮用方法]

每日1剂，代茶频饮。

冲泡时间

1 3 5 8 10

15 18 20 25 30

养生功效

具有清热生津、和胃止呕的功效。

饮用宜忌

适宜恶心呕吐、烦渴的儿童饮用。阴虚内热者及热盛的儿童不宜饮用。

薏米山楂竹叶茶 用于小儿烦热

[配方组成]

薏米 5片  鲜山楂 6个  竹叶 5克 

[制作方法]

❶ 将薏米炒黄，山楂、竹叶洗净。
❷ 一起放入锅中，注入适量水。
❸ 熬制30分钟即可饮用。

[饮用方法]

每日1剂，代茶频饮。

冲泡时间

1 3 5 8 10

15 18 20 25 30

养生功效

具有生津止渴、清热除烦的功效。

饮用宜忌

适宜厌食、烦热的儿童饮用。脾虚无湿，大便燥结者不宜饮用。

健康饮茶问与答

问 **如何鉴别碧螺春？**

答 碧螺春，属于绿茶，是我国十大名茶之一。判断茶叶好坏要望、闻、尝、观。碧螺春的外形特点是：条索纤细、卷曲、呈螺形，茸毛遍布全身，色泽银绿隐翠，毫风毕露，茶芽幼嫩、完整，无叶柄、无卷边、无黄叶和老片。内在特点是有特殊浓烈的芳香，即具有花果香味。泡开后滋味鲜醇、回味甘厚，汤色嫩绿整齐，芽大叶小。

白糖红茶 化食消滞

[配方组成]

白糖 少许  红茶 5克 

[制作方法]

❶ 将红茶放入水杯中。

❷ 先用沸水冲洗一下，再注入沸水。

❸ 添加白糖，闷10分钟后饮用。

[饮用方法]

每日1剂，代茶频饮。

养生功效

具有化食消滞、温胃生津的功效。

饮用宜忌

适宜脘腹胀满、腹痛便溏的儿童饮用。脾胃不和的儿童不宜过量饮用。

桑叶蜂蜜绿茶 用于暑热烦渴

[配方组成]

桑叶 5克  蜂蜜 适量  绿茶 5克 

[制作方法]

❶ 将桑叶和绿茶放入水杯中。

❷ 先用沸水冲洗一遍，再注入沸水。

❸ 闷10分钟，添加蜂蜜饮用。

[饮用方法]

每日1剂，代茶频饮。

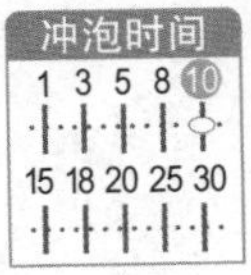

养生功效

具有健脾开胃、生津止渴的功效。

饮用宜忌

适宜暑热烦渴、胃热口渴的儿童饮用。此茶多饮对小儿牙齿不利，应少量饮用。

健康饮茶问与答

问 葛根粉和红茶搭配的好处?

答 如果用葛粉和红茶搭配在一起，治疗感冒发热的效果会更好。这是因为葛粉能祛除感冒病毒，而红茶中所含的抗氧化物质能够增强机体对病毒的抵抗力。另外，葛粉红茶比较黏稠，所以不容易凉，喝到最后仍然是热茶。对于工作压力大引起的心烦气躁、情绪紧张，喝点葛粉红茶能起到帮助身体放松的作用。

白术绿茶 用于脾虚食少

[配方组成]

白术 5克  绿茶 5克 

[制作方法]

❶ 将白术、绿茶放入水杯中。
❷ 先用沸水冲洗一下，再注入沸水。
❸ 添加红糖，闷10分钟后饮用。

[饮用方法]

每日1剂，代茶频饮。

养生功效

具有健脾益气、燥湿利水的功效。

饮用宜忌

适宜脾虚食少、腹胀泄泻的儿童饮用。儿童不宜过量饮用。

莲子冰糖茶 用于小儿口疮

[配方组成]

莲子 8克  冰糖 3块 

[制作方法]

❶ 将莲子放入水杯中。
❷ 先用沸水冲洗一下，再注入沸水。
❸ 添加冰糖，闷10分钟后饮用。

[饮用方法]

每日1剂，代茶频饮。

养生功效

具有补脾止泻、清火明目的功效。

饮用宜忌

适用于小儿口疮、小儿烦躁。脾虚便溏者不宜饮用。

健康饮茶问与答

问 文君花茶有哪些特征？

答 文君花茶为新创名茶，属于再加工茶类，产于四川省邛崃市西部山区。文君花茶品质特征是：外形条索紧细，匀整显锋苗；内质色泽绿润，细嫩带毫，鲜灵浓郁持久，汤色绿黄清澈明亮，滋味醇爽细润，叶底绿黄匀亮。

第八章

不同体质的健康茶包

平和体质

■ 平和质　■ 养心　■ 安神

平和体质又叫作“平和质”，是最稳定、最健康的体质。拥有平和体质的人，可以说是上天的厚爱，也可以说是自身修为好。平和体质是以体态适中、面色红润、精力充沛、脏腑功能状态强健壮实为主要特征的一种中医体质养生状态。能较好地适应环境和气候的变化，即使生病了，也容易治愈。而养心，是平和体质养生的最高境界。所以，平和体质的人平时可以选择养心安神方面的茶饮，来守卫自己的健康。

红枣莲子饮 安神益智

[配方组成]

莲子 30克 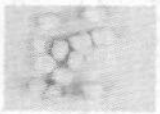
红枣 30克 
冰糖 30克 

[制作方法]

❶ 莲子浸泡、煮熟、晾干。
❷ 所有材料混合，分成5份，分别装入茶包袋中。
❸ 取1包，注入开水，5分钟后即可饮用。

[饮用方法]

每日1剂，代茶频饮

✿ 养生功效

具有生津止渴、安神益智的作用。

饮用宜忌

适宜失眠多梦、脾胃不和的人饮用。
大便干结和脘腹胀闷者不宜饮用。

冲泡时间

1 3 5 8 10
15 18 20 25 30

养生小贴士

1. 生活应有规律，饭后宜缓行百步，不宜食后即睡。
2. 作息应有规律，应劳逸结合，保持充足的睡眠时间。
3. 参加适度的运动，如年轻人可适当跑步、打球，老年人可适当散步、打太极拳等。
4. 饮食要有节制，粗细粮食要搭配合理，少食过于油腻及辛辣之物，注意戒烟限酒。
5. 同时心态平和是人向平和体质靠拢的制胜法宝。

玫瑰枸杞茶 补肾安神

[配方组成]

玫瑰 3~5朵 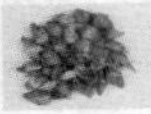

枸杞 10克 

[制作方法]

❶ 将玫瑰、枸杞放入水杯中。
❷ 先用沸水冲洗一下，再注入沸水。
❸ 加盖闷5分钟即可饮用。

✲养生功效

具有行血活血、补肾安神的功效。

[饮用方法]

每日1剂，代茶频饮，当日饮完。

饮用宜忌

适用于心血管疾病。脾胃虚弱的人慎饮。

甘草莲子茶 清心养神、泻火解毒

[配方组成]

莲子 20克 

甘草 20克 

冰糖 10粒 

[制作方法]

❶ 将莲子煮熟、晾干、捣碎，甘草捣碎。
❷ 同冰糖混合成5份，分别装入茶包袋中。
❸ 取1小袋，用沸水冲泡，闷10分钟后饮用。

✲养生功效

具有清心养神、泻火解毒的功效。

[饮用方法]

代茶饮用，每日1剂。

饮用宜忌

适宜脾胃虚弱、倦怠乏力的人饮用。风热或湿热证、发热、尿赤、舌苔黄者忌饮。

健康饮茶问与答

问 如何辨别春茶?

答 第一是干看。凡绿茶色泽绿润，红茶色泽乌润，茶叶肥壮重实，且红茶、绿茶条索紧结，珠茶颗粒圆紧，而且香气馥郁，是春茶的品质特征。第二是湿看。凡茶叶冲泡后下沉快，香气浓烈持久，滋味醇；绿茶汤色绿中显黄，红茶汤色艳现金圈；茶叶叶底柔软厚实，正常芽叶多者，为春茶。

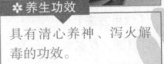

柏子仁蜜茶 宁心安眠

[配方组成]

柏子仁 10克  蜂蜜 适量 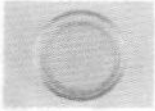

[制作方法]

❶ 柏子仁去外皮、捣碎。
❷ 放入水杯中，注入沸水。
❸ 闷10分钟，添加蜂蜜饮用。

冲泡时间：1 3 5 8 10 15 18 20 25 30（10）

[饮用方法]

每日1剂，代茶频饮。

养生功效

具有宁心安眠、益智润肠的功效。

饮用宜忌

适宜肠燥便秘、心烦失眠者饮用。大便溏泻着忌用。

桂圆乌龙茶 清心养性

[配方组成]

桂圆肉 3粒  乌龙茶 5克  冰糖 2块 

[制作方法]

❶ 将桂圆肉和乌龙茶放入水杯中。
❷ 先用沸水冲洗一下，再注入沸水。
❸ 添加冰糖，闷10分钟后饮用。

冲泡时间：1 3 5 8 10 15 18 20 25 30（10）

[饮用方法]

每日1剂，代茶频饮。

养生功效

具有清心养性、安神定志的功效。

饮用宜忌

适宜心脾虚损、气血不足者饮用。妊娠早期的妈妈不适合饮用。

健康饮茶问与答

问 红茶在冷却后表面会有浑浊，这是怎么回事？

答 红茶在放冷后表面都会有浑浊，红茶的这种冷却后产生的浑浊在学术上叫“冷后浑”，这种浑浊物主要是咖啡因和茶黄素、茶红素结合复合物所至。茶汤正常的“冷后浑”现象，一般是茶叶品质好的表象，这可作为一种选择红茶的方法。所以，不要因为茶表面有浑浊物，就认定此茶是劣质品，或认为是脏物。

人参乌龙茶 助眠养心

[配方组成]

人参 8克 

乌龙茶 5克 

[制作方法]

❶ 将人参和乌龙茶放入水杯中。

❷ 先用沸水冲洗一下，再注入沸水。

❸ 加盖闷5分钟后饮用。

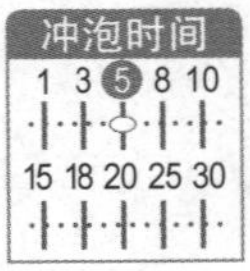

[饮用方法]

每日1剂，代茶频饮。

养生功效

具有助眠养心、舒缓情绪的功效。

饮用宜忌

适宜压力大、心烦、失眠者饮用。怀孕的妇女不宜饮用。

双黑莲子茶 清心醒脾

[配方组成]

黑芝麻 18克 

黑豆 18克 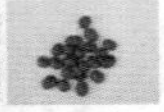

莲子 12克 

[制作方法]

❶ 黑芝麻炒熟，黑豆泡水，莲子洗净。

❷ 一起放入锅中，注入适量水。

❸ 熬制30分钟后，取汁饮用。

[饮用方法]

每日1剂，代茶频饮。

养生功效

具有清心醒脾、滋补肝肾的功效。

饮用宜忌

适宜脾虚水肿、脚浮肿、体虚多汗者饮用。脾胃虚寒与有腹泻者不宜饮用。

健康饮茶问与答

问 **有时冲泡绿茶会出现白色沉淀，这是为什么呢？**

答 在冲泡绿茶时出现白色沉淀现象主要是水的问题，这证明用的水是硬水，即水中含钙和镁的化合物质过多。这种白色沉淀物质的主要成分是草酸钙。因为茶叶中有较高含量的草酸，可与水中的钙离子结合成难溶于水的草酸钙，以至产生沉淀，与茶叶的质量是无关的。所以，泡茶时要选择合适的水冲泡。

麦冬百合五味茶　宁心安神

[配方组成]

麦冬 15克 
百合 15克 
五味子 15克 

[制作方法]

❶ 将三味茶材捣碎，混合均匀。
❷ 分为5份，分别装入茶包袋中。
❸ 取1袋，沸水冲泡10分钟后饮用。

[饮用方法]

每日1剂，代茶频饮。

冲泡时间
1 3 5 8 10
15 18 20 25 30

养生功效

具有宁心安神、益气生津的功效。

饮用宜忌

适宜内热消渴、心悸失眠者饮用。湿热症状明显者不宜饮用。

枸杞百合冰糖饮　养心助眠

[配方组成]

枸杞 8克 
百合花 8克 
冰糖 3块 

[制作方法]

❶ 将枸杞、百合花冲净。
❷ 放入水杯中，注入沸水。
❸ 添加冰糖，闷10分钟后饮用。

[饮用方法]

每日1~2剂，代茶频饮。

冲泡时间
1 3 5 8 10
15 18 20 25 30

养生功效

具有养心助眠、润肺止咳的功效。

饮用宜忌

适宜肺热咳嗽、心烦失眠者饮用。脾胃虚寒者不宜饮用。

健康饮茶问与答

问　苦丁茶是真正的茶吗？

答　真正的茶叶是从山茶科、山茶属植物上采摘的鲜叶加工而成的。而苦丁茶属于冬青科冬青属，所以苦丁茶严格来说是不属于茶叶的。苦丁茶是用苦丁冬青经茶叶的加工工序制成，根据科学实验证实，苦丁茶有消炎镇疼、清凉解毒、降脂、降压、减肥的良效，被誉为保健茶，美容茶、降压茶和益寿茶。

桂枝陈皮丹参茶 通脉养心

[配方组成]

桂枝 15克 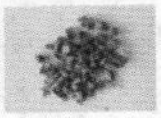
陈皮 15克 
丹参 15克 

[制作方法]

❶ 将三味茶材捣碎，混合均匀。
❷ 分为5份，分别装入茶包袋中。
❸ 取1袋，沸水冲泡10分钟后饮用。

[饮用方法]

每日1剂，代茶频饮。

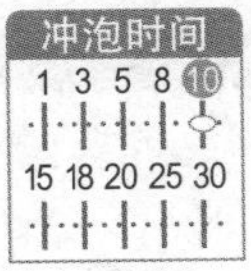

养生功效

具有通脉养心、活血化瘀的功效。

饮用宜忌

适宜神昏烦躁、咳嗽烦渴者饮用。温热病及阴虚阳盛之证者及孕妇慎饮。

百合杏仁桑叶茶 养心润燥

[配方组成]

百合 8克 
杏仁 10克 
桑叶 8克 

[制作方法]

❶ 杏仁炒熟，百合和桑叶洗净。
❷ 一起放入锅中，注入适量水。
❸ 熬制30分钟后，取汁饮用。

[饮用方法]

每日1剂，代茶频饮。

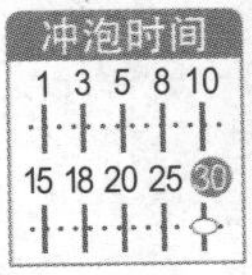

养生功效

具有清肝明目、养心润燥的功效。

饮用宜忌

适宜眼干眼涩、心情烦躁者饮用。风寒咳嗽痰多色白者忌饮。

健康饮茶问与答

问 **为什么茶汤中会有苦味？**

答 茶汤中的苦涩味主要是茶叶中所含的多酚类、咖啡因、花青素引起的。茶叶的苦味是由茶类、茶树品种、季节、制作工艺等综合决定的。如大叶种较小叶种茶树含多酚类高，夏茶较春茶花青素含量高，在制作工艺中多酚类、花青素转化较多的，其苦涩味较低或没有，而转化不足时就产生苦涩味。

气虚体质

■ 体倦乏力　■ 常自汗出　■ 中药

气虚体质，是指人体气不足而导致的体质有失偏颇的一种性质。从性质上来说，属于虚性体质。具体表现为体倦乏力、面色苍白、常自汗出、心悸食少、精神疲惫、腰膝酸软、小便频多等症状。气虚体质的人，其肺脏功能和脾脏功能弱一点儿，补气养气，是调养气虚体质的原则。气血是生命活动的物质基础，人的气血、津液、精血均来源于脾胃的生化。适宜用一些中药来调养，可以用陈皮、黄精、黄芪等药材，冲泡饮用。

参瑰冰糖饮　大补元气

[配方组成]

玫瑰 3~5朵 　人参 4片 　冰糖 适量 

[制作方法]

❶ 把玫瑰、人参放到水杯中。
❷ 先冲洗一下，再注入沸水。
❸ 放入冰糖，加盖闷5分钟后饮用。

养生功效

具有大补元气、固脱生津、安神的作用。

[饮用方法]

每日2剂，代茶频饮。

饮用宜忌

适宜劳伤虚损、倦怠、虚咳喘促者饮用。口渴、舌红少苔之阴虚火旺者不宜饮用。

养生小贴士

1. 要吃一些性质温和的、具有补益作用的食品，如小米、鸡肉、红枣、龙眼肉等。
2. 不要吃凉的东西，因为凉的东西是以降为主的，影响它的升发。
3. 不要睡懒觉，要早起，适当增加户外活动，让阳气出来。
4. 不能太劳累，不能太忧思，更不能负担过重的压力。
5. 适宜经常按摩足三里、气海、脾腧这三个穴位。

人参五味红茶 大补元气、补脾益肺

[配方组成]

人参片 5片  五味子 10克  红茶 5克 

[制作方法]

❶ 将五味子、人参、红茶放入水杯中。
❷ 先冲洗一下，再注入沸水。
❸ 闷5分钟后即可饮用。

[饮用方法]

每日2剂，早晚各1次。代茶饮用。

冲泡时间
1 3 5 8 10
15 18 20 25 30

✲ 养生功效

具有安神益智、大补元气、补脾益肺的功效。

饮用宜忌

适用于久嗽虚喘、内热消渴、心悸失眠者。内有实热，或咳嗽初起、痧疹初发者忌饮。

菊楂陈皮茶 理气开胃、燥湿化痰

[配方组成]

干山楂 3片 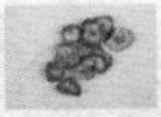 陈皮 15克  菊花 3~5朵 

[制作方法]

❶ 将山楂、陈皮、菊花洗净。
❷ 一起放入茶壶中。
❸ 注入沸水，闷10分钟即可。

[饮用方法]

每日1剂，代茶频饮。

冲泡时间
1 3 5 8 10
15 18 20 25 30

✲ 养生功效

具有理气开胃、燥湿化痰的功效。

饮用宜忌

适宜脘腹胀满或疼痛、消化不良的人饮用。胃酸过多、胃炎、胃溃疡者慎饮。

健康饮茶问与答

问 饮经长时间泡的茶好不好呢？

答 经长时间浸泡的茶水，其中的化学成分与刚冲泡的茶水有较大区别。茶水中的多酚类、氨基酸发生氧化聚合，滋味变劣，类脂物质水解，胡萝卜素氧化，维生素氧化，香气物质挥发，茶汤中重金属含量增多，并且长时间与空气接触，茶汤中的细菌含量增多。所以茶叶不宜长时间浸泡。

枣芪枸杞茶 调理气虚出汗

[配方组成]

红枣 3颗  枸杞 5克  黄芪 8克 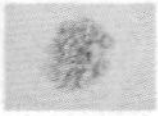

[制作方法]

❶ 将红枣、枸杞、黄芪洗净，略泡一下。
❷ 放入水杯中，注入沸水。
❸ 闷10分钟后即可饮用。

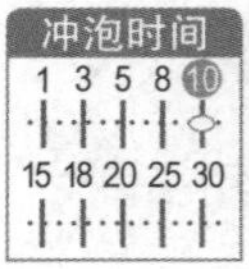

[饮用方法]

代茶温饮，每日1剂，可反复冲泡。

养生功效

具有补气固表、补脾益肺的功效。

饮用宜忌

用于气虚乏力、食少便溏者饮用。虚火内热的人应慎饮。

黄精茶 补中益气、润心肺

[配方组成]

黄精 20克 

[制作方法]

❶ 将黄精切片放入水杯中。
❷ 先用沸水冲洗一下，再注入沸水。
❸ 加盖闷10分钟即可饮用。

[饮用方法]

每日1剂，代茶频饮，可反复冲泡。

养生功效

具有补中益气、润心肺、强筋骨的功效。

饮用宜忌

适用于脾胃虚弱、身体乏力、口干舌燥等患者。中寒泄泻、痰湿痞满气滞者忌饮。

健康饮茶问与答

问 将茶叶添加到食品中食用，能达到饮茶的功效吗?

答 平时的饮茶，只是饮用它的水溶性物质，而茶叶中的水溶性物质仅占茶叶比重的40%左右，大部分不溶于水的物质主要是膳食纤维、蛋白质、脂类物质、果胶、淀粉、脂溶性维生素等，在冲泡时都没有被溶解，如果添加到食品中，这些营养物质会得到全方位的利用，所以说将茶叶添加到食品中对健康更有利。

酸枣仁莲心茶 养肝敛汗

[配方组成]

酸枣仁 15克 
莲心 15克 
冰糖 9块 

[制作方法]

❶ 将三味茶材捣碎，混合均匀。
❷ 分为5份，分别装入茶包袋中。
❸ 取1袋，沸水冲泡10分钟后饮用。

[饮用方法]

每日1剂，代茶频饮。

冲泡时间
1 3 5 8 10
15 18 20 25 30

养生功效

具有养肝敛汗、益气生津的功效。

饮用宜忌

适宜心烦不安、心悸怔忡、失眠者饮用。中满痞胀及大便燥结者饮用。

黄芪茉莉山楂饮 益气补中

[配方组成]

黄芪 8克 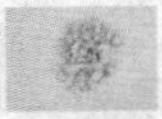
茉莉 8克 
山楂 10克 

[制作方法]

❶ 将3种茶材洗净。
❷ 一起放入锅中，注入适量水。
❸ 熬制30分钟后，取汁饮用。

[饮用方法]

每日1剂，代茶频饮。

冲泡时间
1 3 5 8 10
15 18 20 25 30

养生功效

具有益气补中、健脾消食的功效。

饮用宜忌

适宜气虚乏力、脘腹胀痛者饮用。脾胃虚寒者不宜饮用。

健康饮茶问与答

问 茶叶在食品上的应用主要有哪些呢？

答 由于茶叶有良好的保健功能，它在食品领域的应用研究正积极展开，其中茶叶最重要的是作为天然抗氧化剂，广泛应用于动植物油脂、焙烤食品、水产品、肉制品、调味剂和饮料等方面。另外茶叶还被作为天然保健食品添加剂，如从茶叶中提取茶多酚添加到其他食品中以制成抗癌、抗衰老保健食品。

乌梅枸杞红糖茶 补中益气

[配方组成]

枸杞 8克  乌梅 3粒  红糖 少许 

[制作方法]

❶ 将枸杞、乌梅洗净。
❷ 放入水杯中，注入沸水。
❸ 添加红糖，闷10分钟后饮用。

[饮用方法]

每日1~2剂，代茶频饮。

冲泡时间
1 3 5 8 10
15 18 20 25 30

养生功效

具有养心助眠、润肺止咳的功效。

饮用宜忌

适宜肺热咳嗽、心烦失眠者饮用。脾胃虚寒者不宜饮用。

红枣木耳冰糖茶 益气养阴

[配方组成]

红枣 5颗  水发木耳 8克  冰糖 适量 

[制作方法]

❶ 将红枣、木耳撕开洗净。
❷ 放入锅中，注入适量水。
❸ 添加冰糖，熬制20分钟后饮用。

[饮用方法]

每日1剂，代茶频饮。

冲泡时间
1 3 5 8 10
15 18 20 25 30

养生功效

具有益气养阴、滋肾养胃的功效。

饮用宜忌

适宜肺热咳嗽、心烦失眠者饮用。痰湿、积滞等症者不宜饮用。

健康饮茶问与答

问 泡完茶的茶渣还有其他别的用处吗？

答 一般人喝完茶都会把茶渣倒掉，其实茶渣中含有丰富的膳食纤维和无机质以及不溶于水的蛋白质、脂溶性维生素等，这些物质都没有被利用。“茶菜肴研究会”提倡人们不仅“喝茶”还要“吃茶”，简言之就是食用茶渣，即将茶渣用电烤炉加热烘干后储藏待用，可以用其烹制出各种菜肴。

黄芪红枣茶 益气补虚

[配方组成]

黄芪 8克  红枣 3颗 

[制作方法]

1. 将黄芪、红枣洗净、捣碎。
2. 一起放入水杯中，注入沸水。
3. 闷10分钟后饮用。

[饮用方法]

每日1剂，代茶频饮，可反复冲泡。

冲泡时间 1 3 5 8 10 15 18 20 25 30

养生功效

具有养血安神、益气补虚的功效。

饮用宜忌

适宜心气虚损、血脉瘀阻者饮用。由感冒引起的多汗症不适合饮用。

决明枸杞玫瑰茶 补中益气

[配方组成]

决明子 5克 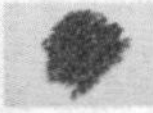 枸杞 5克  玫瑰 3朵 

[制作方法]

1. 将三味茶材洗净。
2. 放入水杯中，注入沸水。
3. 闷10分钟后即可饮用。

[饮用方法]

代茶温饮，每日1剂。

冲泡时间 1 3 5 8 10 15 18 20 25 30

养生功效

具有补中益气、补肾益精的功效。

饮用宜忌

适宜气虚乏力、腰膝酸软者饮用。阴虚火旺证者不宜饮用。

健康饮茶问与答

问 在家里可以制作一些茶叶食品吗？

答 当然是可以的，比如煮饭时用茶水代替清水，做出的米饭既有诱人的茶叶芳香，又能养生保健、祛病延年，尤其是夏秋两季用茶水煮饭食用可以祛风散热，防治痢疾。用茶叶烧鱼可解腥，用茶叶煮牛肉速烂、增香；用茶叶制成的面条下锅不糊，且味道清爽鲜口；还有茶叶鸡汤，茶叶煮蛋，茶叶馒头等。

湿热体质

■ 湿 ■ 热 ■ 疏肝利胆 ■ 祛湿清热

所谓的“湿”，有外湿和内湿的区分。外湿是由于气候潮湿或涉水淋雨或居室潮湿，使外来水湿入侵人体而引起；内湿是一种病理产物，常与消化功能有关。所谓“热”，则是一种热象。而湿热中的热是与湿同时存在的。湿热体质具体表现为：面部和鼻尖总是油光发亮，易生粉刺、疮疖，常感到口苦、口臭或嘴里有异味，大便黏滞不爽，小便有发热感，尿色发黄，女性常带下色黄，男性阴囊总是潮湿多汗。湿性体质养生重在疏肝利胆、祛湿清热。

葡萄茶 止风湿痹痛、通小便、强筋骨

[配方组成]

葡萄干 8克

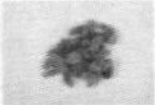

绿茶 5克

白糖 1匙

[制作方法]

❶ 绿茶用沸水冲泡，闷5分钟。

❷ 葡萄干和白糖放入冷水杯中。

❸ 待绿茶变温同葡萄糖水混合。

养生功效

有祛风除湿、通小便、强筋骨的作用。

饮用宜忌

适用于风湿痹痛、筋骨痛者。

饮此茶不可吃螃蟹；糖尿病者慎饮。

[饮用方法]

每日2剂，代茶饮用，当日内饮完。

养生小贴士

1. 饮食上少吃甜腻、辛辣刺激的食物，少饮酒、甘甜饮料等。
2. 居住环境宜干燥，通风，保持充足而有规律的睡眠。
3. 避免居住在低洼潮湿的地方。不要熬夜、过于劳累。
4. 适当做大强度、大运动量的锻炼，如中长跑、游泳、爬山、各种球类、武术等。
5. 湿热体质的人应克制过激的情绪。合理安排自己的工作、学习，培养广泛的兴趣爱好。

藿香姜枣茶 利湿醒脾、清暑辟浊

[配方组成]

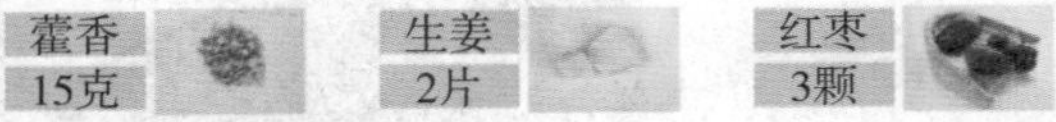

藿香 15克　生姜 2片　红枣 3颗

[制作方法]

❶ 把藿香、生姜片、红枣放到水杯中。
❷ 先冲洗一下，再注入沸水。
❸ 加盖闷10分钟后饮用。

[饮用方法]

每日1剂，代茶饮用。

冲泡时间：10分钟

养生功效

有利湿醒脾、清暑辟浊的作用。

饮用宜忌

多用于外感暑湿引起的发热、胸闷、腹胀、吐泻。阴虚火旺、胃弱欲呕者不宜饮用。

薏米茶 利湿、祛肿

[配方组成]

薏米 30克

[制作方法]

❶ 将薏米放入无油锅，翻炒至发黄。
❷ 炒好的薏米装罐保存待用。
❸ 每次取2匙，用沸水冲泡20分钟后饮用。

[饮用方法]

代茶饮用，每日1剂。

冲泡时间：20分钟

养生功效

具有利湿、清肺热、消水肿的功效。

饮用宜忌

适宜小便不利、水肿、风湿疼痛者饮用。孕妇应尽量避免饮用。

健康饮茶问与答

问 茶叶的贮存时间为什么不宜长？

答 茶叶贮存方法需要高度注意，而且茶叶贮存时间也不宜过长，这是因为茶叶在贮存过程中容易因贮存温度和茶叶本身含水量高低以及贮存中环境条件及光照情况不同而发生自动氧化，尤其是名贵茶叶的色泽、新鲜程度就会降低，茶叶中的叶绿素在光和热的作用下易分解，致使茶叶变质。

白芷玉竹茶 除湿解毒

[配方组成]

白芷 10克  玉竹 10克 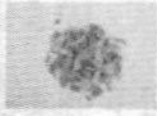

[制作方法]

1. 将白芷、玉竹放入水杯中。
2. 先用沸水冲洗一下，再注入沸水。
3. 加盖闷10分钟即可饮用。

[饮用方法]

每日1剂，代茶频饮，可反复冲泡。

养生功效

具有养阴润肺、除湿解毒的功效。

饮用宜忌

适宜头痛目眩、恶寒发热、肢体酸痛者饮用。由感冒引起的多汗症不适用。

龙胆车前子茶 清热、祛湿

[配方组成]

龙胆草 20克 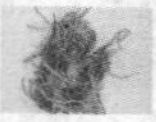 车前子 35克  冰糖 适量 

[制作方法]

1. 将龙胆草捣碎，与车前子、冰糖混合。
2. 均分成5份，分别装入茶包袋中。
3. 取1袋，沸水冲泡10分钟后饮用。

[饮用方法]

代茶频饮，每日1剂，可反复冲泡。

养生功效

有清热、祛湿、泻肝、定惊的作用。

饮用宜忌

适宜患有湿热黄疸、小便淋痛、湿疹的人饮用。脾胃虚弱及无湿热实火者忌饮。

健康饮茶问与答

问 储存茶叶适宜的温度是多少？

答 贮存茶叶是需要相当大的耐心去做的事情，而对于贮存茶叶的温度也是有讲究的，温度的作用主要在于加快茶叶的自动氧化，温度愈高，变质愈快。茶叶一般适宜低温冷藏，这样可降低茶叶中各种成分氧化过程。一般温度以10℃左右贮存效果较好，如降低到0℃~5℃，则贮存效果更好。

黄柏茉莉花茶 清热除湿

[配方组成]

黄柏丝 5克 
茉莉花 5克 
冰糖 2块 

[制作方法]

❶ 将黄柏、茉莉花冲洗净。
❷ 放入水杯中，注入沸水。
❸ 添加冰糖，闷15分钟后饮用。

[饮用方法]

代茶温饮，每日1剂。

冲泡时间：1 3 5 8 10 ⑮ 18 20 25 30

养生功效

具有清热除湿、泻火解毒的功效。

饮用宜忌

适宜湿热带下、热淋脚气者饮用。脾虚泄泻、胃弱食少者不宜饮用。

黄柏绿茶 清热燥湿

[配方组成]

黄柏丝 5克 
绿茶 5克 

[制作方法]

❶ 将黄柏、绿茶冲洗净。
❷ 放入水杯中，注入沸水。
❸ 加盖闷10分钟后饮用。

[饮用方法]

代茶温饮，每日1剂。

冲泡时间：1 3 5 8 ⑩ 15 18 20 25 30

养生功效

具有清热燥湿、退热除蒸的功效。

饮用宜忌

适宜湿疹湿疮、湿热痢疾者饮用。脾虚泄泻、胃弱食少者慎饮。

健康饮茶问与答

问 散装茶与包装茶孰优？

答 一般人认为散装茶能很清楚地看清茶的外形，于是就此判断茶的好坏，这只能说是一种偏见，其实散装茶在销售的过程中就在不断的变质，因为露放在空气中，一是吸潮、二是吸异味，使其丧失原茶风味。而作为包装茶类，首先在避光、防潮上就做得很好，使得质量得到保证；其次是包装茶方便，大方美观。

黄连知母绿茶 清热祛湿

[配方组成]

黄连 6克  知母 12克  绿茶 12克 

[制作方法]

❶ 将黄连、知母捣碎，同绿茶混合。
❷ 均分成3份待用。
❸ 取1份，沸水冲泡10分钟后饮用。

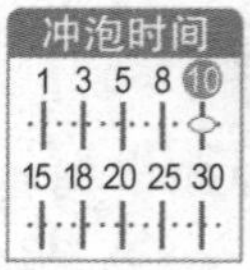

[饮用方法]

代茶温饮，每日1剂。

饮用宜忌

适宜湿热痞满、呕吐、泻痢者饮用。阴虚烦热、脾虚泄泻者慎饮。

养生功效

具有解热祛湿、清火解毒的功效。

茵陈夏枯草茶 利湿通淋

[配方组成]

茵陈 5克  夏枯草 8克 

[制作方法]

❶ 将茵陈、夏枯草冲洗净。
❷ 放入锅中，注入适量水。
❸ 熬制20分钟后，取汁饮用。

[饮用方法]

代茶温饮，每日1剂。

饮用宜忌

适宜湿热及寒湿黄疸者饮用。脾胃虚寒者及孕妇慎饮。

养生功效

具有利湿通淋、利胆退黄的功效。

健康饮茶问与答

问 **什么时候及环境适合喝茶呢？**

答 喝茶不仅有益健康，而且是一种享受。平时在繁忙的工作中，喝上一杯天然纯正的高丽参茶或花旗参茶，这对疲惫的身心很有帮助。而在下班后和家人在轻松愉快的气氛中泡上一壶花茶，享受一下大自然的风味。和朋友一起闲聊的时候可以泡上一壶冻顶乌龙，轻松惬意。

◀黄连糖茶 护肝、利胆

[配方组成]

黄连 2克  红糖 15克  绿茶 5克 

[制作方法]

1. 将黄连、绿茶放入水杯中。
2. 先用沸水冲泡一遍，添加红糖，再注入沸水。
3. 闷10分钟后饮用。

冲泡时间
1 3 5 8 10
15 18 20 25 30

[饮用方法]

代茶温饮，每日1剂。

✲养生功效

具有泻火解毒、护肝利胆的功效。

饮用宜忌

适宜热病心烦、发热、菌痢者饮用。阴虚烦热、脾虚泄泻者慎饮。

◀陈皮茵陈茶 清湿热、保肝利胆

[配方组成]

茵陈 5克 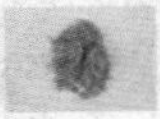 陈皮 8克 

[制作方法]

1. 将茵陈、陈皮冲洗净。
2. 放入锅中，注入适量水。
3. 熬制30分钟后，取汁饮用。

冲泡时间
1 3 5 8 10
15 18 20 25 30

[饮用方法]

代茶温饮，每日1剂。

✲养生功效

具有清湿热、保肝利胆的功效。

饮用宜忌

适宜患有小便不利、湿疮瘙痒者饮用。脾胃虚寒、消化不良者及孕妇慎饮。

健康饮茶问与答

问 我国茶叶的发展历史是怎样的？

答 饮茶在我国已有三千多年的历史了。从神农时期到春秋前期，茶叶是作为祭品使用的；从春秋后期到西汉初期逐渐作为茶食；从西汉初期到西汉中期，发展到药用；西汉后期到三国时代，发展为宫廷高级饮料；从西晋到隋朝逐渐成为普通饮料；至唐宋遂为“人家一日不可无”的饮料。

阳虚体质

■ 阳气不足　■ 补阳祛寒　■ 温养肝肾

阳性体质的特征和寒性体质接近，均为阳气不足、有寒象，表现为疲倦怕冷、四肢冰冷、唇色苍白、少气懒言、嗜眠乏力、男性遗精、女性白带清稀、易腹泻、排尿次数频繁、性欲衰退等。阳虚体质的人平素畏冷、手足不温、易出汗、喜热饮食、精神不振、睡眠偏多。阳性体质者的养生重在扶阳固本，防寒保暖。可选用补阳祛寒、温养肝肾之品，可以选用桂圆、杜仲、生姜、葱白、肉桂等温补茶材泡茶饮用，来均衡阳性体质身体里的寒气。

核桃桂圆茶　补阳虚、强心气

[配方组成]

核桃 2个 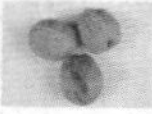　桂圆 4个 

[制作方法]

❶ 准备好核桃和桂圆。

❷ 将核桃、桂圆分别去皮、洗净。

❸ 同放入水杯中，注入沸水，闷5分钟后即可饮用。

[饮用方法]

每日1剂，随冲随饮。

冲泡时间：1 3 ⑤ 8 10 15 18 20 25 30

养生功效

具有补肾壮阳、活血补血的功效。

饮用宜忌

桂圆与大米搭配，可大补元气。风寒感冒、恶寒发热及舌苔厚腻时不宜吃。

养生小贴士

1. 平时可多食用甘味益气的食物，少食寒凉食物，不宜过食生冷、黏腻之品。
2. 居住环境应空气流通，秋冬注意保暖。平时注意足下、背部及下腹部丹田部位的保暖。
3. 保持足够的睡眠，并防止出汗过多。在阳光充足的情况下适当进行户外活动。
4. 可做一些舒缓柔和的运动，如慢跑、散步，太极拳、广播操。
5. 多与别人交谈、沟通。可多听一些激扬、高亢的音乐以调动情绪，防止悲忧和惊恐。

雪梨肉桂茶 温胃止痛

[配方组成]

雪梨 半个  肉桂 10克 

[制作方法]

❶ 将雪梨洗净、切丁，肉桂洗净。
❷ 同放入水杯中，再注入沸水。
❸ 盖好盖，闷10分钟即可。

[饮用方法]

每日1剂，代茶频饮。

冲泡时间
1 3 5 8 10
15 18 20 25 30

养生功效

有补火助阳、散寒止痛、活血通经的功效。

饮用宜忌

适宜阳痿、宫冷、心腹冷痛、虚寒吐泻的人饮用。阴虚火旺者，以及孕妇不可饮用。

姜枣葱白茶 暖胃轻身

[配方组成]

葱白 3根  生姜 5片 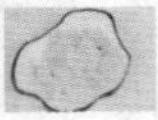 红枣 15颗 

[制作方法]

❶ 将葱白洗净、切段，生姜洗净、切片。
❷ 红枣洗净，同葱白、生姜放入锅中。
❸ 煮沸后改为小火煮30分钟即可。

[饮用方法]

每日1剂，代茶温饮。

冲泡时间
1 3 5 8 10
15 18 20 25 30

养生功效

具有发表散寒、通阳宣窍、暖胃轻身的功效。

饮用宜忌

适宜胃寒、四肢冰冷者饮用。表虚多汗者忌饮。

健康饮茶问与答

问 为什么普洱茶能缓解烟毒?

答 普洱茶叶中的儿茶酚结构可以清除亚硝酸盐，而烟叶中的亚硝酸盐在燃烧过程中产生亚硝胺。因此，普洱茶可以抑制烟气致癌物的毒害。而且普洱茶叶中多酚类物质单宁和单宁酸可与香烟中尼古丁化合形成无毒复合物，具有破坏及减轻烟草中尼古丁毒性的作用，对烟碱还有良好的过滤作用。

茱萸甘草茶 温中散寒、健胃止呕

[配方组成]

吴茱萸 10克 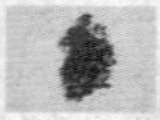 甘草 10克 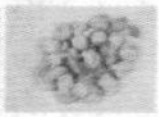

[制作方法]

❶ 将吴茱萸和甘草洗净。
❷ 一同放入锅中，加入适量水。
❸ 煮沸后转小火煮20分钟即可。

[饮用方法]

每日1剂，代茶温饮。

冲泡时间：1 3 5 8 10 15 18 **20** 25 30

✲养生功效

有温中散寒、健胃止呕的作用。

饮用宜忌

适宜脏寒吐泻、脘腹胀痛、经行腹痛者饮用。阴虚火旺者忌饮。

苹果肉桂茶 温经通脉

[配方组成]

苹果 1个  肉桂 10克 

[制作方法]

❶ 将苹果洗净、切丁，肉桂洗净。
❷ 同放入水杯中，再注入沸水。
❸ 盖好盖，闷10分钟即可。

[饮用方法]

每日1剂，代茶频饮。

冲泡时间：1 3 5 8 **10** 15 18 20 25 30

✲养生功效

有暖脾胃、散寒止痛、活血通经的功效。

饮用宜忌

适宜小腹寒冷、腰膝冷痛的人饮用。有口干舌燥、咽喉肿痛的人禁饮。

健康饮茶问与答

问 为什么忌过量喝茶？

答 过量喝茶，茶叶中的咖啡碱等物质在体内堆积过多，超过卫生标准，就会中毒，损害神经系统，还会对心脏等造成过大的负担，会引发心血管疾病，动脉粥样硬化。喝茶过多，茶叶中含有的利尿成分也会对肾脏器官造成很大的压力，影响肾功能。喝茶过量，还会使人精神过度膨胀，影响睡眠。

人参薄荷茶 补气益肺

[配方组成]

人参 5克 

薄荷叶 3片 

[制作方法]

❶ 将人参、薄荷叶放入水杯中。

❷ 先冲洗一下，再注入沸水。

❸ 闷5分钟后饮用。

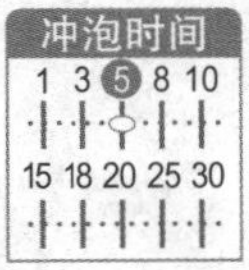

[饮用方法]

每天1剂，当茶饮用，也可放入冰糖调味。

养生功效

具有补气益肺、疏肝解郁的功效。

饮用宜忌

适宜冬季感冒后出现咳嗽或久咳不愈者饮用。阴虚火旺者不宜饮用。

沙苑子枸杞茶 补肾益精

[配方组成]

沙苑子 10克 

枸杞 10克 

[制作方法]

❶ 将沙苑子和枸杞混合。

❷ 均分成2份，装入茶包袋中。

❸ 取1袋，沸水冲泡10分钟后饮用。

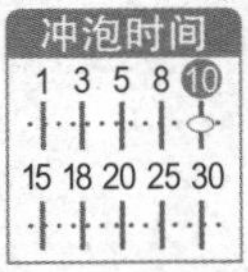

[饮用方法]

每天1剂，当茶饮用，也可放入冰糖调味。

养生功效

具有补肾益精、养肝明目的功效。

饮用宜忌

适宜肝肾阴亏、腰膝酸软、头晕者饮用。脾胃虚寒者不宜饮用。

健康饮茶问与答

问 茶叶除了喝还有其他的用处吗？

答 茶现在已经不局限于喝，吃茶越来越风行。而除了食用以外，用茶叶中的某些成分如儿茶素、黄酮类化合物等制造生活用品也出现了热潮。这些制品用途广泛，遍及衣、食、住、行等社会生活的各方面，其中使用最广泛的是家庭用品，如含有茶成分的背心、衬衫、浴衣、枕头、手巾、鞋垫，甚至还有带茶香的纸张。

肉桂姜红蜜茶 祛寒温中

[配方组成]

肉桂 5克 
生姜 2片 
红茶 5克 
蜂蜜 少许 

[制作方法]

❶ 肉桂和生姜捣碎，同红茶放入水杯。
❷ 先冲泡一遍，再注入沸水。
❸ 闷15分钟，添加蜂蜜饮用。

冲泡时间：1 3 5 8 10 ⑮ 18 20 25 30

养生功效

具有祛寒止痛、温通经脉的功效。

[饮用方法]

每天1剂，代茶温饮。

饮用宜忌

适宜心腹冷痛、虚寒吐泻者饮用。阴虚火旺者及孕妇慎饮。

枸杞花生仁红茶 散寒解表

[配方组成]

枸杞 5克 
花生仁 10克 
红茶 5克 

[制作方法]

❶ 花生仁炒熟，同枸杞、红茶放入杯中。
❷ 先冲洗一下，再注入沸水。
❸ 闷5分钟后饮用。

[饮用方法]

每天1剂，当茶饮用。

饮用宜忌

适宜风寒感冒、胃寒患者饮用。
阴虚火旺者不宜饮用。

冲泡时间：1 3 ⑤ 8 10 15 18 20 25 30

养生功效

具有散寒解表、温胃生津的功效。

健康饮茶问与答

问 花茶有什么特殊的功能？

答 花茶有多种，常见的有5个品种，它们各有各的特点和功能。茉莉花茶：理气开郁、辟秽和中；玫瑰花茶：香气浓郁清和，柔肝醒胃；玉兰花茶：香浓持久，有和气、消痰、益肺等功效；桂花乌龙：具有醒脾开胃，清齿利咽的功效；菊花茶：具有清热解毒、清肝明目、生津止渴功效。

黄芪当归糖茶 暖身祛寒

[配方组成]

黄芪 8克 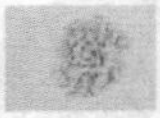

当归 8克 

红糖 适量 

[制作方法]

❶ 黄芪、当归洗净、捣碎。
❷ 全部材料放入锅中，注入三碗水。
❸ 熬制30分钟，取汁饮用。

[饮用方法]

每天1剂，当茶饮用，也可放入冰糖调味。

冲泡时间：1 3 5 8 10 15 18 20 25 30（30）

养生功效

具有益气养元、暖身祛寒的功效。

饮用宜忌

适宜胃寒、痛经者饮用。由感冒引起的多汗症不宜饮用。

桂圆莲子乌龙茶 滋阴补阳

[配方组成]

桂圆肉 3粒 

莲子 5克 

乌龙茶 5克 

[制作方法]

❶ 将3种材料放入杯中。
❷ 先冲洗一下，再注入沸水。
❸ 闷10分钟后饮用。

[饮用方法]

每天1剂，当茶饮用，也可放入冰糖调味。

冲泡时间：1 3 5 8 10 15 18 20 25 30（10）

养生功效

具有滋阴补阳、养心安神的功效。

饮用宜忌

适宜阳虚体质的人饮用。阴虚火旺的人慎饮。

健康饮茶问与答

问 饮茶可以防止骨质疏松吗？

答 是的，茶是能防止骨质疏松。这主要是镁的作用，成年人每天镁的摄入量应在300毫克。含镁高的食品有花生、大豆等，而茶叶中镁的含量明显高于上述食品，绿茶效果更好。所以成年人多饮茶，可以摄入较多量的镁元素有助于预防骨质疏松。

山楂肉桂红糖茶 温中暖胃

[配方组成]

山楂 8克 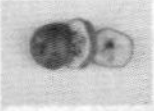
肉桂 8克 
红糖 适量 

[制作方法]

❶ 山楂、肉桂洗净、捣碎。
❷ 全部材料放入锅中，注入3碗水。
❸ 熬制20分钟，取汁饮用。

[饮用方法]

每天1剂，当茶饮用。

冲泡时间
1 3 5 8 10
15 18 20 25 30

养生功效

具有辛热助阳、温中暖胃的功效。

饮用宜忌

适宜下元惫冷、脐腹疼痛者饮用。阴虚火旺者，及孕妇慎饮。

姜枣党参茶 温中补虚

[配方组成]

生姜 半块 
红枣 8颗 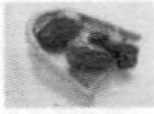
党参 16克 

[制作方法]

❶ 生姜切片，红枣掰开，党参捣碎。
❷ 三者混合成4份，分别装入茶包袋中。
❸ 取1袋，沸水冲泡15分钟后饮用。

[饮用方法]

每天1剂，当茶饮用。

养生功效

具有温中补虚、发汗解表的功效。

冲泡时间
1 3 5 8 10
15 18 20 25 30

饮用宜忌

适宜腹泻、倦怠无力的人饮用。胃热、胃痛的人不宜饮用。

健康饮茶问与答

问 绞股蓝是什么茶？它有什么功能呢？

答 绞股蓝茶是用优质炒青绿茶与已往加工干燥后的绞股蓝嫩叶按一定比例混合拼配而成的一种保健茶。具有滋补安神、生津止渴、清热解毒等功能，对气虚体弱、咳嗽慢性气管炎、慢性支气管炎、肝炎等有治疗作用。

阴虚体质

■ 口渴　■ 心烦气躁　■ 滋阴降火

阴虚体质和阳虚体质正相反，为阴血不足，有热象。具体表现为经常口渴、喉咙干、容易失眠、头昏眼花、容易心烦气躁、脾气差，皮肤枯燥无光泽、形体消瘦、盗汗、手足易冒汗发热、小便黄、粪便硬、常便秘等。阴虚体质的人，性情急躁易怒，很容易上火，所以阴虚体质养生重在滋阴降火、镇静安神。中医调养可选择滋补肾阴、清凉降火的茶材，如菊花、枸杞、苦瓜、薄荷、蒲公英等，冲泡后饮用，既美味甘甜、又可降火祛病。

金菊枸杞茶　火气大、常长痘

[配方组成]

金银花 3朵 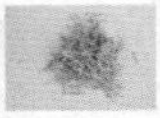

菊花 2朵 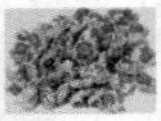

枸杞 6克 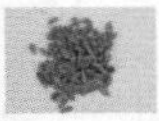

[制作方法]

❶ 将金银花、菊花、枸杞准备好。
❷ 全部茶材放入茶壶中，先用沸水冲洗一下，倒出。
❸ 再注入沸水，闷10分钟即可。

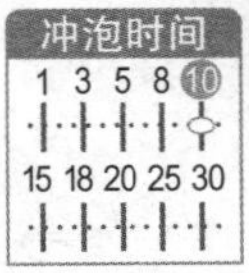

养生功效

具有清火除烦、滋阴润燥的功效。

[饮用方法]

每日1~2剂，代茶频饮。

饮用宜忌

适宜火气重、常长痘者饮用。此茶偏寒，不适合长期饮用。

养生小贴士

1. 可多食瘦猪肉、鸭肉、龟、鳖、绿豆、冬瓜、赤小豆、海蜇、荸荠、芝麻、百合等甘凉滋润之品。
2. 起居应有规律，居住环境宜安静，睡前不要饮茶、锻炼和玩游戏。
3. 适合做中小强度、间断性的身体练习，可选择太极拳、太极剑、气功等动静结合的传统健身项目。

红花山楂茶 清热降火、改善便秘

[配方组成]

红花 3克  山楂 5片 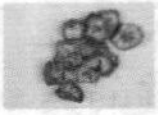

[制作方法]

❶ 将红花、山楂放入茶壶中。
❷ 先用沸水冲洗一下，倒出。
❸ 再注入沸水，闷10分钟即可。

[饮用方法]

每日1~2剂，代茶频饮。

✲养生功效

具有清热降火、活血化瘀的功效。

饮用宜忌

适宜大便燥结、胸前闷痛者饮用。产后妇女不可饮用。

莲心甘草绿茶 泻火、解毒

[配方组成]

莲心 3克  甘草 3克 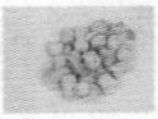 绿茶 5克 

[制作方法]

❶ 将莲心、甘草、绿茶放入茶壶中。
❷ 先用沸水冲洗一下，倒出。
❸ 再注入沸水，闷5分钟即可。

[饮用方法]

每日1~2剂，代茶频饮。

✲养生功效

本品具有清心火、解毒的作用。

饮用宜忌

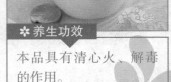

适宜心肾不交、阴虚火旺的失眠患者饮用。中满痞胀及大便燥结者忌饮。

健康饮茶问与答

问 喝绿茶能预防卵巢癌吗？

答 据科学资料显示，常喝绿茶可以预防卵巢癌，并有助于延长患卵巢癌女性的寿命。患卵巢癌的女性，喝绿茶者死于这种疾病的风险低于不喝绿茶者的一半。所以，女性每天至少喝一杯绿茶，能起最好的预防作用和有效地抑制已患病者的癌细胞增长。

苦瓜薄荷茶 清火气、解毒

[配方组成]

苦瓜 2片 
鲜薄荷 3片 
冰糖 适量 

[制作方法]

1. 将苦瓜洗净、切片。
2. 同薄荷放入水杯中。
3. 添加冰糖，再加入沸水，闷5分钟后饮用。

[饮用方法]

代茶温饮，每日1剂。

冲泡时间：1 3 5 8 10 15 18 20 25 30（5）

养生功效

本品具有清火气、解毒的功效。

饮用宜忌

脾胃虚寒者慎食，经期、哺育期女性慎饮。

薄荷甘草茶 清热解毒、祛痰止咳

[配方组成]

鲜薄荷 5片 
甘草 3克 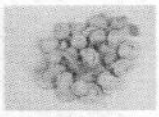

[制作方法]

1. 将薄荷、甘草放入水杯中。
2. 先用沸水冲洗一下，倒出。
3. 再注入沸水，闷5分钟即可。

[饮用方法]

每日1剂，代茶频饮。

冲泡时间：1 3 5 8 10 15 18 20 25 30（5）

养生功效

有清热解毒、祛痰止咳的作用。

饮用宜忌

适宜风寒感冒、头晕、咽痛者饮用。阴虚血燥，表虚汗多者忌用。

健康饮茶问与答

问 喝茶为什么可以防皮肤瘙痒？

答 因为茶叶里含有丰富的微量元素锰。锰元素能积极参与很多酶促反应，提高人体对蛋白质的吸收和利用能力，并能促使一些对皮肤有害物质的排泄；还可以增强半乳糖转移酶和多糖聚合酶的活性，防止皮肤干燥；还能促进维生素B_6在肝脏中的积蓄，增强人体抗皮肤炎的功能，所以喝茶可以防止皮肤瘙痒。

蒲公英茶 清热解毒、消痈散结

[配方组成]

蒲公英 15克 

[制作方法]

❶ 蒲公英洗净、撕碎。
❷ 放入砂锅中，加入适量水。
❸ 煮沸后煎15分钟，取汁。

[饮用方法]

代茶温饮，每日1剂。

冲泡时间：1 3 5 8 10 ⑮ 18 20 25 30

✲养生功效

具有清热解毒、消痈散结的功效。

饮用宜忌

适宜流感、急性咽喉炎、扁桃体炎者饮用。此茶不能冷饮，冷饮会导致腹泻。

桑菊茶 清热解毒、清火明目

[配方组成]

桑叶 10克 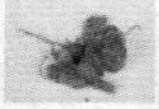
菊花 3朵 
玫瑰 3朵 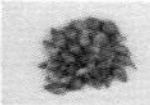

[制作方法]

❶ 将桑叶、菊花、玫瑰放入水杯中。
❷ 先用沸水冲洗一下，倒出。
❸ 再注入沸水，闷5分钟即可。

[饮用方法]

每日1剂，代茶频饮。

冲泡时间：1 3 ❺ 8 10 15 18 20 25 30

✲养生功效

具有清热解毒、清火明目的功效。

饮用宜忌

适宜口舌生疮、小便黄、大便干的人们饮用。脾胃虚寒者慎饮。

健康饮茶问与答

问 为什么用橘皮泡茶水会导致腹泻?

答 因为鲜橘皮表面一般附着农药或保鲜剂，一般的水洗、日晒并不会将这些有害物质去除干净；其次，鲜橘皮中含挥发油较多，也可能会刺激消化道，导致消化功能紊乱。所以，最好不要用鲜橘皮泡茶或泡酒，需要的话应到药房购买；如果自己晒制陈皮，还要注意，长霉的橘皮也不要使用。

洋参桂圆糖茶 滋阴降火

[配方组成]

西洋参 8克 
桂圆 3粒 
冰糖 3块 

[制作方法]

1. 将西洋参、桂圆肉放入水杯中。
2. 先用沸水冲洗一下，再注入沸水。
3. 添加冰糖，闷10分钟即可。

[饮用方法]

每日1剂，代茶频饮。

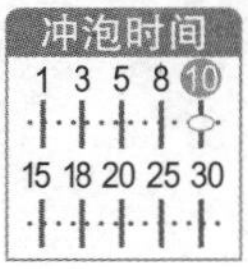

养生功效

具有滋阴降火、清热生津的功效。

饮用宜忌

适宜消渴、口燥咽干者饮用。中阳衰微，胃有寒湿者忌饮。

白菊花绿茶 清热解毒

[配方组成]

白菊花 8克 
绿茶 5克 
冰糖 3块 

[制作方法]

1. 将白菊花、绿茶放入水杯中。
2. 先用沸水冲洗一下，再注入沸水。
3. 添加冰糖，闷5分钟即可。

[饮用方法]

每日1剂，代茶频饮。

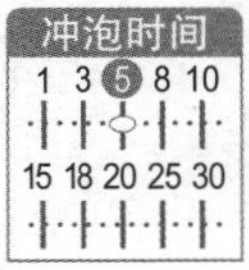

养生功效

具有清热解毒、养肝明目的功效。

饮用宜忌

适宜头痛口渴、咽喉肿痛者饮用。脾胃虚寒的人不宜饮用。

健康饮茶问与答

问 富硒茶对人体有什么功能？

答 富硒茶是采用富硒地区的茶树鲜叶为原料按传统的炒青绿茶加工工艺加工形成的一种保健茶。硒是人体必需的微量元素之一，硒在人体内发挥着重要的生物功能，缺硒会导致人体某些功能的丧失及人体对外界适应能力的减弱；硒在抗肿瘤、提高机体免疫力、抗衰老和心血管疾病，防止克山病和骨节病诸方面有很好的功效。

甘草绿茶 消火解毒

[配方组成]

甘草 8克  绿茶 5克 

[制作方法]

❶ 将甘草、绿茶放入水杯中。
❷ 先用沸水冲洗一下，再注入沸水。
❸ 加盖闷10分钟即可。

[饮用方法]

每日1剂，代茶频饮。

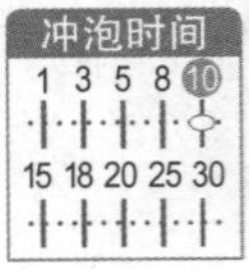

饮用宜忌

适宜咳嗽痰多、脘腹者饮用。脾虚泄泻者不宜饮用。

养生功效

具有消火解毒、祛痰止咳的功效。

灯芯银花茶 清心降火

[配方组成]

灯芯草 8克  金银花 8克 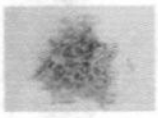 冰糖 3块 

[制作方法]

❶ 将灯芯草、金银花放入水杯中。
❷ 先用沸水冲洗一下，再注入沸水。
❸ 添加冰糖，加盖闷10分钟即可。

[饮用方法]

每日1剂，代茶频饮。

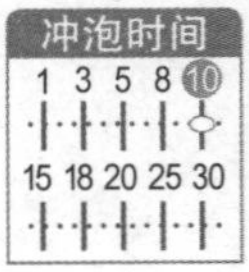

饮用宜忌

适宜热病烦渴、小便赤涩者饮用。脾虚泄泻者不宜饮用。

养生功效

具有清心降火、解渴消暑的功效。

健康饮茶问与答

问 茶叶中的糖对正在减肥的人有没有影响呢？

答 市场上有脱糖茶叶，所以很多人认为茶叶中糖分很高，会影响减肥。茶叶中碳水化合物的含量为30%左右，但大多数是水不溶性多糖类，能被沸水泡出来的糖类不过4%~5%，故茶叶是低热量的饮料，茶叶中的糖对正在减肥的人没有任何影响。

麦冬山楂银花茶 除烦降火

[配方组成]

麦冬 8克 
山楂 10克 
金银花 8克 

[制作方法]

❶ 将3种材料放入水杯中。
❷ 先用沸水冲洗一下，再注入沸水。
❸ 加盖闷10分钟即可。

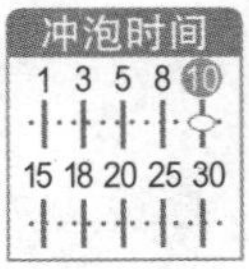

[饮用方法]

每日1剂，代茶频饮。

养生功效

具有除烦降火、清热解毒的功效。

饮用宜忌

适宜食欲不振、内火重的人饮用。脾胃虚寒的人不宜饮用。

黄柏甘草茶 泻火解毒

[配方组成]

黄柏 8克 
甘草 10克 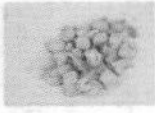
冰糖 5块 

[制作方法]

❶ 将黄柏、甘草洗净。
❷ 放入锅中，注入3碗水。
❸ 添加冰糖，熬制30分钟即可。

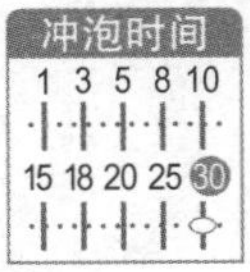

[饮用方法]

每日1剂，代茶频饮。

养生功效

具有退热除蒸、清热解毒的功效。

饮用宜忌

适宜食欲不振、泻火解毒的人饮用。脾虚泄泻、胃弱食少者不宜饮用。

健康饮茶问与答

问 刚做完手术身体还很虚弱，可以喝茶吗？

答 喝茶对身体虚弱的人是没有影响的，但对于刚做过手术的人来说，还是喝一些滋补强健的茶品为好，如人参茶、高丽参茶和花旗参茶等，这些茶是以上等的绿茶辅以东北人参、高丽参和正宗花旗参制成，有很好的滋补和强化身体各项机能的作用。对虚弱的身体可以起到很好的恢复作用。

麦冬红枣茶 清热凉血

[配方组成]

麦冬 6克  红枣 5颗 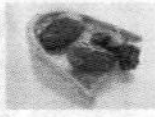 冰糖 5块 

[制作方法]

❶ 将麦冬、红枣洗净。
❷ 放入锅中，注入3碗水。
❸ 添加冰糖，熬制30分钟即可。

[饮用方法]

每日1剂，代茶频饮。

冲泡时间
1 3 5 8 10
15 18 20 25 30

养生功效

具有清热凉血、养阴生津的功效。

饮用宜忌

适宜上焦热、腹满不欲食者饮用。脾胃虚寒泄泻者不宜饮用。

菊槐绿茶 清肝降火

[配方组成]

菊花 15克 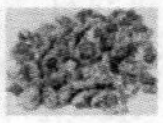 槐花 15克 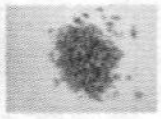 绿茶 15克 

[制作方法]

❶ 将3种茶材混合均匀。
❷ 分成3份，分别装入茶包袋中。
❸ 取1袋，沸水冲泡10分钟后饮用。

[饮用方法]

每日1剂，代茶频饮。

冲泡时间
1 3 5 8 10
15 18 20 25 30

养生功效

具有清肝降火、润肺止咳的功效。

饮用宜忌

适宜眼干眼涩、大便燥结者饮用。消化脾虚泄泻者不宜饮用。

健康饮茶问与答

问 为什么春茶价格较高？

答 茶树经过冬季物质的积累，为春茶提供了丰富的营养成分，春季茶树芽叶细嫩内含物丰富，做出的茶品质也最好；夏季茶树新梢芽叶生长迅速，使得能溶解于茶汤的水浸出物含量相对减少，导致夏茶成茶色泽不一，而且滋味较为苦涩。而秋茶叶色泛黄，滋味、香气显得比较平和。所以春茶价格一般都比较高。

连翘甘草茶 清心泻火

[配方组成]

连翘 8克 
甘草 10克 
冰糖 5块 

[制作方法]

❶ 将连翘、甘草洗净。
❷ 放入锅中，注入3碗水。
❸ 添加冰糖，熬制30分钟即可。

[饮用方法]

每日1剂，代茶频饮。

冲泡时间：1 3 5 8 10 15 18 20 25 30（30）

养生功效

具有清心泻火、消肿散结的功效。

饮用宜忌

适宜发热、心烦、咽喉肿痛者饮用。脾胃虚弱、气虚发热者不宜饮用。

山楂枸杞绿茶 泻火强心

[配方组成]

山楂 8克 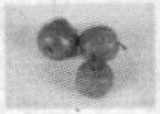
枸杞 5克 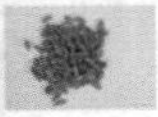
绿茶 5克 

[制作方法]

❶ 将三味茶材放入水杯中。
❷ 先用沸水冲洗一下，再注入沸水。
❸ 加盖闷5分钟即可。

[饮用方法]

每日1剂，代茶频饮。

冲泡时间：1 3 5 8 10 15 18 20 25 30（5）

养生功效

具有提神醒脑、泻火强心的功效。

饮用宜忌

适宜头晕头痛、咽喉肿痛者饮用。脾胃虚寒者不宜饮用。

健康饮茶问与答

问 茶叶是怎样制造的？

答 不同的生产工艺制出不同的茶，如绿茶是从鲜叶、杀青、揉捻到干燥；黄茶是从鲜叶、杀青、揉捻、闷黄到干燥；黑茶是从鲜叶、杀青、揉捻、渥堆到干燥；白茶是从鲜叶、萎凋到干燥；乌龙茶是从鲜叶、萎凋、作青、炒青、揉捻到干燥；红茶是从鲜叶、萎凋、揉捻、发酵到干燥。

黄连白糖绿茶　泻火解毒

[配方组成]

黄连 8克  白糖 2匙  绿茶 5克 

[制作方法]

❶ 将黄连和绿茶放入水杯中。
❷ 先用沸水冲洗一下，再注入沸水。
❸ 添加白糖，加盖闷10分钟即可。

[饮用方法]

每日1剂，代茶频饮。

冲泡时间
1 3 5 8 10
15 18 20 25 30

✲ 养生功效

具有清热燥湿、泻火解毒的功效。

饮用宜忌

适宜高热神昏、心火亢盛者饮用。体质虚寒者不宜饮用。

生地玄参绿茶　清心除烦

[配方组成]

生地 12克  玄参 15克  绿茶 15克 

[制作方法]

❶ 将生地、玄参捣碎，同绿茶混合。
❷ 均分成3份，分别装入茶包袋中。
❸ 取1袋，沸水冲泡10分钟后饮用。

[饮用方法]

每日1剂，代茶频饮。

冲泡时间
1 3 5 8 10
15 18 20 25 30

✲ 养生功效

具有凉血解毒、清热除烦的功效。

饮用宜忌

适宜口干咽燥、舌红少津者饮用。阳虚体质及脾胃有湿邪蕴滞者不宜饮用。

健康饮茶问与答

问　为什么忌喝劣质茶？

答　劣质茶中含有大量的残留农药以及未经处理过的有害物质，如果喝劣质茶过多，茶叶中的有害物质就会在体内存积，这样就会影响到整个身体的机能。长期喝劣质茶，一些垃圾水中所含的有毒物质，可能会引发血液中毒、肝肾等脏器中毒，使这些器官的功能下降，还会造成神经系统损伤，引发自主神经紊乱等。

痰湿体质

■ 肥胖 ■ 痰多 ■ 困倦 ■ 茶材

痰湿体质，是指脾胃运化相对较弱，气血津液运化失调，易形成痰湿，这种体质状态为痰湿体质。该体质的人常表现有体形肥胖、腹部肥满松软、面部皮肤油脂较多、多汗且黏、胸闷、痰多、面色淡黄而暗、眼胞微浮、容易困倦、平素舌体胖大、舌苔白腻或甜、身重不爽、喜食肥甘甜黏、大便正常或不实、小便不多或微混。痰湿体质重在祛湿痰，畅达气血。可以选用山楂、龙胆草、薏米、萝卜等茶材，用水冲泡饮用。

山楂桑菊茶 健胃促消化

[配方组成]

干山楂 3片 
菊花 3朵 
桑叶 1片 

[制作方法]

❶ 将桑叶、菊花、桑叶放入水杯中。
❷ 先用沸水冲洗一下，倒出。
❸ 再注入沸水，闷5分钟即可。

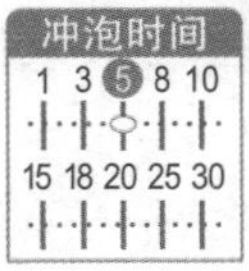

养生功效

具有清热解毒、清火明目的功效。

饮用宜忌

适宜口舌生疮、小便黄、大便干的人们饮用。
脾胃虚寒者慎饮。

[饮用方法]

每日1剂，代茶频饮。

养生小贴士

1. 应常吃味淡性温平的食品，尤其是一些具有健脾利湿、化瘀祛痰的食物。
2. 洗热水澡，以出汗为宜；穿衣尽量保持宽松，面料以棉、麻等透气散湿的衣料为主。
3. 嗜睡者应逐渐减少睡眠时间，多进行户外活动。
4. 不宜在潮湿的环境里久留，在阴雨季节要注意避免湿邪的侵袭。
5. 加强运动，强健身体机能，健康脾胃功能。

◀龙胆菊花绿茶 凉血、清热、明目

[配方组成]

龙胆草 15克 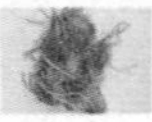　菊花 3朵 　绿茶 6克 

[制作方法]

❶ 将2种茶材捣碎，与绿茶混合。
❷ 均分成3份，分别装入茶包袋中。
❸ 每次取1袋，沸水冲泡，闷10分钟后饮用。

[饮用方法]

代茶频饮，每日1剂。

✲养生功效

具有凉血、清热、明目的功效。

饮用宜忌

适用于肝经实火导致的眩晕、头痛、耳鸣等症。脾胃虚寒泄泻，舌淡苔白者忌饮。

◀核桃黑芝麻茶 补肾温胃

[配方组成]

核桃 15克 　红糖 25克 　黑芝麻 3克 

[制作方法]

❶ 将核桃去壳掰碎，同绿茶、黑芝麻放入水杯中。
❷ 注入沸水，闷5分钟后。
❸ 加入红糖，待熔化后饮用。

[饮用方法]

每日1剂，随冲随饮。

✲养生功效

具有补肾温胃、补肾强腰、延年益寿的功效。

饮用宜忌

适宜痰湿体质者饮用。孕妇及产妇在哺乳期者忌饮。

健康饮茶问与答

问 为什么菊花茶是眼睛的守护天使？

答 中国自古就知道菊花能明目，除了涂抹眼睛可消除浮肿之外，泡一杯菊花茶来喝，能使眼睛疲劳的症状消失，如果每天喝3~4杯的菊花茶，对恢复视力也有帮助。菊花的种类很多，没经验的人会选择花朵白皙，且大朵的菊花。其实又小又丑且颜色泛黄的菊花反而是上选。

萝卜枸杞茶 消积食、生津润燥

[配方组成]

萝卜 20克  枸杞 10克 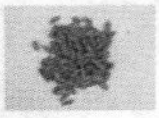

[制作方法]

1. 把萝卜洗净、切丁，枸杞洗净。
2. 与枸杞一起放到水杯中。
3. 用沸水冲泡，闷10分钟。

[饮用方法]

每日当茶饮用，当日可以反复冲泡。

冲泡时间：1 3 5 8 10 15 18 20 25 30（10）

养生功效

具有消积食、生津润燥的功效。

饮用宜忌

适宜脾胃不和、津液不畅者饮用。体弱气虚者不宜饮用。

薏米冬瓜皮茶 利尿消肿、血糖双降

[配方组成]

薏米 10克  干冬瓜皮 10克 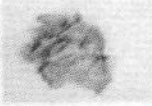

[制作方法]

1. 将薏米放入无油锅，翻炒至发黄。
2. 将冬瓜皮撕碎。
3. 同意米一起放入水杯，闷10分钟后饮用。

[饮用方法]

每日1剂，代茶饮用，随冲随饮。

冲泡时间：1 3 5 8 10 15 18 20 25 30（10）

养生功效

具有利尿消肿、血糖双降的功效。

饮用宜忌

适宜身体浮肿、高血压、高血糖患者饮用。脾胃虚弱、便溏腹泻者慎饮。

健康饮茶问与答

问 吃太咸的食物后为何宜饮茶？

答 因为吃太咸的食物会过量摄入食盐。体内盐分过高，对健康不利，应尽快饮茶利尿，排出盐分。有的腌制食品还含有大量的硝酸盐，食用后硝酸盐易与其他一同吃下的食物中的二级胺发生反应产生亚硝胺，亚硝胺是一种致癌物。饮茶，尤其是多饮儿茶素含量较高的高级绿茶，可以抑制致癌物的形成，增强免疫功能。

茯甘酸枣仁茶 合胃安神

[配方组成]

茯苓 9克 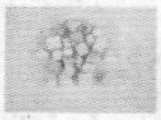 甘草 12克 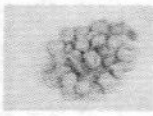 酸枣仁 12克 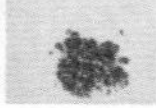

[制作方法]

❶ 将茯苓、甘草捣碎，同酸枣仁混合。
❷ 均分成3份，分别装入茶包袋中。
❸ 取1袋，沸水冲泡10分钟后饮用。

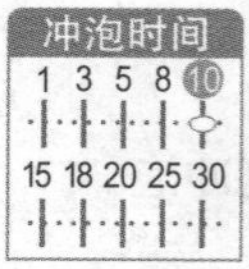

[饮用方法]

代茶温饮，每日1剂。

养生功效

具有渗湿利水、健脾和胃的功效。

饮用宜忌

适宜小便不利、水肿胀满者饮用。腹胀及小便多者不宜饮用。

山楂神曲茶 理气化湿

[配方组成]

干山楂 5片  神曲 2块 

[制作方法]

❶ 山楂、神曲冲洗净。
❷ 放入锅中，注入清水。
❸ 熬制30分钟，取汁饮用。

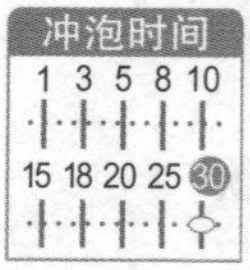

[饮用方法]

每天1剂，当茶饮用，可以添加蜂蜜饮用。

养生功效

具有健脾消食、理气化湿的功效。

饮用宜忌

适宜瘀血不运、肚腹胀闷者饮用。因湿热蕴结下焦所致之遗精、腰痛者忌饮。

健康饮茶问与答

问 运动前后喝茶好吗？

答 很多人在每次运动前都会喝上一杯绿茶或红茶，这是很正确的方法。因为以往研究表明绿茶和红茶中含有一种叫黄酮类的抗氧化剂物质，它能抵制细胞和组织受损。并且茶叶中含有的咖啡因可使人精神振奋。运动后大量补水是必不可少的，如果喝上几口天然纯正的乌龙茶，解渴的效果更佳。

黄豆盐茶 健脾利湿

[配方组成]

黄豆 15克 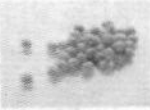

食盐 3匙 

[制作方法]

1. 黄豆用水泡开，放入锅中。
2. 注入3碗水，煮沸后调入盐。
3. 再熬制30分钟，取汁饮用。

[饮用方法]

每天1剂，当茶饮用。

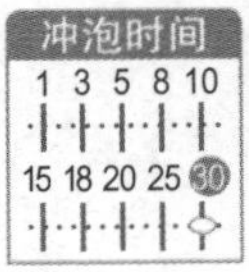

养生功效

具有健脾利湿、清热解毒的功效。

饮用宜忌

适宜水肿、小便不利者饮用。脘腹胀痛者不宜饮用。

茉莉乌龙茶 理气化湿

[配方组成]

茉莉 8克 

乌龙茶 5克 

[制作方法]

1. 将茉莉、乌龙茶放入水杯中。
2. 先用沸水冲洗一下，倒出。
3. 再注入沸水，闷5分钟即可。

[饮用方法]

每日1剂，代茶频饮。

养生功效

具有消肿解毒、理气化湿的功效。

饮用宜忌

适宜患有痢疾、腹痛、结膜炎者饮用。怀孕期间的妇女不宜饮用。

健康饮茶问与答

问 为什么儿童喝茶要清淡？

答 浓茶中含有大量的茶碱、咖啡因，会对人体产生强烈的刺激，严重时还易引起头痛、失眠。而且，茶叶还有利尿、杀菌、消炎等多种作用，因此儿童可以适当饮茶，只是不宜饮浓茶。儿童适量饮一些淡茶，可以补充一些维生素和钾、锌等矿物质营养成分。

茉莉荷叶绿茶 化湿和中

[配方组成]

茉莉 8克 
荷叶 8克 
绿茶 5克 

[制作方法]

1. 将3种材料放入水杯中。
2. 先用沸水冲洗一下，倒出。
3. 再注入沸水，闷5分钟即可。

冲泡时间
1 3 5 8 10
15 18 20 25 30

[饮用方法]

每日1剂，代茶频饮。

饮用宜忌

适宜患有水肿、疮毒、腹痛者饮用。孕妇不宜饮用。

养生功效

具有化湿和中、理气开郁的功效。

佩兰绿茶 化湿和胃

[配方组成]

佩兰 8克 
绿茶 5克 

[制作方法]

1. 将佩兰、绿茶放入水杯中。
2. 先用沸水冲洗一下，倒出。
3. 再注入沸水，闷5分钟即可。

冲泡时间
1 3 5 8 10
15 18 20 25 30

[饮用方法]

每日1剂，代茶频饮。

饮用宜忌

适宜患有水肿、呕吐者饮用。阴虚血燥、气虚腹胀者慎饮。

养生功效

具有解热清暑、化湿和胃的功效。

健康饮茶问与答

问 在家收藏的散装普洱茶可以用玻璃瓶盛装吗？

答 大家都知道普洱茶陈放越久越好，一般来说，只要不受阳光直射或雨淋，环境清洁卫生，通风无其他杂味异味，建议将普洱存放在陶瓷缸中存放。另外，最好以紧压茶收藏为好，因为紧压茶体极小，且有规则，易于存放；不易变质，紧压在内部的茶所处的环境较好，利于后发酵。

血瘀体质

■ 瘀血　■ 形体偏瘦　■ 健忘

血瘀体质，是全身性的血脉不那么畅通，有一种潜在的瘀血倾向。典型的瘀血体质，形体偏瘦者居多。“瘀血不去，新血不生”，微循环不畅通，直接影响组织营养，就算吃得不少，也到不了该去的地方发挥作用。而且由于下游不畅，时间久了也会使上游食欲受到影响。瘀血体质者常见表情抑郁、呆板，面部肌肉不灵活、健忘、记忆力下降，而且因为肝气不舒展，还经常心烦易怒。血瘀体质重在活血散瘀，可以选用桂圆、红枣、红糖等茶材，冲泡饮用。

茉莉山楂饮　活血顺气

[配方组成]

茉莉 3朵 　干山楂 3片 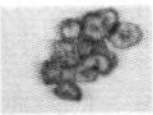

[制作方法]

1. 将茉莉花、山楂，放入水杯中。
2. 先用沸水冲泡一下，再注入沸水。
3. 闷5分钟后即可饮用。

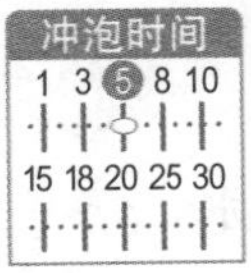

养生功效

具有活血化瘀、消食顺气的功效。

[饮用方法]

每日1剂，随冲随饮。

饮用宜忌

适宜气滞血瘀型患者饮用。
脾胃虚弱者不适合饮用。

养生小贴士

1. 忌食寒凉，多吃具有活血、散结、行气、疏肝解郁作用的食物。
2. 春季和早晨阳气生发，早睡早起、多做舒展活动。秋冬要特别注意保暖。
3. 多和乐观开朗的人在一起参与团体活动。但是中老年血瘀质的人不宜参加剧烈、竞技的运动。
4. 多运动，心肺功能被唤起非常有助于消散瘀血。
5. 血瘀体质的人很适合推拿、拔罐、刮痧、放血等疗法。

莲子乌龙茶 安神活血

[配方组成]

莲子 20克  乌龙茶 20克  冰糖 10块 

[制作方法]

❶ 莲子煮熟后，与乌龙茶、冰糖混合。
❷ 分成5份待用。
❸ 取1份，沸水冲泡20分钟后饮用。

冲泡时间：1 3 5 8 10 15 18 **20** 25 30

[饮用方法]

代茶饮用，每日1剂。

饮用宜忌

适宜肝郁气滞、心烦易怒者饮用。大便干结和脘腹胀闷者忌饮。

养生功效

具有安神活血、益肾固精的功效。

桂圆红枣茶 温养脾胃、活血安神

[配方组成]

桂圆 10克  红枣 5颗  红糖 适量 

[制作方法]

❶ 桂圆洗净、去皮，红枣洗净。
❷ 将材料都放入茶壶中，再注入沸水。
❸ 加盖闷5分钟后即可饮用。

冲泡时间：1 3 **5** 8 10 15 18 20 25 30

[饮用方法]

每日1~2剂，随冲随饮。

饮用宜忌

适宜脾胃运化不畅、瘀血不通者饮用。体内火大的人少量饮用。

养生功效

具有温胃养胃、活血安神的功效。

健康饮茶问与答

问 早晨起床后为什么适合立即饮淡茶？

答 因为人在睡前都不会饮用过多的水，经过一夜的新陈代谢，人体会消耗大量的水分，血液的浓度增大。饮一杯淡茶水，不仅可以补充水分，而且还可以稀释血液、降低血压。特别是老年人，早起后立即饮一杯淡茶水，对健康有利，饮淡茶水还可以防止损伤胃黏膜。

◀生地栀子花茶 清热凉血

[配方组成]

生地 10克		栀子花 6克		红糖 10克	

[制作方法]

❶ 将生地、栀子花洗净。

❷ 一起放入水杯中，注入沸水。

❸ 添加红糖，闷10分钟后饮用。

[饮用方法]

每日1剂，随冲随饮。

冲泡时间
1 3 5 8 10
15 18 20 25 30

✲养生功效

具有泻火除烦、清热凉血的功效。

饮用宜忌

适宜肺热咳嗽、肿毒者饮用。脾虚便溏者忌饮。

◀红花红糖绿茶 养血和血

[配方组成]

红花 10克		绿茶 5克		红糖 10克	

[制作方法]

❶ 将红花、绿茶放入水杯。

❷ 先用沸水冲泡一遍，再注入沸水。

❸ 添加红糖，闷10分钟后饮用。

[饮用方法]

每日1剂，随冲随饮。

冲泡时间
1 3 5 8 10
15 18 20 25 30

✲养生功效

具有养血活血、散瘀止痛的功效。

饮用宜忌

适宜经闭、痛经、恶露不净者饮用。孕妇不宜饮用。

健康饮茶问与答

问 **黑茶是普洱茶吗？**

答 黑茶是以小叶种茶树粗老鲜叶为原料，制成的初制毛茶；普洱茶是以大叶种晒青毛茶为原料，经自然发酵陈化，或人工渥堆后发酵而制成的再加工茶类。黑茶与普洱茶的外形，内质有着本质的不同。

黄芪山楂绿茶 通经顺脉

[配方组成]

黄芪 12克 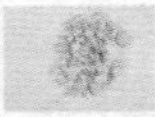
干山楂 12克 
绿茶 12克 

[制作方法]

❶ 将三味茶材捣碎、混合。
❷ 分为3份，分别装入茶包袋中。
❸ 取1袋，沸水冲泡10分钟后饮用。

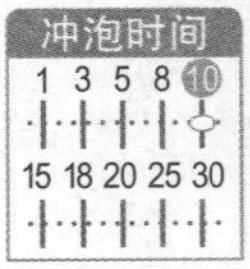

[饮用方法]

每日1剂，随冲随饮。

饮用宜忌

适宜月经不调、脾胃不和者饮用。消化性溃疡患者不宜饮用。

养生功效

具有行气和胃、通经顺脉的功效。

葡萄干黑枣红茶 活血补气

[配方组成]

葡萄干 10粒 
黑枣 5粒 
红茶 5克 

[制作方法]

❶ 将葡萄干、黑枣、红茶放入水杯。
❷ 先用沸水冲泡一遍，再注入沸水。
❸ 加盖闷10分钟后饮用。

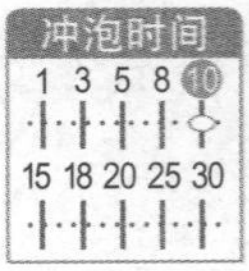

[饮用方法]

每日1剂，随冲随饮。

饮用宜忌

适宜轻度贫血、脸色苍白者饮用。阴虚火旺的人不宜饮用。

养生功效

具有补肾养胃、活血补气的功效。

健康饮茶问与答

问 茶叶越新鲜越好吗?

答 许多人喜欢买新炒的铁观音茶，其实，新茶往往不能趁“鲜”喝。“铁观音茶越新鲜越好”的观点是一种误解。并不是所有的茶叶都是越新鲜越好，太新鲜的茶叶对病人来说更不好，像一些患有胃酸缺乏，或者有慢性胃溃疡的老年患者，更不适合喝新茶。新茶会刺激他们的胃黏膜，导致肠胃不适，甚至会加重病情。

龙胆草槐花红茶 清热凉血

[配方组成]

龙胆草 10克  槐花 5克 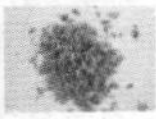 红茶 5克 

[制作方法]

1. 将龙胆草、槐花、红茶放入水杯。
2. 先用沸水冲泡一遍，再注入沸水。
3. 加盖闷10分钟后饮用。

冲泡时间 1 3 5 8 10 15 18 20 25 30

[饮用方法]

每日1剂，随冲随饮。

养生功效

具有清热凉血、解毒止痛的功效。

饮用宜忌

适宜血热妄行、肝热目赤者饮用。体实有火者不宜饮用。

红花红茶 活血化瘀

[配方组成]

红花 10克  红茶 5克 

[制作方法]

1. 将红花、红茶放入水杯。
2. 先用沸水冲泡一遍，再注入沸水。
3. 加盖闷10分钟后饮用。

冲泡时间 1 3 5 8 10 15 18 20 25 30

[饮用方法]

每日1剂，随冲随饮。

养生功效

具有补养肝肾、活血化瘀的功效。

饮用宜忌

适宜经脉不通、瘀滞腹痛者饮用。怀孕的妇女不宜饮用。

问 普洱茶用什么器皿保存好?

答 就质地而言，收藏普洱茶的容器类型很多：土器、木器、玻璃、纸质等都可选择使用，金属、搪瓷容器密度高、透气性差，如不解决透气性问题，不利于普洱茶的陈化；塑料容器容易散发“塑料味”而污染茶叶，不宜作为储藏普洱茶的容器使用。选择普洱茶储藏容器时，透气性好的容器较为理想。

气郁体质

■ 气郁 ■ 烦闷 ■ 行气解郁 ■ 茶材

人体之气是人生命运动的根本和动力。生命活动的维持，必须依靠气。当气不能外达而结聚于内时，便形成“气郁”。人体的气，除与先天禀赋、后天环境以及饮食营养相关以外，且与肾、脾、胃、肺的生理功能密切相关。所以机体的各种生理活动，实质上都是气在人体内运动的具体体现。气郁多由忧郁烦闷、心情不舒畅所致。长期气郁会导致血循环不畅，严重影响健康。气郁体质的养生重在行气解郁，可以选用西洋参、竹叶、薄荷等茶材，冲泡饮用。

薄荷绿茶 缓解压力、抚平情绪

[配方组成]

鲜薄荷 10克 

绿茶 5克 

[制作方法]

❶ 将薄荷叶撕成小块。
❷ 同绿茶放入杯中，先冲洗一下。
❸ 再次注入沸水，闷5分钟后饮用。

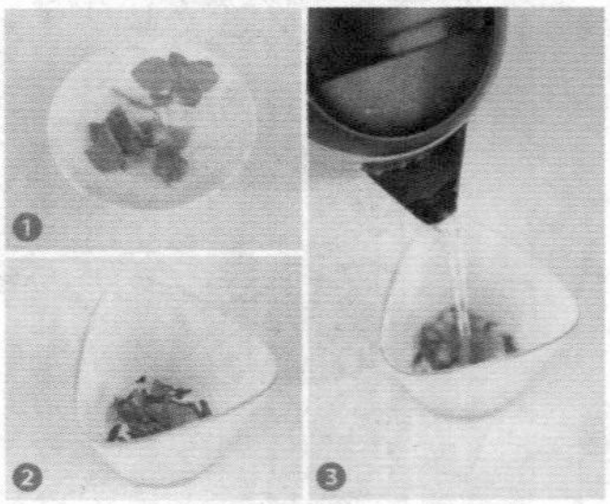

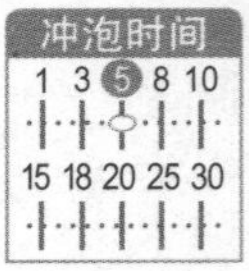

养生功效

可以散风热、舒缓压力、抚平情绪。

[饮用方法]

每日1~2剂，代茶饮用，随冲随饮。

饮用宜忌

适宜心焦火旺、情绪暴躁的人饮用。
体虚多汗者，不宜饮用。

养生小贴士

1. 注意劳逸结合，早睡早起，保证有充足的睡眠时间。
2. 应选用具有理气解郁、调理脾胃功能的食物，应少食收敛酸涩之物和冰冷食品。
3. 可少量饮酒，以活动血脉，提高情绪。
4. 多参加体育锻炼及旅游活动。
5. 应养心安神，宜用甘麦红枣汤。

杜仲山楂茶 解压、顺气

[配方组成]

杜仲 10克  干山楂片 4片 

[制作方法]

❶ 将山楂和杜仲一同放入水杯中。
❷ 先冲洗一下，再注入沸水。
❸ 盖好盖，闷10分钟即可。

[饮用方法]

每日1剂，代茶频饮，杜仲可连续冲泡。

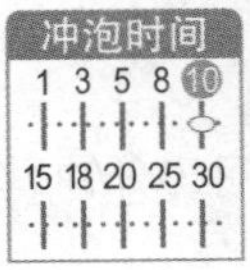

养生功效

具有增加食欲、解压顺气的功效。

饮用宜忌

适宜食欲减退、气郁苦闷者饮用。阳气较盛的人不可饮用。

西洋参枸杞茶 补元气、抗抑郁

[配方组成]

西洋参 10克 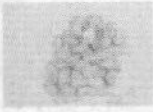 枸杞 10克 

[制作方法]

❶ 将所有的茶材放入水杯中。
❷ 先冲洗一下，再注入沸水。
❸ 盖上盖，闷10分钟后即可饮用。

[饮用方法]

滤渣取汁饮用，每日1剂。

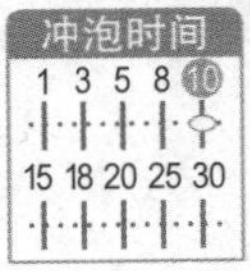

养生功效

具有补元气、抗抑郁的功效。

饮用宜忌

适用于气虚阴亏，内热，咳喘痰血，虚热烦倦者。腹泻、脾阳虚弱者不可饮用。

健康饮茶问与答

问 枸杞茶也可益寿延年吗？

答 枸杞中含有甜菜硷、多糖、粗脂肪、粗蛋白、胡萝卜素、维生素A、维生素C、维生素B_1、维生素B_2及钙、磷、铁、锌、锰、亚油酸等营养成分，对造血功能有促进作用，还能抗衰老、抗突变、抗肿瘤、抗脂肪肝及降血糖等作用。因此，枸杞子有益延年益寿。

竹叶清心茶 止烦热、清心滋阴

[配方组成]

甘草 20克 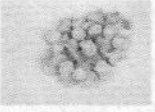 竹叶 30克  鲜薄荷 10克 

[制作方法]

❶ 将竹叶、甘草、薄荷切碎。
❷ 将3种材料混合，分成5份。
❸ 分别将每份放入茶包袋中。

[饮用方法]

每次取1小袋，用沸水冲泡，闷10分钟后饮用。

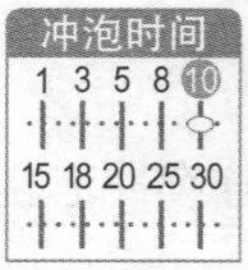

养生功效

具有止烦热、清心滋阴的功效。

饮用宜忌

适宜气郁不畅、心烦气躁的人饮用。恶寒明显者不宜饮用。

黑白芝麻茶 补肝肾、益精血

[配方组成]

黑芝麻 10克  白芝麻 10克 

[制作方法]

❶ 芝麻放入无油锅中翻炒。
❷ 放凉后倒入密封的玻璃容器中保存。
❸ 每次取5克，沸水冲泡10分钟后饮用。

[饮用方法]

代茶饮用，每日1剂。

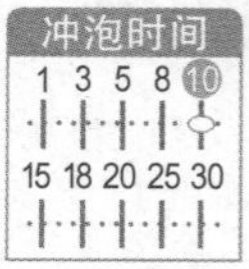

养生功效

缓和日益渐长的白发与衰老的记忆力。

饮用宜忌

适宜脱发、须发早白的人饮用。热燥性咳嗽、喉咙肿痛者不宜饮用。

健康饮茶问与答

问 喝隔夜茶会得癌症吗？

答 一般说来是不会的。隔夜茶或是冲泡后放置了一段时间的茶水，只要没有变质，是没有毒害作用的。当然，在温度较高的夏天，茶汤的放置时间长了会发馊变质。这种变了质甚至长了霉菌的茶水，与其他变质饮料一样，也是不宜饮用的。所以说，喝隔夜茶与癌症是没有直接联系的。

百合枸杞蜜茶 解郁安神

[配方组成]

百合花 10克 
枸杞 8克 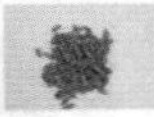
蜂蜜 适量 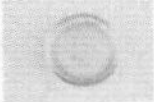

[制作方法]

❶ 将百合花、枸杞放入水杯中。
❷ 先用沸水冲洗一下，再注入沸水。
❸ 闷5分钟后，添加蜂蜜饮用。

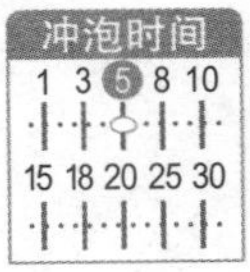

[饮用方法]

每日1剂，代茶频饮。

养生功效

具有解郁安神、除烦助眠的功效。

饮用宜忌

适宜郁结胸闷、失眠健忘者饮用。阴虚津伤者慎饮。

红枣绿豆茶 大补气血

[配方组成]

红枣 5颗 
绿豆 8克 
红糖 适量 

[制作方法]

❶ 红枣洗净、掰开，绿豆泡水。
❷ 一起放入锅中，注入3碗水。
❸ 添加红糖，熬制30分钟取汁饮用。

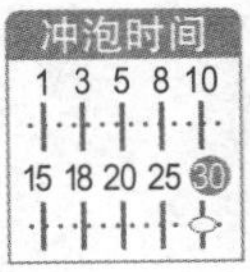

[饮用方法]

每天1剂，当茶饮用。

养生功效

具有大补气血、健脾益胃的功效。

饮用宜忌

适宜气滞血瘀、轻度贫血者饮用。此茶不宜过量饮用。

健康饮茶问与答

问 茶叶能和蜜糖一起泡来饮用吗？

答 答案是可以的。最好选用普洱茶，普洱茶比较温和，与蜂蜜一起冲调可起到更好的保健作用。蜂蜜有保健及润肠通便的作用，而普洱茶具有减肥的作用。普洱茶内含的皂苷和维生素P高于其他茶类，对化油腻、降血脂、减肥有独特的作用。

丹参黄精绿茶 补气养阴

[配方组成]

丹参 3克  黄精 5克  绿茶 5克 

[制作方法]

❶ 将丹参、黄精、绿茶放入水杯中。
❷ 先用沸水冲洗一下，倒出。
❸ 再注入沸水，闷10分钟即可。

[饮用方法]

每日1剂，代茶频饮。

冲泡时间：1 3 5 8 **10** 15 18 20 25 30

养生功效

具有补气养阴、滋肾润肺的功效。

饮用宜忌

适宜脾胃虚弱、体倦乏力者饮用。孕妇及无瘀血者慎饮。

党参红枣饮 益气解郁

[配方组成]

红枣 5颗  党参 8克 

[制作方法]

❶ 红枣、党参洗净。
❷ 一起放入锅中，注入3碗水。
❸ 熬制30分钟后，取汁饮用。

[饮用方法]

每天1剂，当茶饮用。

冲泡时间：1 3 5 8 10 15 18 20 25 **30**

养生功效

具有健脾益肺、益气解郁的功效。

饮用宜忌

适宜脾肺虚弱、气短心悸者饮用。有实邪者不宜饮用。

健康饮茶问与答

问 茶叶是否可以晒太阳？

答 茶叶极易吸湿吸异味，同时在高温高湿、阳光照射及充足氧气条件下，会加速茶叶内含成分的变化。茉莉花茶是绿茶的再加工茶，保管时应注意防潮，尽量存放于阴凉干燥、无异味的环境中。红茶与乌龙茶：只要避开光照、高温及有异味的物品，就可较长时间保存。普洱茶如果保存得当，会越陈越香。

灵芝洋参蜜茶 补元气、益心肺

[配方组成]

灵芝 8克 
西洋参 8克 
蜂蜜 适量 

[制作方法]

1. 灵芝、西洋参洗净。
2. 一起放入锅中，注入3碗水。
3. 熬制30分钟，取汁添加蜂蜜饮用。

[饮用方法]

每天1剂，当茶饮用。

冲泡时间：1 3 5 8 10 15 18 20 25 30（30）

养生功效

具有补元气、益心肺的作用。

饮用宜忌

适宜虚劳、咳嗽、气喘、失眠者饮用。慢性活动性肝炎不宜饮用。

党参瑰菊茶 补中益气

[配方组成]

党参 6克 
玫瑰 3朵 
菊花 8克 

[制作方法]

1. 将党参、玫瑰、菊花放入水杯中。
2. 先用沸水冲洗一下，倒出。
3. 再注入沸水，闷10分钟即可。

[饮用方法]

每日1剂，代茶频饮。

冲泡时间：1 3 5 8 10 15 18 20 25 30（10）

养生功效

具有健脾益肺、补中益气的功效。

饮用宜忌

适宜气短心悸、食少便溏者饮用。有实邪者忌饮。

健康饮茶问与答

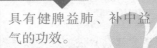

问 为什么不能常喝新炒的茶?

答 新茶指摘下不足一月的茶，这种茶形、色、味上乘。但新茶不宜常饮，因新茶存放时间短，多酚类、醇类、醛类含量较多，经常饮用会出现腹痛、腹胀等现象。且新茶中含有活性较强的鞣酸、咖啡因等，人饮后容易神经系统高度兴奋，产生四肢无力、冷汗淋漓和失眠等。

葡萄干茉莉桂圆茶 大补元气

[配方组成]

葡萄干 6粒 
茉莉 3朵 
桂圆肉 3粒 

[制作方法]

1. 将葡萄干、茉莉、桂圆肉放入杯中。
2. 先用沸水冲洗一下，倒出。
3. 再注入沸水，闷10分钟即可。

冲泡时间
1 3 5 8 10
15 18 20 25 30

[饮用方法]

每日1剂，代茶频饮。

饮用宜忌

适宜心郁气滞、心烦失眠者饮用。怀孕的妇女不宜饮用。

养生功效

具有大补元气、养心安神的功效。

酸枣仁五味子枸杞茶 补气强身

[配方组成]

酸枣仁 9克 
五味子 9克 
枸杞 12克 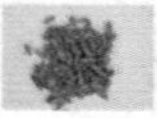

[制作方法]

1. 将3味茶材混合均匀。
2. 分成3份，分别装入茶包袋中。
3. 取1袋，沸水冲泡10分钟后饮用。

冲泡时间
1 3 5 8 10
15 18 20 25 30

[饮用方法]

每日1剂，代茶频饮。

饮用宜忌

适宜津伤口渴、短气脉虚者饮用。湿热症状明显者不宜饮用。

养生功效

具有补气强身、解郁安心的功效。

健康饮茶问与答

问 什么是藤茶？

答 藤茶的地方叫法有山甜茶、龙须茶、甘露茶、茅岩莓等。它主要分布在两广、两湖、云贵、江西、福建等省，生长在山坡混交林中，野生贮量大。藤茶味甘淡性凉，具清热解毒、抗菌消炎、祛风除湿、强筋骨、降血压、降血脂和保肝等功效。

特禀体质

■ 遗传 ■ 过敏 ■ 益气固表 ■ 养血消风

特禀体质又称特禀型生理缺陷、过敏。“特禀”其实就是特殊禀赋，是指由于遗传因素和先天因素所造成的特殊状态的体质，主要包括过敏体质、遗传病体质、胎传体质等。特禀体质有多种表现，比如有的人即使不感冒也经常鼻塞、打喷嚏、流鼻涕，容易患哮喘，容易对药物、食物、气味、花粉、季节过敏；有的人皮肤容易起荨麻疹，皮肤常因过敏出现紫红色瘀点、瘀斑，皮肤常一抓就红。特禀体质的调养重在益气固表、养血消风。

◀菊花冰糖饮 散风热、防过敏

[配方组成]

菊花 15克 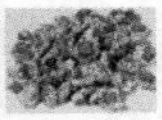

冰糖 适量 

[制作方法]

❶ 将菊花放入水杯中。

❷ 先冲洗一下，放入冰糖。

❸ 注入沸水，闷5分钟后饮用。

✲ 养生功效

长期饮用可使面色红润，起到防病保健、驻颜美容的作用。

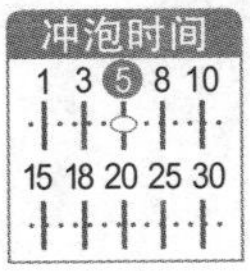

饮用宜忌

适宜容易过敏的人饮用。

排便困难以及长期便秘的人不适合。

[饮用方法]

每日1~2剂，代茶饮用，随冲随饮。

养生小贴士

1. 饮食宜清淡、均衡，粗细搭配适当，荤素配伍合理。
2. 少食荞麦、蚕豆、鲤鱼、虾、蟹、茄子、酒、辣椒，不饮浓茶、咖啡等刺激之品。
3. 保持室内清洁，被褥、床单要经常洗晒，室内装修后不宜立即搬进居住。
4. 春季减少室外活动时间，可防止对花粉过敏。
5. 不宜养宠物，起居应有规律，积极参加各种体育锻炼，避免情绪紧张。

金银花薄荷茶 去火、防感冒

[配方组成]

金银花 3朵  薄荷 10克 

[制作方法]

❶ 将金银花、薄荷放入水杯中。
❷ 先冲洗一下，再注入沸水。
❸ 闷5分钟后饮用。

[饮用方法]

每日1~2剂，代茶饮用，随冲随饮。

冲泡时间：1 3 **5** 8 10 15 18 20 25 30

养生功效

本品具有去火、防感冒的功效。

饮用宜忌

适宜心中有火、体质虚弱的人饮用。此茶性凉，不适合长期饮用。

地丁甘草茶 散热益气

[配方组成]

地丁 20克 
甘草 20克 
胖大海 20克 
冰糖 适量 

冲泡时间：1 3 5 8 10 15 18 **20** 25 30

[制作方法]

❶ 将地丁、甘草、胖大海捣碎。
❷ 与冰糖混成5份，分别装入茶包袋中。
❸ 取1袋，沸水冲泡20分钟后饮用。

养生功效

有散热益气、清热利湿的作用。

[饮用方法]

代茶频饮，每日1剂，可反复冲泡。

饮用宜忌

适宜易过敏的人饮用。患有感冒者忌饮。

健康饮茶问与答

问 **绿茶真的可以使皮肤变好吗？**

答 绿茶可以抗氧化，而且绿茶还含有茶多酚，对人体是很有益的。经常喝茶可以帮助消化，排除体内毒素。对人体皮肤有保养作用，增加皮肤弹性。同时，绿茶还有助于抗辐射，可以帮助电脑前的女人们，隔离辐射、去除色斑、美白肌肤。

◀冬瓜皮鱼腥草茶 用于皮肤瘙痒

[配方组成]

冬瓜皮 6片  鱼腥草 18克 

[制作方法]

❶ 冬瓜皮洗净、切片，鱼腥草洗净。
❷ 一起放入锅中，注入适量水。
❸ 熬制20分钟后，取汁饮用。

[饮用方法]

每日1剂，代茶频饮。

冲泡时间：1 3 5 8 10 15 18 20 25 30（20）

养生功效

具有抗菌止痒、降火消炎的功效。

饮用宜忌

适宜皮肤瘙痒、红肿热痛者饮用。虚寒证及阴性外疡者不宜饮用。

◀银花黄芪茶 改善瘙痒

[配方组成]

金银花 5克  黄芪 8克 

[制作方法]

❶ 将金银花、黄芪放入水杯中。
❷ 先冲洗一下，再注入沸水。
❸ 闷10分钟后饮用。

[饮用方法]

每天1剂，当茶饮用，也可放入冰糖调味。

冲泡时间：1 3 5 8 10 15 18 20 25 30（10）

养生功效

具有改善瘙痒、杀菌排毒的功效。

饮用宜忌

适宜皮肤瘙痒者饮用。脾胃虚寒者不宜饮用。

健康饮茶问与答

问 女孩子适合喝什么茶?

答 可以选择黑茶，黑茶含大量类胡萝卜素，具有极强的抗氧化能力。抗氧化作用是抗衰老的关键机制。另外，黑茶中的茶多酚也有抗氧化作用，可以达到防止色素沉积、消色斑、美白等效果。黑茶提取的茶汁可用于洗面、护发；黑茶的全茶素可以口服养颜，可使皮肤光滑、白皙。

洋甘菊迷迭香茶 用于皮肤过敏

[配方组成]

迷迭香 8克  洋甘菊 8克 

[制作方法]

1. 将洋甘菊、迷迭香放入水杯中。
2. 先冲洗一下，再注入沸水。
3. 闷10分钟后饮用。

[饮用方法]

每天1剂，代茶温饮，可加入冰糖饮用。

冲泡时间

1 3 5 8 10
15 18 20 25 30

养生功效

具有清热解毒、消炎镇痛的功效。

饮用宜忌

适宜皮肤过敏、皮肤红肿者饮用。由感冒引起的多汗症不适用。

洋甘菊蜂蜜绿茶 抗敏消毒

[配方组成]

洋甘菊 8克  绿茶 5克  蜂蜜 适量 

[制作方法]

1. 将洋甘菊、绿茶放入水杯中。
2. 先冲洗一下，再注入沸水。
3. 闷5分钟后，添加蜂蜜饮用。

[饮用方法]

每天1剂，代茶温饮。

冲泡时间

1 3 5 8 10
15 18 20 25 30

养生功效

具有美容养颜、抗敏消毒的功效。

饮用宜忌

适宜肌肤敏感型患者饮用。寒性体质者不宜饮用。

健康饮茶问与答

问 普洱新茶和老茶能放在一起吗？

答 不同年份的同类茶品，最好分开存放，以防止“老茶染新味”；但可以将少量老陈茶与新茶一起存放，以利有益微生物进行“接种”、加速“陈化”。对于无法满足上述普洱茶收藏条件的爱好者，亦应做到“分清批次、分类整理、适当隔离储藏”，尽量减少储藏期间不同茶类的相互混杂、污染。

绿豆薏米饮 用于皮肤过敏

[配方组成]

绿豆 15克 

薏米 20克 

[制作方法]

❶ 将薏米炒黄，绿豆泡水。

❷ 一起放入锅中，注入适量水。

❸ 熬制30分钟后，取汁饮用。

[饮用方法]

每日1剂，代茶频饮。

冲泡时间

1 3 5 8 10

15 18 20 25 30

养生功效

具有消暑排毒、美白养颜的功效。

饮用宜忌

适宜皮肤粗糙、痛痒者饮用。怀孕妇女不宜饮用。

菠菜根茶 用于荨麻疹

[配方组成]

菠菜根 15克 

[制作方法]

❶ 将菠菜根洗净。

❷ 放入锅中，注入适量水。

❸ 熬制20分钟后，取汁饮用。

[饮用方法]

每日1剂，代茶频饮。

冲泡时间

1 3 5 8 10

15 18 20 25 30

养生功效

具有清热解毒、美白润肤的功效。

饮用宜忌

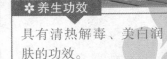

适宜患有荨麻疹、湿疹的人饮用。饮用此茶不可吃豆腐。

健康饮茶问与答

问 什么是水仙茶？

答 水仙茶是福建乌龙茶类中的一颗明珠，如今已和闽南水仙花一样，香飘万里，誉满中外。其品质特点是，形肥壮匀整，紧结曲卷，色泽光润，褐黄、黛绿交错。冲泡时，随茶汤热气蒸腾，飘散一缕缕幽雅悦人、好似玉兰独有的鲜香。饮用时，微觉苦涩，品饮几口，则清香甘醇，味美浓爽，津生喉润。